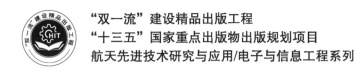

"双一流"建设精品出版工程

"十三五"国家重点出版物出版规划项目

航天先进技术研究与应用/电子与信息工程系列

信息对抗技术原理与应用

PRINCIPLE AND APPLICATION OF INFORMATION COUNTERMEASURE TECHNOLOGY

侯煜冠 编著

U0223467

哈尔滨工业大学出版社

HARBIN INSTITUTE OF TECHNOLOGY PRESS

内容简介

信息对抗是围绕信息利用而展开的,其目的是获得信息优势。当前,信息化与智能化已经成为社会发展的潮流,信息对抗领域面临着尖端技术的复杂挑战。本书在阐述信息对抗技术基本概念的基础上,重点介绍了信息对抗涵盖的几个领域,即雷达对抗、通信对抗、光电对抗、导航对抗和网络对抗的基本原理和应用方法,同时还介绍了信息综合处理系统和信息安全防御的内容。

本书力求突出基础知识、基本原理与基本方法,并且从系统角度反映出该领域的全貌,方便读者学习与使用。本书可作为信息对抗技术及相关专业的高年级本科生和研究生的教材或教学参考书,也可供信息对抗相关领域的科技工作者参考。

图书在版编目(CIP)数据

信息对抗技术原理与应用/侯煜冠编著. —哈尔滨:哈尔滨工业大学出版社,2020.6(2023.8重印)

ISBN 978-7-5603-8616-4

Ⅰ.①信… Ⅱ.①侯… Ⅲ.①计算机网络—安全技术
Ⅳ.①TP393.08

中国版本图书馆 CIP 数据核字(2020)第 015092 号

电子与通信工程
图书工作室

策划编辑　许雅莹　杨　桦
责任编辑　周一瞳
封面设计　屈　佳
出版发行　哈尔滨工业大学出版社
社　　址　哈尔滨市南岗区复华四道街 10 号　邮编 150006
传　　真　0451—86414749
网　　址　http://hitpress.hit.edu.cn
印　　刷　哈尔滨圣铂印刷有限公司
开　　本　787mm×1092mm　1/16　印张 13　字数 314 千字
版　　次　2020 年 6 月第 1 版　2023 年 8 月第 3 次印刷
书　　号　ISBN 978-7-5603-8616-4
定　　价　48.00 元

前言

PREFACE

信息对抗的攻防双方是一对矛盾体。该矛盾体是信息利用的不平衡性引起的,并存在于信息利用的整个过程中。随着数字化和智能化技术的高速发展,信息对抗领域的新理论和新技术也不断涌现。然而,"万变不离其宗",只要掌握信息对抗技术的基本原理和基本方法,就能在变化中抓住问题的核心。

本书分为8章:第1章为信息对抗技术概述,简要介绍信息对抗领域的概念、发展和作用,包括信息的概念与特性、信息对抗的内涵和地位、心理战与军事欺骗简介、情报战简介与 C⁴ISR 系统简介;第2章为雷达对抗,包括雷达基本原理、雷达对抗侦察、雷达干扰和雷达防御的基本原理与方法;第3章为通信对抗,包括通信系统概述、通信侦察、通信干扰和通信抗干扰;第4章为光电对抗,包括光电探测的基本原理、光电对抗侦察、光电干扰和光电电子防御;第5章为导航对抗,包括 GPS 系统的定位原理、GPS 的信号结构和导航电文、GPS 信号接收原理、GPS 利用与反利用、GPS 欺骗与反欺骗和 GPS 电子干扰与反干扰技术;第6章为侦察与监视信息的综合处理,包括信息综合处理的系统架构、信息综合处理的工作流程和信息综合处理对作战的影响;第7章为网络对抗,包括网络安全问题、网络对抗工具和网络对抗方法;第8章为信息安全防御,包括信息安全体系与标准、密码学方法和物理安全。

本书是作者在多年讲授信息对抗专业的相关课程的授课讲义基础上编著而成,在此过程中参阅了诸多相关教材、著作与文献。正因为有了前人的研究和编撰基础,才使编者在该领域有所认识。在此,谨向前辈的开创性工作致以崇高敬意和衷心感谢。

本书由侯煜冠撰写。侯成宇老师在相关课程开设的初期付出了努力,研究生孙晓宇、高荷福、耿崇俊、谢金月、韩远鹏等同学为本书付出了辛勤劳动,在此一并感谢。感谢哈尔滨工业大学电子与信息工程学院信息对抗专业的所有同学,他们为本书提供了诸多宝贵意见和建议。

由于作者水平和时间所限,书中难免存在疏漏与不完善之处,敬请专家和读者批评指正。

作　者
2019 年 12 月

目　录

CONTENTS

第1章

信息对抗技术概述

1.1　信息的概念与特性

1.1.1　信息的概念

信息科学与材料科学、能源科学一起被称为当代自然科学技术的"三大支柱",信息、物质和能量并称人类社会活动的三大基本要素。从信息论上讲,信息的概念有狭义和广义之分。

信息的狭义概念是由通信理论发展而来,即信息是消息(物理现象、话音、数据和图像等)包含的内容或含义。1948 年,美国数学家香农(C. E. Shannon)发表了《通信的数学理论》,以概率论为工具,给出了计算信源信息量和信道容量的方法和一般公式,得到了一组表征信息传递重要关系的编码定理,从而创立了信息论。但香农没给出明确的信息定义,只认为"信息就是一种消息"。简单地说:"信息是指有新内容、新知识的消息。"消息、信号、数据、情报和信息都在通信系统中传送,区别是:消息是信息的外壳,信息则是消息的内核,同样多的消息,所包含的信息量可能差异很大;信号只是信息的载体,信息是信号所载荷的内容,同样的信息可以用多种不同的信号来载荷;数据只是记录信息的一种形式,而且不是唯一的形式,不能等同于信息本身;情报在日语中就是信息,但在汉语中,情报只是一类专门的信息,是信息的一个子集。

1950 年,美国数学家、控制论的主要奠基人维纳(Winner)在《控制论与社会》一书中写道:"信息就是我们在适应外部世界,并把这种适应反作用于外部世界的过程中,同外部世界进行交换的内容的名称。"在这里,维纳把人与外部环境交换信息的过程看作一种广义的通信过程,认为"信息是人与外界相互作用的过程中所交换的内容的名称"。但是,在人与外界相互作用的过程中,参与内容交换的还有物质和能量而不仅仅是信息。后来,维纳也认识到"信息既不是物质又不是能量,信息就是信息",揭示了信息的特质,即信息是独立于物质和能量之外存在于客观世界的第三要素。各种定义虽然各不相同,但实质内容并无太大的差异,主要在于条件和层次的不同。最高层次是最普遍的层次,无任何约束条件,即"本体论"层次,其定义是:事物的信息是该事物运动的状态和状态改变的方式。在这个层次上定义的信息是最广义的信息,使用范围也最广。每引入一个约束条件,定义的层次就降低一点,使用的范围就变窄一点。若是引入一个更具实际意义的约束条件——认识主体,即站在认识主体的立场上定义信息,这样本体论层次的信息定义就转化为认识论层次的信息定义。认识论层次信息的定义是:信息是认识主体(生物或机器)所感知的或所表述的相应事物的运动状态及其变化方式,包括状态及其变化方式的形式、含义和效用。其中,认识主体所感知的东西是外部世界向认识主体输入的信息,而认识主体所表述的东西则是认识主体向外部世界输出的信息。前者从"事物"本身角度出发,就"事"论事;后者从"主体"角度出发,就"主体"论事。

物质是信息存在的基础。信息是一切物质的基本属性,认知主体对于客观物质世界的反映都是通过信息实现的。能量是信息运动的动力,信息的传递、转换、获取、利用过程都要耗费一定的能量。能量的驾驭和转换又需要信息,从本体论层次上,信息是物质或能量的状态及其变化方式,这些状态及其变化方式还要通过(其他)物质或能量的形式表现出来或被人和系统感知。因此,物质和能量既是信息的源,也是信息的载体。

实际工程中信息的处理过程如图1.1所示,从实际工程上讲,根据信息的处理过程和可以利用的成熟度将信息分为三个层次:第一层为外部世界现象(物体体积、速度和温度)及人为消息(如信件、命令和讲话等);第二层为数据,它是对现象进行观测、变换和整理等得到的结果;第三层为知识或情报,它是人或机器对数据进行分析和理解的结果。信息是指外部世界现象、系统中的数据和人掌握的知识或情报等,虽然模糊了信息的形式、内涵和度量方法,但方便概念的使用。

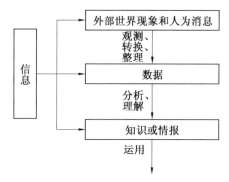

图 1.1　实际工程中信息的处理过程

1.1.2　信息系统模型与信息的特性

信源(信息的发出者)、信宿(信息的接收者)和信道(信息从信源到信宿途径的介质)三者相结合,就构成了实际意义,称为信息系统模型的三要素。

信息系统模型如图1.2所示。

图 1.2　信息系统模型

信息过程框图如图1.3所示,信息过程就是认识主体从外部世界获取或感知本体论信息,经过处理后形成认识论信息,最后再改变外部世界的过程。例如,面对一片树林,我们照了一张照片,通过邮寄或是 Email 的方式发到林业部门,林业部门经过处理分析,发现某些树木感染了一些病虫害,就告知病虫害预防部门,于是后者派飞机给该片森林撒农药,最后病虫害就消除了。

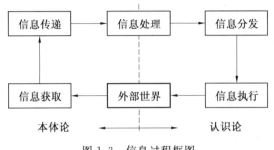

图 1.3　信息过程框图

信息具有以下几种特性。

(1)独立性。

信息源于信源,但它可以脱离信源而独立存在。这源于本体论,信息不是客观事物本身,而只是事物运动状态和存在方式的表征。

(2)转移性。

由于其独立性,因此信息可以借助一定方法实现时空转移。通常,空间上的转移称为"通信",而时间上的转移称为"存储"。

(3)相对性。

不同的认识主体,由于其理解能力、观察方法和目的不同,因此从同一事物中提取的信息量各不相同,即信息量有相对性。

(4)变换性。

信息是可变换的,可由不同的载体和不同的方法来载荷,这也是密码学的前提,这也使得人们对信息进行各种处理和加工成为可能。

(5)时效性。

当信息是事物的状态变化时,其随信息源状态而实时变化。当信息脱离信源时,它就成了信源状态的记录或历史,效用会降低或失效。因此,我们要及时利用信息,不断补充和获取信息。

(6)共享性。

由于其独立性及转移性,因此信息可被众多用户共享。当信息拥有者把信息传递给他人时,自己的信息不会丢失,而物质和能量就不具备共享性。

1.2　信息对抗的内涵和地位

1.2.1　信息对抗及其相关概念

信息对抗是指围绕信息利用而展开的攻防斗争,其目的是取得信息优势,即通过能力竞争或攻防斗争,自己可以在信息利用方面比竞争对手处于占优势的地位,从而为取得竞争的最终胜利奠定基础。

信息对抗的概念说明信息对抗的领域是信息利用,其目的是获得信息优势。信息利用包括信息的获取、传输、处理、分发和执行等环节,其目的是全面、正确、及时地获得、理解和应用战场或冲突的态势信息。信息优势是指在利用信息方面的主导地位,包括潜在和表现出来两部分,即信息利用能力的潜在优势和在冲突中的有利态势。主导的含义有两个层次:其一是己方能自由利用信息,即不受对方扰乱或制约的利用信息;其二是己方可以扰乱或制约对方的信息利用。信息优势实质上是冲突双方信息能力的对比结果。

信息对抗行动是紧紧围绕信息利用能力展开的。信息防御行动的目的在于保护己方的信息利用能力,信息攻击行动的目的在于削弱敌方的信息利用能力。而信息优势直接体现在己方和敌方信息利用能力对比上,所以说信息利用能力是信息对抗的目标,信息对抗是紧紧围绕保持和提高信息优势而展开的。

1.2.2　信息对抗分类

从对抗关系来分,信息对抗可分为信息攻击和信息防御两大部分。

从对抗形式来分,信息对抗可包括电子对抗、计算机网络对抗、心理对抗、物理摧毁和信息安全等形式。

电子对抗包括雷达对抗(围绕信息获取的对抗)和通信对抗(围绕信息传输的对抗);网络对抗是围绕信息传输、存储、显示等的对抗;心理对抗是围绕信息利用人员心理状态的对抗;物理摧毁是对信息系统和设施的破坏;信息安全是指围绕信息利用过程,针对信息攻击所采取的一切安全或防御手段。

从信息攻击目的来分,信息攻击手段可分为窃密、扰乱和破坏三大类。

窃密是指通过偷听、盗窃、无线截获、拱线窃听和密码破译等手段,获取并利用敌人的保密信息;扰乱是指通过隐蔽、欺骗、插入、替换、放大或缩小等手段,扰乱敌人信息的真实性;破坏是指通过人力破坏、火力摧毁、电子摧毁、电子干扰、"信息垃圾"阻塞等手段,破坏信息的畅通性。信息攻击的目标包括与信息过程有关的所有环节、信息、设施、系统和人员等。

1.2.3　信息对抗对战争的推动作用

信息作战(Information Operation,IO),又称为信息行动,是指在信息战中采取的行动方法。信息作战包括三个主要功能部分:信息利用、信息防御和信息攻击。信息防御和信息攻击又统称为信息对抗。

信息战(Information Warfare,IW),是通过信息利用、信息攻击和信息防御等信息对抗行动夺取信息优势,从而为达到战争或冲突的最终目的奠定坚实基础。信息战是为夺取信息优势而展开的斗争。信息利用、信息攻击和信息防御是信息战的三大内容。

信息化战争(Information-based Warfare,IBW),是信息时代战争(或冲突)的基本形态,是战争中无处不在的信息信号、信息技术、信息系统、信息网络、信息化武器,以及信息作用、信息观念、信息对抗方法的主导地位的反映。简单地说,是以信息为主导地位的战争或冲突。

　　信息化战争、信息战、信息作战与信息对抗都是以信息、信息系统和信息化武器为基础的,但侧重点不同,层次由高到低。

　　信息优势是整个军事力量的一个基本要素。战略体系的重点是取得分散部署的各种作战力量的协同行动的整体效果,具体体现在以下四个方面。

　　①主导机动。信息优势可使高机动性武器装备迅速组织起来,达到分散的兵力进行同步和持续的攻击。

　　②精确交战。根据近乎实时的信息,对目标进行时间和空间上的精确打击和再打击。

　　③聚焦后勤。优化后勤保障,使整个后勤保障系统的焦点快速对准主战场或机动部队,从而提高战场后勤保障的效率。

　　④全维防护。在部署、机动和交战过程中对部队进行有效防护。

　　信息及信息对抗的发展和使用不仅从过去的陆、海、空三维空间扩展到现在的陆、海、空、天("天"是指大气层外的空间,也称为外层空间或太空)四维空间,也使战争越来越非军事化。信息对抗对战争的推动主要体现在以下几点。

　　(1)战争空间向太空扩展。

　　航天技术和信息技术的发展,把战争空间扩展到了陆、海、空、天四维空间,空间武器(弹道导弹)和信息平台(卫星)的作用得到了体现和发挥。空间信息平台具有居高临下的优势,是信息对抗的制高点。

　　(2)战争范围向民间扩展。

　　信息技术和产品的普及,使得非军事化冲突的战略信息对抗的地位日显突出,也使军事战争越来越非军事化。

　　(3)战争时间向连续状态扩展。

　　信息对抗用于冲突的所有阶段,情报战、电子战和网络战是战争前期的重要组成,模糊了"和平"与"战时"以及"战略"与"战术"之间的界限。

　　(4)战争强度向强弱两极扩展。

　　渗透到生活和意识中(弱),也发展到高科技打击中(强)。

1.3　心理战与军事欺骗简介

　　战争可分为主观域作战和客观域作战。主观域指人的内心世界,包括感受、知识、智慧、心态、意识和意志等;客观域指人的外部世界,包括各种物资、能量和信息。信息是联系主观域与客观域的纽带,即客观域作战通过信息影响敌人的主观域,而主观域作战也通过信息影响敌人的主观域。客观域作战又称为兵战,指客观域内物资、能量和信息等方面的对抗,目的是通过对客观世界的攻击,影响敌人的主观域,特点是以物资、能量和信息方面的具体活动为主。主观域作战又称为心战,指主观域内感知、心态、知识、智慧和意志等方面的对抗行动,它是以己方的主观因素为主要战斗力,通过客观域作战能力和行动的支撑或辅助,对敌人的主观域因素进行攻击的。它的特点是以感知、心态、意志和信息方面的抽象活动为主。主观域作战中包括宣传真实信息的公共事务民众事务,以及宣传虚假信息的心理战和军事欺骗。

心理战是通过敌军传播倾向性或欺骗消息,影响敌人的心理状态,进而影响其感知、判断、决策和行动。心理战的直接目标是敌人的心态,主要手段是媒体宣传。心理活动的状态即心态,可通过两个指标进行描述:活力,即心理活动的剧烈或频繁程度;动机,即心理活动的起因和目的。活力和动机相互牵连,活力高会使动机更清楚、稳定,而动机明确会使活力提高。心态的作用表现在判断力和士气上。动机不同,看问题的角度就不同,动机要正确;活力不同,对问题的理解深度也不同,影响做事的用心程度。士气是心态的外在表现,特别是情绪在言行上的表现。心理战的基本原理是通过操纵信息影响敌人的心态,进而影响敌人的判断力、士气及决策和行动等。

军事欺骗是通过敌人错误地感知己方的主观愿望和客观作战行动,引诱敌军领导人采取己方期望的或可被己方利用的作战行动,基本原则是向敌人隐真示假,采取的手段包括信息操纵宣传、物资和能量的行动或伴动。军事欺骗是指故意使敌方决策者错误理解己方能力、意图和行动的所有活动,其目的是使敌人采取有利于己方的行动,基本原则是向敌人隐真示假,实施方式是信息宣传和军事行动。军事欺骗会产生两种效果:模糊性欺骗(使事实真相变得模糊)和误导性欺骗(使虚假事物变得可信)。军事欺骗利用人工推理中的信息、知识、心理、思维方面的缺陷,对敌人造成蒙蔽和误导,具体原则如下。

(1)利用存在偏见的人工决策,增强敌人对假象的信任。

(2)通过长时间的欺骗,调节(降低)敌人对真实事件的敏感性,包括在真实事件前不断地制造虚警以降低敌人的反应灵敏度。

(3)利用人工推理能力有限与片面重视显显眼数据的弱点,过载人工推理能力使决策人员根据小而不全的事实进行片面决策。

心理战直接目的是影响敌人的个人或集体心态(以"理"服人),通常是战术级别;而军事欺骗直接目的是影响敌军领导人的决策,要有行动相配合,是集体行为,通常是战略和战役级别。主观域作战形式与客观域作战形式是交织进行的,相互配合与支持。主观域作战通过破坏敌人的判断力和消耗其意志来达到目的,而客观域作战通过消耗物资和能量来达到目的。在模型层次上,主观域作战在主观层,高于客观域作战形式,它要以客观域作战为依托或辅助,并对其有指导作用。

1.4 情报战简介

情报战是发生在信息利用领域的信息对抗形式,其目的是通过情报收集活动,掌握对手或敌人的意图、能力和行动等。情报战是战争的先导,在战争中处于重要地位,贯穿平时和战时的整个过程,关系到战争的发生、发展、进程和结局,为作战力量建设和战争准备提供指导,在平时就开展,根据各国的发展情况,指导本国的作战力量建设和战争准备,是信息作战的重要内容。情报战一方面确定作战目标;另一方面确定本国的防守重点。情报战的重要地位也是由战争实践决定的,可消除战争迷雾。

在日语中,情报和信息是同一个词。现今情报是信息的一部分,是能够或容易被人理解的信息。军事情报是指可直接反映敌人作战能力、意图和行动的信息。传统的军事情报倾向于战略和战役级信息,现今正在向战术和武器装备级扩展,说明现今对情报的时效要求有所提高。

根据用途,军事情报可分为三大类:战略情报、作战情报和战术情报。三者常常来源相同,但是时效性(从远期意义到近期意义)和报告周期(从年更新到实时更新)存在差异。战略情报为国家和军队政策制定者服务,用于了解外国当前和未来的局势和行为,统观全局,如分析外国的政策、局势稳定、文化意识形态,其报告周期不固定,间隔可达年或月,报告可以周或天计。作战情报为军事指挥官服务,用户了解军事力量、战斗计划、技术成熟度和潜在事物,如敌方科技技术力量、战斗计划、士气等,报告周期长到周,短到小时。战术情报为战士服务,能够让战士随时了解战场上的军事单位和部队结构与行为,如和谁作战、作战进程,可以实时报告,随时了解战场态势。

根据获取途径进行划分,情报可分为开放源情报与非开放源情报。开放源情报是通过开放源获得的情报,开放源指的是公开的、非保密的、可直接得到原始信息的信源,如通过新闻报道、报纸获得的情报,其可靠性差,需筛选和交叉检验,但其价廉,可为其他情报提供暗示、指示和确认;非开放源情报是通过非开放源获得的情报,非开放源指的是被保护的、保密的、不可直接得到原始信息的信源。

根据收集手段进行划分,非开放源情报可分为人员情报和技术措施情报。人员情报是通过间谍和叛徒等人员获取的情报;技术措施情报是通过侦察和监视等技术和系统获取的情报,分为图像情报、信号情报和网络情报。图像情报(IMINT)通过对图像上可分辨目标进行分析评估,揭示目标区域的布局、组成、资源特征、基础设施、设备和通信线路,对战斗进行预计、提示和警告、目标确定、态势评估和摧毁评估;信号情报(SIGINT)包括无线电通信情报(COMINT)、雷达电子情报(ELINT)、测量和信号情报(MASINT)(各类传感器收集的技术情报,通常属于战术级的情报);网络情报(NETINT)是通过网络业务(非空间辐射途径)收集的情报,也称黑客情报(HACKINT)。

1.5　C⁴ISR 简介

战争离不开指挥。农业时代,军队作战指挥靠的是令旗、号角、锣鼓、烟火等。工业时代的战争,特别是两次世界大战中广泛使用了无线、有线电报和电话等工具以及侦察机、雷达、无线电侦听器、光学观测器等设备。随着科学技术的飞速发展,人类开始跨入信息社会,军队由机械化迈向智能化与信息化,指挥自动化系统便应运而生。C⁴ISR 是现代军事指挥自动化系统中 7 个子系统的英语单词的第一个字母的缩写,即指挥(Command)、控制(Control)、通信(Communication)、计算机(Computer)、情报(Intelligence)、监视(Surveillance)和侦察(Reconnaissance)。

指挥自动化系统是指在军事指挥体系中采用以电子计算机为核心的技术与指挥人员相结合,对部队和武器实施指挥与控制的人机系统。20 世纪 50 年代,指挥自动化系统被

称为 C^2（指挥与控制）系统。20 世纪 60 年代，随着通信技术的发展，在系统中加上了"通信"，形成 C^3（指挥、控制与通信）系统。1977 年，美国首次把"情报"作为指挥自动化系统不可缺少的因素，并与 C^3 系统相结合，形成 C^3I（指挥、控制、通信与情报）系统。后来，由于计算机在系统中的地位和作用日益增强，指挥自动化又加上"计算机"，变成 C^4I（指挥、控制、通信、计算机和情报）系统。近年来，不断发生的局部战争使人们进一步认识到掌握战场态势的重要性，提出"战场感知"的概念，因此 C^4I 系统又进一步演变为包括"监视"与"侦察"的 C^4ISR（指挥、控制、通信、计算机与情报、监视、侦察）系统。一个完整的指挥自动化系统应包括以下几个分系统。

（1）指挥系统。指挥系统综合运用现代科学和军事理论，实现作战信息收集、传递、处理的自动化和决策方法的科学化，以保障对部队的高效指挥，其技术设备主要有处理平台、通信设备、应用软件和数据库等。

（2）控制系统。控制系统是用来搜集与显示情报、资料，发出命令、指示的工具，主要有提供作战指挥用的直观图形、图像的显示设备、控制键钮、通信器材及其他附属设备等。

（3）通信系统。通信系统通常包括由专用电子计算机控制的若干自动化交换中心，以及若干固定或机动的野战通信枢纽，手段包括有线载波、海底电缆、光纤，以及长波、短波、微波、散射和卫星通信等。

（4）电子计算机系统。电子计算机是构成指挥自动化系统的技术基础，是指挥系统中各种设备的核心。指挥自动化系统的计算机要求容量大、功能多、速度快，特别要有好的软件，并形成计算机网络。

（5）情报、监视、侦察系统。情报系统包括情报搜集、处理、传递和显示，主要设备有光学、电子、红外侦察器材、侦察飞机、侦察卫星以及雷达等。监视与侦察系统的作用是全面了解战区的地理环境、地形特点、气象情况，实时掌握敌友兵力部署及武器装备配置及其动向。

军队指挥自动化系统以其突出的情报获取能力、信息传输能力、分析判断能力、决策处置能力和组织协调能力，在军队现代化建设和高技术战争中的地位和作用日益突出。随着科学技术的发展，军队指挥自动化系统将越来越完善。数据链系统是指将飞机、地面指挥所、侦察监视平台互相连接和信息实时传输的一种系统，大大缩短了 C^4ISR 系统中"观察—判断—决策—行动"回路的周期，提高了信息传送的速度和可靠性。

第 2 章

雷 达 对 抗

雷达对抗是为消弱、破坏敌方雷达使用效能,同时保护己方雷达正常发挥效能而采取的各种措施和行动的统称,包括雷达对抗侦察、雷达干扰和雷达防御等内容。

2.1 雷达基本原理

2.1.1 雷达系统组成与分类

雷达是 Radio Detection and Ranging(RADAR)的缩写,即无线电探测与测距,基本功能有两个:一是发现目标;二是测量目标的运动和性质参数。前者是后者的前提;后者是前者的延续,为雷达任务而服务。一般来说,雷达系统使用调制波形和方向性天线来发射电磁能量到空间的特定区域以搜索目标。在搜索区域内的物体(目标)会反射部分能量(雷达反射信号或回波)回到雷达,然后雷达接收并处理这些回波,提取目标的信息,如距离、速度、角速度和方向等参数。

简化的脉冲雷达框图如图 2.1 所示,根据雷达的基本原理,可以将雷达系统分成以下几个部分。

(1)发射机。按照时序,产生、放大和发射电磁波。

(2)天线。将发射机发射的电磁波沿指定方向辐射,并接收目标回波。

(3)收发开关。当收发天线相同或距离较近时,为防止发射机的能量泄露到接收机中,需要收发开关。发射电磁波时接通发射机,接收电磁波时关闭发射机。

(4)定时器。控制整个雷达的工作时序,使雷达同步工作。

(5)接收机。将回波信号放大、滤波,变成视频信号后送往信号处理机。

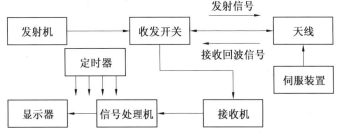

图 2.1 简化的脉冲雷达框图

(6)信号处理机。实现对接收回波信号的信号处理、信号检测与目标跟踪等,将处理结果送到显示器。

(7)伺服装置。当天线是机械扫描方式时,伺服装置控制天线转动,使天线波束按一定方式在空间扫描。

时序控制产生整个系统所需要的同步时序信号。调制信号由调制器/发射机模块产生并且馈送给天线。天线在发射和接收模式之间的切换由收发开关控制。收发开关允许一个天线既可以用作发射,也可以用作接收:一方面,在发射期间,收发开关将雷达电磁能量导向天线;另一方面,在接收时,收发开关将接收的雷达回波导向接收机,接收机放大雷达反射信号并且为信号处理做准备。目标信息的提取由信号处理模块执行。

雷达可以分类为地基、机载、天基或舰载雷达系统。雷达也可以根据特定的雷达特征分为多种类别,如频带、天线类型和使用的波形。还可以根据雷达的任务或功能来分类,包括气象、捕获和搜索、跟踪、边扫描边跟踪、火力控制、预警、超视距、地形跟随和地形回避雷达。相控阵雷达使用相控阵天线,通常称为多功能(多模式)雷达。相控阵是由两个或更多基本辐射器组成的复合天线。阵列天线合成窄的定向波束,其可以是机械扫描或电扫描,电扫描通过控制馈入阵元的电流的相位实现,因此采用了相控阵的名称。

雷达可根据它们使用的波形类型或它们的工作频率分类。根据使用的波形来分类,可以分为连续波(CW)雷达和脉冲雷达(PR)。在这种分类中,雷达系统根据脉冲重复频率(PRF)分为低 PRF 雷达、中 PRF 雷达和高 PRF 雷达。低 PRF 雷达主要用于测距,而对目标速度(多普勒频移)不感兴趣;高 PRF 雷达主要用于测量目标速度。连续波雷达和脉冲雷达都能够使用不同的调制策略同时测量目标距离和径向速度。

高频(HF)天波雷达使用电离层反射的电磁波探测地平线以下的目标。甚高频(VHF)和超高频(UHF)波段用于甚远距离预警雷达。由于非常大的波长和甚远距离测量高灵敏度要求,因此在这样的雷达系统中需要使用大的接收天线孔径。L 波段雷达主要是地基和舰载系统,用于远程军事和空中交通控制搜索行动。大部分地基和舰载中程雷达工作在 S 波段。大部分气象检测雷达系统是 C 波段雷达。中程搜索和火力控制军用雷达及测量雷达也是 C 波段雷达。X 波段用于天线大小受物理限制的雷达系统,这包括大部分军用多模式机载雷达。要求优良的目标检测能力然而不能忍受更高频率大气衰减的雷达系统也可能是 X 波段雷达。更高的波段(Ku、K 和 Ka)遭受严重的气象和大气衰减,因此使用这些频段的雷达限制在近程应用,如警用交通雷达、近程地形回避雷达和地形跟踪雷达等。毫米波(MMW)雷达主要限于非常近距离的目标探测与跟踪。

2.1.2 距离测量原理

雷达测距示意图如图 2.2 所示,目标距离 R 是通过测量时间延迟 Δt,即脉冲在雷达与目标之间的双程传播时间来计算的。电磁波以光速 $c = 3 \times 10^8$ m/s 传播,因此有

$$R = \frac{c\Delta t}{2} \tag{2.1}$$

式中，R 的单位是米（m）；Δt 的单位是秒（s）；因子 $\dfrac{1}{2}$ 是考虑到双程时间延迟的需要。

一般来说，脉冲雷达发射和接收脉冲串。脉冲重复间隔（PRI）是 T，脉冲宽度是 τ，PRI 的倒数是脉冲重复频率（PRF），用 f_r 表示，即

$$f_r = \frac{1}{\text{PRI}} = \frac{1}{T} \tag{2.2}$$

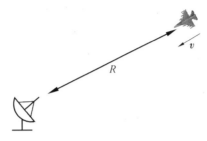

图 2.2　雷达测距示意图

在每个 PRI 期间，雷达只发射 τ（单位为 s）能量，然后在 PRI 的剩余时间里接收目标反射信号。雷达发射占空比 d_t 定义为比值 $d_t = \tau/T$，雷达平均发射功率为

$$P_{av} = P_t \times d_t \tag{2.3}$$

式中，P_t 表示雷达峰值发射功率。

发射脉冲能量为

$$E_P = P_t \tau = P_{av} T = P_{av}/f_r$$

对应于双程时间延迟 T 的距离称为雷达非模糊距离 R_u。距离模糊示意图如图 2.3 所示，回波 1 表示位于距离 $R_1 = c\Delta t/2$ 处的目标因脉冲 1 而产生的雷达反射信号，回波 2 可以解释为相同的目标因脉冲 2 而产生的反射信号，或者可能是位于距离 R_2 处的更远目标因脉冲 1 而又产生的反射信号。在这种情况下，有

$$R_2 = \frac{c\Delta t}{2} \quad \text{或} \quad R_2 = \frac{c(T + \Delta t)}{2} \tag{2.4}$$

显然，距离模糊与回波 2 有关。因此，一旦发射了一个脉冲，雷达必须等待足够长的时间，以使最大距离处目标的反射信号在下一个脉冲发射前返回，最大非模糊距离必须对应于半个 PRI，即

$$R_u = c\,\frac{T}{2} = \frac{c}{2f_r} \tag{2.5}$$

距离分辨率表示为 ΔR，是描述雷达将相互非常接近的目标检测为不同目标能力的指标。雷达系统通常在最小距离 R_{min} 和最大距离 R_{max} 之间工作。R_{min} 和 R_{max} 之间的距离被划分为 M 个距离单元（门），每个宽度为 ΔR，则有

$$M = (R_{max} - R_{min})/\Delta R \tag{2.6}$$

间隔至少 ΔR 的目标能够完全在距离上分辨出。在相同距离单元内的目标可以使用信号处理技术在横向距离（方位）上进行分辨。考虑位于距离 R_1 和 R_2 处的两个目标正好间隔一个距离分辨率，分别对应时间延迟 t_1 和 t_2，则有

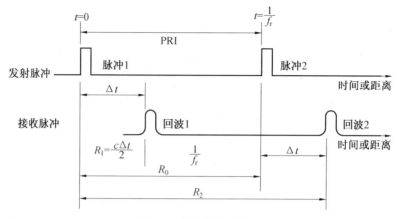

图 2.3　距离模糊示意图

$$\Delta R = R_2 - R_1 = c\,\frac{t_2 - t_1}{2} \tag{2.7}$$

2.1.3　多普勒频率测量原理

雷达使用多普勒频率来提取目标的径向速度(距离变化率),以区分运动和静止目标与物体,如杂波。多普勒现象描述了因目标相对于辐射源的运动而引起的入射波形中心频率的偏移。根据目标运动的方向,此频率可能是正的或负的。入射到目标的波形具有以波长 λ 分隔的等相位波前。接近目标使反射的等相位波前互相靠近(更小的波长);相反,离开或后退目标(远离雷达运动)使反射的等相位波前扩展(更大的波长)。目标运动对反射的等相位波前的影响如图 2.4 所示。

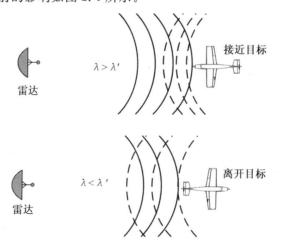

图 2.4　目标运动对反射的等相位波前的影响

考虑一个宽度为 τ(单位为 s)的脉冲入射到一个以速度 v 向雷达运动的目标上,目标速度对单个脉冲影响的示意图如图 2.5 所示。定义 d 为在间隔 Δt 内目标在脉冲内运动的距离,单位为 m,即

$$d = v\Delta t \tag{2.8}$$

式中，Δt 等于从脉冲前沿碰到目标到脉冲后沿碰到目标之间的时间。

因为脉冲以光速运动，后沿运动的距离为 $c\tau - d$，所以

$$c\tau = c\Delta t + v\Delta t \tag{2.9}$$

并且

$$c\tau' = c\Delta t - v\Delta t \tag{2.10}$$

式(2.10)除以式(2.9)得到

$$\frac{c\tau'}{c\tau} = \frac{c\Delta t - v\Delta t}{c\Delta t + v\Delta t} \tag{2.11}$$

式(2.11)的左边和右边分别消除 Δt 和 c 后，可以建立入射和反射脉冲宽度之间的关系式，即

$$\tau' = \frac{c - v}{c + v}\tau \tag{2.12}$$

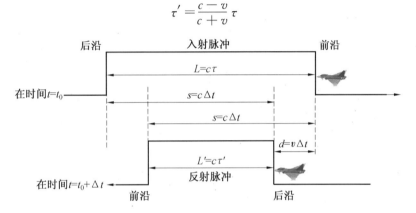

图 2.5 目标速度对单个脉冲影响的示意图

实际上，因子 $(c-v)/(c+v)$ 通常称为时间扩张因子。注意到如果 $v=0$，那么 $\tau' = \tau$。以类似的方式，对于远离目标也可以计算 τ'，此时有

$$\tau' = \frac{c + v}{c - v}\tau \tag{2.13}$$

为了推导多普勒频率的表达式，考虑如图 2.6 所示目标运动对雷达脉冲影响的图例。脉冲 2 的前沿花费 Δt(单位为 s)的时间走过距离 $(c/f_r) - d$ 遇到目标。在相同的时间间隔内，脉冲 1 的前沿走过相同的距离 $c\Delta t$。更准确的表示为

$$d = v\Delta t \tag{2.14}$$

$$\frac{c}{f_r} - d = c\Delta t \tag{2.15}$$

求解 Δt 得到

$$\Delta t = \frac{c/f_r}{c + v} \tag{2.16}$$

$$d = \frac{cv/f_r}{c + v} \tag{2.17}$$

现在，反射脉冲的间距是 $s - d$，新的 PRF 是 f_r'，并且

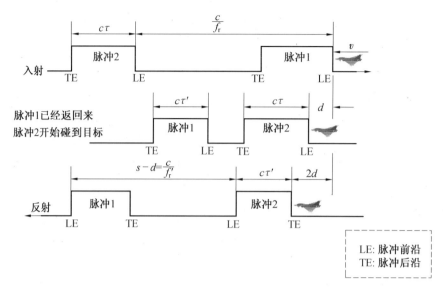

图 2.6　目标运动对雷达脉冲影响的图例

$$s - d = \frac{c}{f_r'} = c\Delta t - \frac{cv/f_r}{c + v} \tag{2.18}$$

因此,新 PRF 和原 PRF 的关系为

$$f_r' = \frac{c + v}{c - v} f_r \tag{2.19}$$

然而,因为周期数不变,所以反射信号的频率会升高相同的因子。将新频率表示为 f_0',则有

$$f_0' = \frac{c + v}{c - v} f_0 \tag{2.20}$$

式中,f_0 是入射信号的载频。

多普勒频率 f_d 定义为差频 $f_0' - f_0$,更准确的表示为

$$f_d = f_0' - f_0 = \frac{c + v}{c - v} f_0 - f_0 = \frac{2v}{c - v} f_0 \tag{2.21}$$

但是,因为 $v \ll c, c = \lambda f_0$,所以

$$f_d \approx \frac{2v}{c} f_0 = \frac{2v}{\lambda} \tag{2.22}$$

在式(2.22)中,相对于雷达的目标径向速度都等于 v,但并不总是如此。实际上,多普勒频移的大小依赖于在雷达方向上的目标速度分量(径向速度)。图 2.7 所示为径向速度计算的示意图,图中显示了都具有速度 v 的三个目标:目标 1 具有零多普勒频移;目标 2 具有最大多普勒频移;目标 3 的多普勒频移的大小是 $f_d = 2v\cos\theta/\lambda$,其中 $v\cos\theta$ 是径向速度,θ 是雷达视线与目标之间的总角度。

因此,考虑到雷达与目标之间的总角度,f_d 更一般的表达式为

$$f_d = \frac{2v}{\lambda}\cos\theta \tag{2.23}$$

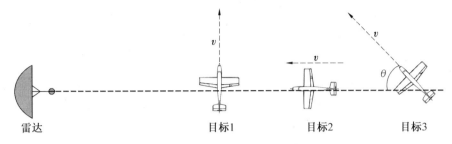

图 2.7　径向速度计算的示意图

对于远离目标,有

$$f_d = \frac{-2v}{\lambda}\cos\theta \qquad (2.24)$$

其中

$$\cos\theta = \cos\theta_e\cos\theta_a \qquad (2.25)$$

式中,θ_e 和 θ_a 分别是俯仰角和方位角。径向速度正比于方位角和俯仰角,如图 2.8 所示。

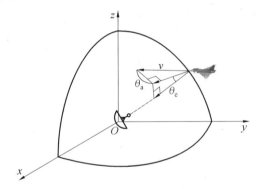

图 2.8　径向速度正比于方位角和俯仰角

2.1.4　雷达方程

考虑具有全向天线(向所有方向均匀辐射能量的天线)的雷达,这种类型的天线具有球形的辐射模式,因此可以定义空间任意点的峰值功率密度(单位面积的功率)为

$$P_D = \frac{\text{峰值发射功率}}{\text{球面积}}(\text{W/m}^2) \qquad (2.26)$$

距离雷达 R 处的功率密度(假定没有损耗的传播介质)为

$$P_D = \frac{P_t}{4\pi R^2} \qquad (2.27)$$

式中,P_t 是峰值发射功率;$4\pi R^2$ 是半径为 R 的球的表面积。

为了增加在某个方向的功率密度,雷达系统使用有方向性的天线。有方向性的天线通常用天线增益 G 和天线有效孔径 A_e 表征,它们的关系是

$$G = \frac{4\pi A_e}{\lambda^2} \qquad (2.28)$$

式中,λ 是波长。

天线有效孔径 A_e 与物理孔径 A 的关系为

$$A_e = \rho A, \quad 0 \leqslant \rho \leqslant 1 \tag{2.29}$$

式中,ρ 是孔径效率,好的天线要求 $\rho \to 1$。实际上,一般可认为 $\rho = 0.7$。

在此,假定 A 和 A_e 相同,且天线在发射和接收模式具有相同的增益。增益还与天线的方位角和俯仰角的波束宽度有关,即

$$G = k \frac{4\pi}{\theta_e \theta_a} \tag{2.30}$$

式中,$k \leqslant 1$ 并且依赖于物理孔径的形状;θ_e 和 θ_a 分别是天线的俯仰角和方位角波束宽度,用 rad 表示。由 Stutzman 引入、Skolnik 报道的式(2.30)的一个很好的近似为

$$G \approx \frac{26\,000}{\theta_e \theta_a} \tag{2.31}$$

式中,方位角和俯仰角波束宽度用角度表示。

使用增益为 G 的方向性天线,距离雷达 R 处的功率密度为

$$P_D = \frac{P_t G}{4\pi R^2} \tag{2.32}$$

当雷达辐射的能量照射到目标上时,目标上引起的表面电流向所有方向辐射电磁能量。辐射能量的多少与目标的大小、指向、物理形状与材料有关,所有这些因素综合在一个专门的目标参数中,称为雷达截面积(RCS),用 σ 表示。

雷达截面积定义为反射回雷达的功率与入射到目标的功率密度的比值,即

$$\sigma = \frac{P_r}{P_D} (\text{m}^2) \tag{2.33}$$

式中,P_r 是从目标反射的功率。

因此,天线传递给雷达信号处理器的总功率为

$$P_{Dr} = \frac{P_t G \sigma}{(4\pi R^2)^2} A_e \tag{2.34}$$

将式(2.28)中 A_e 的值代入式(2.34),得到

$$P_{Dr} = \frac{P_t G^2 \lambda^2 \sigma}{(4\pi)^3 R^4}$$

令 S_{min} 表示最小可检测信号功率,那么最大的雷达探测距离 R_{max} 为

$$R_{max} = \left[\frac{P_t G^2 \lambda^2 \sigma}{(4\pi)^3 S_{min}} \right]^{\frac{1}{4}} \tag{2.35}$$

式(2.35)表明,为使雷达最大距离翻一倍,必须将峰值发射功率 P_t 增加为原来的 16 倍,或者将有效孔径等效地增加为原来的 4 倍。

在实际情况中,雷达接收的回波信号会被噪声污染,噪声在所有雷达频率上产生不需要的电压。噪声在本质上是随机的,可以用它的功率谱密度函数来描述。噪声功率 N 是雷达工作宽度 B 的函数,可表示为

$$N = \text{噪声功率谱密度} \times B \tag{2.36}$$

无损耗天线的输入噪声功率为

$$N_i = kT_s B \tag{2.37}$$

式中，k 是玻尔兹曼常数，$k = 1.38 \times 10^{-23}$ J/K；T_s 是用热力学温度单位 K 表示的有效噪声温度。

一般总是希望最小可检测信号（S_{min}）大于噪声功率。雷达接收机的保真度通常用一个称为噪声系数的性能指标 F 来描述。噪声系数定义为

$$F = \frac{SNR_i}{SNR_o} = \frac{S_i / N_i}{S_o / N_o} \tag{2.38}$$

式中，SNR_i 和 SNR_o 分别是接收机输入端和输出端的信噪比；S_i 和 N_i 分别是输入信号和输入噪声功率；S_o 和 N_o 分别是输出信号和输出噪声功率。

将式（2.37）代入式（2.38）并且重新排列，得到

$$S_i = kT_s B F SNR_o \tag{2.39}$$

因此，最小可检测信号功率可以写为

$$S_{min} = kT_s B F SNR_{omin} \tag{2.40}$$

将雷达检测门限设置为等于最小输出 SNR，即 SNR_{omin}。将式（2.40）代入式（2.35）得到

$$R_{max} = \left[\frac{P_t G^2 \lambda^2 \sigma}{(4\pi)^3 kT_s B F SNR_{omin}} \right]^{\frac{1}{4}} \tag{2.41}$$

或者等效为

$$SNR_{omin} = \frac{P_t G^2 \lambda^2 \sigma}{(4\pi)^3 kT_s B F R_{max}^4} \tag{2.42}$$

一般来说，用 L 表示的雷达损耗会降低总的 SNR，所以

$$SNR_o = \frac{P_t G^2 \lambda^2 \sigma}{(4\pi)^3 kT_s B F L R^4} \tag{2.43}$$

尽管可以采用很多不同的形式，但式（2.43）是经典的雷达方程表达式。

2.1.5　线性调频信号

在雷达系统中，频率或相位调制波形经常用于获取较大的信号带宽，其中线性调频（Linear Frequency Modulation，LFM）信号是一种基本的信号形式。上调频 LFM 信号如图 2.9 所示，其频率在一个脉冲周期中均匀上升（上调频，up-chirp）或均匀下降（下调频，down-chirp）。LFM 信号的瞬时相位可表示为

$$\varphi(t) = 2\pi \left(f_0 + \frac{\mu}{2} t^2 \right), \quad -\frac{\tau}{2} < t < \frac{\tau}{2} \tag{2.44}$$

式中，μ 为调频系数，$\mu = \dfrac{B}{\tau}$；B 为信号带宽；τ 为脉冲宽度；f_0 为雷达中心频率。

LFM 信号瞬时频率表示为

$$f(t) = \frac{1}{2\pi} \frac{d}{dt} \varphi(t) = f_0 + \mu t \tag{2.45}$$

LFM 信号的复数形式可写成

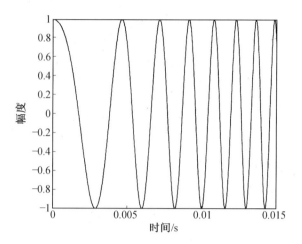

图 2.9 上调频 LFM 信号

$$s_1(t) = e^{j2\pi f_0 t} s(t) \tag{2.46}$$

其中

$$s(t) = \text{rect}\left(\frac{t}{\tau}\right) e^{j\pi\mu t^2} \tag{2.47}$$

是信号的复包络；$\text{rect}\left(\dfrac{t}{\tau}\right)$ 表示宽度为 τ 的矩形脉冲。

LFM 信号 $s_1(t)$ 的频谱是由其复包络 $s(t)$ 决定的，其载频项则将 $s(t)$ 的中心点从零频搬移到载波频率 f_0 的位置。对 $s(t)$ 做傅里叶变换，可得

$$s(\omega) = \int_{-\infty}^{\infty} \text{rect}\left(\frac{t}{\tau}\right) e^{j\pi\mu t^2} e^{-j\omega t} \, dt = \int_{-\frac{\tau}{2}}^{\frac{\tau}{2}} e^{\frac{j2\pi\mu t^2}{2}} e^{-j\omega t} \, dt \tag{2.48}$$

令 $\mu' = 2\pi\mu = 2\pi B/\tau$，进行如下变量替换，即

$$x = \sqrt{\frac{\mu'}{\pi}}\left(t - \frac{\omega}{\mu'}\right), \, dx = \sqrt{\frac{\mu'}{\pi}} \, dt \tag{2.49}$$

则上述积分可以写为

$$s(\omega) = \sqrt{\frac{\pi}{\mu'}} e^{-\frac{j\omega^2}{2\mu'}} \int_{-x_1}^{x_2} e^{\frac{j\pi x^2}{2}} \, dx = \sqrt{\frac{\pi}{\mu'}} e^{-\frac{j\omega^2}{2\mu'}} \left(\int_0^{x_2} e^{\frac{j\pi x^2}{2}} \, dx - \int_0^{-x_1} e^{\frac{j\pi x^2}{2}} \, dx\right) \tag{2.50}$$

其中

$$x_1 = \sqrt{\frac{\mu'}{\pi}}\left(\frac{\tau}{2} + \frac{\omega}{\mu'}\right) = \sqrt{\frac{B\tau}{2}}\left(1 + \frac{2f}{B}\right) \tag{2.51}$$

$$x_2 = \sqrt{\frac{\mu'}{\pi}}\left(\frac{\tau}{2} - \frac{\omega}{\mu'}\right) = \sqrt{\frac{B\tau}{2}}\left(1 - \frac{2f}{B}\right) \tag{2.52}$$

用 $C(x)$、$S(x)$ 表示菲涅耳积分，如图 2.10 所示，其定义为

$$C(x) = \int_0^x \cos\left(\frac{\pi v^2}{2}\right) dv \tag{2.53}$$

$$S(x) = \int_0^x \sin\left(\frac{\pi v^2}{2}\right) dv \tag{2.54}$$

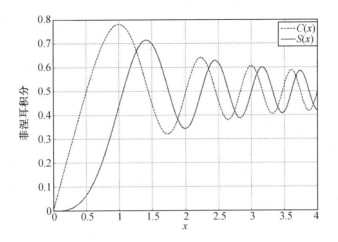

图 2.10 菲涅耳积分

将 $C(x)$ 和 $S(x)$ 代入式(2.50),可得

$$s(\omega) = \tau \sqrt{\frac{1}{B\tau}} \, \mathrm{e}^{-\frac{\mathrm{j}\omega^2}{4\pi B}} \left[\frac{(C(x_2) + C(x_1)) + \mathrm{j}(S(x_2) + S(x_1))}{\sqrt{2}} \right] \tag{2.55}$$

线性调频波的典型频谱如图 2.11 所示。

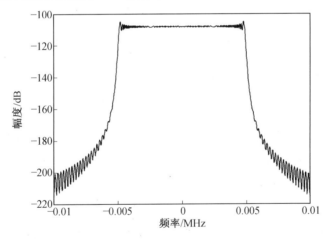

图 2.11 线性调频波的典型频谱

输入噪声功率如图 2.12 所示,考虑采用一种匹配滤波器接收机的雷达系统,令该匹配滤波器接收机带宽为 B,则在匹配滤波器带宽内的噪声功率为

$$N_\mathrm{i} = 2 \frac{N_0}{2} B \tag{2.56}$$

式中,$N_0/2$ 是功率谱密度;因子 2 用于考虑正负两个频带。

在脉冲持续时间 τ' 上的平均输入信号功率为

$$S_\mathrm{i} = \frac{E}{\tau'} \tag{2.57}$$

式中,E 是信号能量。

因此,匹配滤波器输入信噪比为

$$\mathrm{SNR_i} = \frac{S_i}{N_i} = \frac{E}{N_0 B \tau'}$$ (2.58)

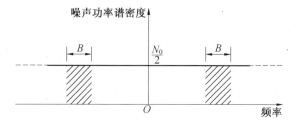

图 2.12　输入噪声功率

输出峰值瞬时信噪比 $\mathrm{SNR}(t_0)$ 与输入信噪比的比值为

$$\frac{\mathrm{SNR}(t_0)}{\mathrm{SNR_i}} = 2B\tau'$$ (2.59)

式(2.59)称为某给定波形或相应的匹配滤波器的时间—带宽乘积。输出信噪比高于输入信噪比的因子称为匹配滤波器增益,或简称压缩增益。

一般来说,未调制的脉冲的时间—带宽乘积趋于1。一个脉冲的时间—带宽乘积可以用频率或相位调制而实现远大于1。当雷达接收机变换函数与输入波形相匹配时,压缩增益就等于 $B\tau'$。当匹配滤波器的频谱偏离输入信号的频谱时,压缩增益就小于 $B\tau'$。

2.1.6　线性阵列天线

图2.13所示为等间距单元的线性阵列,图中给出了包含 N 个相同单元的线性阵列天线,单元间距为 d(一般用波长为单位进行度量)。令 ♯1 单元作为阵列天线的相位参考。从几何图形上来看,很明显第 n 个单元的输出波比第 $(n+1)$ 个单元的相位超前 $kd\sin\psi$,其中 $k=2\pi/\lambda$。远场观测点 P 处的合成相位可表示为

$$\Psi(\psi) = (n-1)kd\sin\psi$$ (2.60)

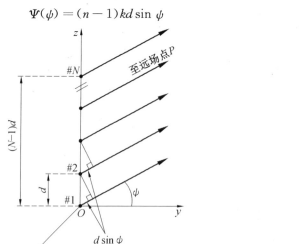

图 2.13　等间距单元的线性阵列

在方向等于 $\sin \psi$(假设各向同性单元)的远场观测点的电场为

$$E(\sin \psi) = \sum_{n=1}^{N} e^{j(n-1)(kd \sin \psi)} \qquad (2.61)$$

展开式(2.61),得到

$$E(\sin \psi) = 1 + e^{jkd \sin \psi} + \cdots + e^{j(N-1)(kd \sin \psi)} \qquad (2.62)$$

式(2.62)的右边为几何级数,可表示为

$$1 + a + a^2 + a^3 + \cdots + a^{(N-1)} = \frac{1 - a^N}{1 - a} \qquad (2.63)$$

用 $e^{jkd \sin \psi}$ 代替 a,得到

$$E(\sin \psi) = \frac{1 - e^{jNkd \sin \psi}}{1 - e^{jkd \sin \psi}} = \frac{1 - (\cos Nkd \sin \psi) - j(\sin Nkd \sin \psi)}{1 - (\cos kd \sin \psi) - j(\sin kd \sin \psi)} \qquad (2.64)$$

于是,对于远场阵列场强方向图,可以由下式确定,即

$$|E(\sin \psi)| = \sqrt{E(\sin \psi)E^*(\sin \psi)} \qquad (2.65)$$

将式(2.64)代入式(2.65)并合并同类项,得到

$$|E(\sin \psi)| = \sqrt{\frac{(1 - \cos Nkd \sin \psi)^2 + (\sin Nkd \sin \psi)^2}{(1 - \cos kd \sin \psi)^2 + (\sin kd \sin \psi)^2}} = \sqrt{\frac{1 - \cos Nkd \sin \psi}{1 - \cos kd \sin \psi}}$$

$$(2.66)$$

使用三角恒等式 $1 - \cos \theta = 2(\sin \theta/2)^2$,得到

$$|E(\sin \psi)| = \left| \frac{\sin\left(Nkd \sin \dfrac{\psi}{2}\right)}{\sin\left(kd \sin \dfrac{\psi}{2}\right)} \right| \qquad (2.67)$$

式(2.67)是 $kd \sin \psi$ 的周期性函数,它的周期为 2π。在 $\psi = 0$ 时,$|E(\sin \psi)|$ 取最大值,并且等于 N。由此可得归一化的方向图为

$$|E(\sin \psi)| = \frac{1}{N} \left| \frac{\sin\left(Nkd \sin \dfrac{\psi}{2}\right)}{\sin\left(kd \sin \dfrac{\psi}{2}\right)} \right| \qquad (2.68)$$

阵列的主波束可以通过改变供给每个阵列单元的电流的相位进行电扫描。使任意两个临近单元之间的相位差等于 $kd \sin \psi_0$,可以将主波束扫描到方向 ψ_0。在这种情况下,归一化的方向图可以写成

$$|E_n(\sin \psi)| = \frac{1}{N} \left| \frac{\sin\left[\dfrac{Nkd}{2}(\sin \psi - \sin \psi_0)\right]}{\sin\left[\dfrac{kd}{2}(\sin \psi - \sin \psi_0)\right]} \right| \qquad (2.69)$$

线性阵列天线可以作为雷达系统的接收天线,在接收雷达回波信号的同时实现对目标的方向测量。雷达测向方法包括振幅法测向和相位法测向。振幅法测向是根据测向天线系统接收到信号的相对幅度大小确定信号的到达角,可分为最大信号法、最小信号法和等信号法,如图 2.14(a)、(b)、(c) 所示。最大信号法是通过判断天线波束最大幅度的指向实现的,所获得的目标积累信噪比高;最小信号法是通过判断天线波束最小幅度的指向

实现的,所获得的目标积累信噪比低;等信号法是利用多个不同天线波束指向覆盖一定空间,根据相邻波束接收到的同一信号的相对幅度大小确定目标所在方向的。相位法测向是利用多个不同位置或指向的天线单元,根据比较不同天线接收到的同一目标信号的相位差确定信号的到达角的,如图 2.14(d) 所示。

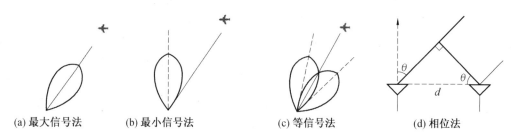

(a) 最大信号法 (b) 最小信号法 (c) 等信号法 (d) 相位法

图 2.14 振幅法测向和相位法测向

2.1.7 信号检测基本原理

1. 噪声中的信号探测

采用包络检波器后进行门限判决的雷达接收机简易框图如图 2.15 所示。

接收机的输入信号由回波信号 $s(t)$ 和加性零均值高斯白噪声 $n(t)$ 组成,方差为 σ^2。假设输入噪声是空间不相干的且与该信号不相关,则有

$$\begin{cases} v(t)=v_I(t)\cos \omega_0 t + v_Q(t)\sin \omega_0 t = r(t)\cos (\omega_0 t - \varphi(t)) \\ v_I(t)=r(t)\cos \varphi(t) \\ v_Q(t)=r(t)\sin \varphi(t) \end{cases} \quad (2.70)$$

式中,ω_0 是雷达工作频率,$\omega_0=2\pi f_0$;$r(t)$ 是 $v(t)$ 的包络;相位 $\varphi(t)=\mathrm{atan}(v_Q/v_I)$;下标 I、Q 表示同相与正交分量。

门限检波器用来确定是否检测到目标,门限为 V_T,$r(t)$ 超过 V_T 时就判断为检测到目标。判决假设为

$$\begin{cases} s(t)+n(t)>V_T \Rightarrow 检测 \\ n(t)>V_T \Rightarrow 虚警 \end{cases} \quad (2.71)$$

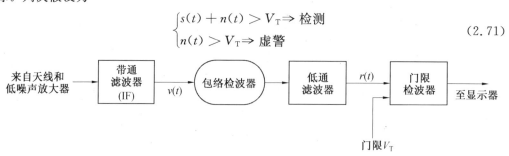

图 2.15 雷达接收机简易框图

中频滤波器的输出有两种情况。当只有噪声时,有

$$\begin{cases} v_I(t)=n_I(t) \\ v_Q(t)=n_Q(t) \end{cases} \quad (2.72)$$

如果同时存在目标回波(幅度为 A 的正弦波)与噪声,则有

$$\begin{cases} v_{\mathrm{I}}(t) = A + n_{\mathrm{I}}(t) = r(t)\cos\varphi(t) \Rightarrow n_{\mathrm{I}}(t) = r(t)\cos\varphi(t) - A \\ v_{\mathrm{Q}}(t) = n_{\mathrm{Q}}(t) = r(t)\sin\varphi(t) \end{cases} \tag{2.73}$$

式中,噪声分量 $n_{\mathrm{I}}(t)$ 和 $n_{\mathrm{Q}}(t)$ 为具有相等方差 σ^2 的非相关零均值低通高斯噪声,其联合概率密度函数为

$$f(n_{\mathrm{I}}, n_{\mathrm{Q}}) = \frac{1}{2\pi\sigma^2}\mathrm{e}^{-\frac{n_{\mathrm{I}}^2+n_{\mathrm{Q}}^2}{2\sigma^2}}$$

$$= \frac{1}{2\pi\sigma^2}\mathrm{e}^{-\frac{(r\cos\varphi-A)^2+(r\sin\varphi)^2}{2\sigma^2}} \tag{2.74}$$

随机变量 $r(t)$ 和 $\varphi(t)$ 分别表示 $v(t)$ 的模和相位,其联合概率密度的函数为

$$f(r, \varphi) = f(n_{\mathrm{I}}, n_{\mathrm{Q}}) \mid J \mid \tag{2.75}$$

式中,$[J]$ 为导数矩阵,表示为

$$[J] = \begin{vmatrix} \dfrac{\partial n_{\mathrm{I}}}{\partial r} & \dfrac{\partial n_{\mathrm{I}}}{\partial \varphi} \\ \dfrac{\partial n_{\mathrm{Q}}}{\partial r} & \dfrac{\partial n_{\mathrm{Q}}}{\partial \varphi} \end{vmatrix} = \begin{pmatrix} \cos\varphi & -r\sin\varphi \\ \sin\varphi & r\cos\varphi \end{pmatrix} \tag{2.76}$$

导数矩阵的行列式称为雅可比行列式,在此情况下为

$$\mid J \mid = r(t) \tag{2.77}$$

整理可得

$$f(r, \varphi) = \frac{r}{2\pi\sigma^2}\mathrm{e}^{-\frac{r^2+A^2}{2\sigma^2}}\mathrm{e}^{\frac{rA\cos\varphi}{\sigma^2}} \tag{2.78}$$

求对 φ 的积分可得只含 r 的概率密度函数为

$$f(r) = \frac{r}{\sigma^2} I_0\left(\frac{rA}{\sigma^2}\right)\mathrm{e}^{-\frac{r^2+A^2}{2\sigma^2}} \tag{2.79}$$

这是莱斯概率密度函数,其中零阶修正贝塞尔函数表示为

$$I_0(\beta) = \frac{1}{2\pi}\int_0^{2\pi}\mathrm{e}^{\beta\cos\theta}\mathrm{d}\theta \tag{2.80}$$

如果只有噪声($A=0$),则可转化为瑞利概率密度函数,即

$$f(r) = \frac{r}{\sigma^2}\mathrm{e}^{-\frac{r^2}{2\sigma^2}} \tag{2.81}$$

当信噪比很高,即 $\dfrac{A}{\sigma^2}$ 很大时,式(2.79)变成均值为 A、方差为 σ^2 的高斯概率密度函数,表示为

$$f(r) \approx \frac{1}{\sqrt{2\pi\sigma^2}}\mathrm{e}^{-\frac{(r-A)^2}{2\sigma^2}} \tag{2.82}$$

高斯和瑞利概率密度函数如图 2.16 所示。

随机变量 φ 的概率密度可由下式求得,即

$$f(\varphi) = \int_0^r f(r, \varphi)\mathrm{d}r \tag{2.83}$$

经过推导后有

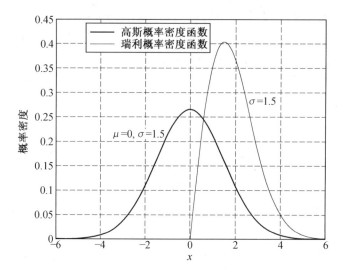

图 2.16   高斯和瑞利概率密度函数

$$f(\varphi) = \frac{1}{2\pi} e^{-\frac{A^2}{2\sigma^2}} + \frac{A\cos\varphi}{\sqrt{2\pi\sigma^2}} e^{-\frac{(A\cos\varphi)^2}{2\sigma^2}} F\left(\frac{A\cos\varphi}{\sigma}\right) \tag{2.84}$$

式中

$$F(x) = \int_{-\infty}^{x} \frac{1}{\sqrt{2\pi}} e^{-\frac{\zeta^2}{2}} d\zeta \tag{2.85}$$

在只有噪声 $(A=0)$ 的情况下,随机变量 φ 是在 $[0, 2\pi]$ 上均匀分布的。函数 $F(x)$ 的一个近似为

$$\begin{cases} F(x) = 1 - \left(\dfrac{1}{0.661x + 0.339\sqrt{x^2 + 5.51}}\right) \dfrac{1}{\sqrt{2\pi}} e^{-\frac{x^2}{2}}, & x \geqslant 0 \\ F(-x) = 1 - F(x), & x < 0 \end{cases} \tag{2.86}$$

2. 虚警概率

虚警概率 P_{fa} 指只有噪声出现时,信号 $r(t)$ 的一个样本 R 超过门限电压 V_T 的概率,即

$$P_{fa} = \int_{V_T}^{\infty} \frac{r}{\sigma^2} e^{-\frac{r^2}{2\sigma^2}} dr = e^{\frac{-V_T^2}{2\sigma^2}} \tag{2.87}$$

$$V_T = \sqrt{2\sigma^2 \ln\left(\frac{1}{P_{fa}}\right)} \tag{2.88}$$

图 2.17 所示为归一化检测门限与虚警概率关系曲线。P_{fa} 对微小的门限电压变化也很敏感,虚警时间 T_{fa} 和虚警概率 P_{fa} 的关系为

$$T_{fa} = t_{int}/P_{fa} \tag{2.89}$$

式中,t_{int} 表示雷达积累时间。

将式(2.88)代入式(2.89),则 T_{fa} 可写成

$$T_{fa} = t_{int} e^{\frac{V_T^2}{2\sigma^2}} \tag{2.90}$$

使 T_{fa} 变小需提高门限电压值,这降低了雷达最大探测距离。选择一个合适的 T_{fa} 值

是与雷达工作模式有关的一种折中考虑。虚警次数定义为

$$n_{fa} = \frac{-\ln 2}{\ln(1-P_{fa})} \approx \frac{\ln 2}{P_{fa}} \tag{2.91}$$

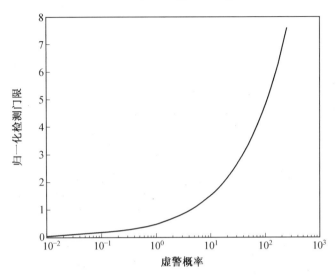

图 2.17　归一化检测门限与虚警概率关系曲线

3. 检测概率

检测概率是指在噪声加信号的情况下 $r(t)$ 的一个样本 R 超过门限电压 V_T 的概率,表示为

$$P_D = \int_{V_T}^{\infty} \frac{r}{\sigma^2} I_0 \frac{rA}{\sigma^2} e^{-\frac{r^2+A^2}{2\sigma^2}} dr \tag{2.92}$$

如雷达信号是一个幅度为 A 的正弦波,功率为 $A^2/2$,利用

$$SNR = A^2/2\sigma^2 \tag{2.93}$$

$$\frac{V_T^2}{2\sigma^2} = \ln \frac{1}{P_{fa}} \tag{2.94}$$

可以得到

$$P_D = \int_{\sqrt{2\sigma^2 \ln \frac{1}{P_{fa}}}}^{\infty} \frac{r}{\sigma^2} I_0 \frac{rA}{\sigma^2} e^{-\frac{r^2+A^2}{2\sigma^2}} dr = Q\left[\sqrt{\frac{A^2}{\sigma^2}}; 2\ln \frac{1}{P_{fa}}\right] \tag{2.95}$$

其中,Marcum Q 函数表示为

$$Q[\alpha,\beta] = \int_{\beta}^{\infty} \zeta I_0(\alpha\zeta) e^{-\frac{\zeta^2+\alpha^2}{2}} d\zeta \tag{2.96}$$

当虚警概率 P_{fa} 较小且检测概率 P_D 较大,检测门限也较大时,有

$$P_D \approx F\left(\frac{A}{\sigma} - \sqrt{2\ln \frac{1}{P_{fa}}}\right) \tag{2.97}$$

可近似为

$$P_D \approx 0.5 \times \text{erfc}(\sqrt{-\ln P_{fa}} - \sqrt{SNR + 0.5}) \tag{2.98}$$

式中,互补误差函数表示为

$$erfc(z) = 1 - \frac{2}{\sqrt{\pi}} \int_0^z e^{-v^2} dv \qquad (2.99)$$

是否检测到信号与门限有关,门限与虚警概率有关。

2.2 雷达对抗侦察

雷达对抗侦察(或雷达情报侦察)是指针对敌方雷达信号及战术参数的电子侦察,是雷达干扰、雷达抗干扰的基础,是夺取电磁优势的前提。通过对雷达信号的探测、分选、分析、处理,可实现对雷达信号的截获、雷达载体的定位及识别,判断雷达的能力、技术水平及用途,并实现电子情报收集、电子战支援、威胁告警功能等。

2.2.1 雷达侦察系统组成与分类

雷达侦察系统组成框图如图 2.18 所示。其功能一般有:截获信号;测向定位,利用信号的宏观参数对信号源进行测向定位;信号分选识别,利用信号的微观参数,即信号的种类、信号的频率、脉冲信号宽度、脉冲信号的重复频率、信号的结构等参数,对辐射源进行分选和识别;威胁告警,在雷达对抗侦察系统检测、判定攻击性雷达平台,如飞机、导弹等逼近时,进行告警提示。

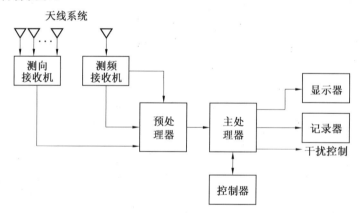

图 2.18 雷达侦察系统组成框图

1. 雷达侦察系统任务

雷达侦察系统任务通常可分为以下几种。

(1) 电子情报侦察(ELINT)。

ELNIT 要求能够获取多种系统的信号,参数测量的精度要求高,但对响应的时间不做太高的要求,主要用于和平时期电子情报的收集、分析、积累,以便了解周边的电磁态势,分析其战略和战术意图,从而推测潜在威胁,为高层提供情报依据。这类系统一般体积较为庞大,需要专门的工作平台,因此一般采用内部空间较大的运输机改装,美国海军的 EP－3 型电子侦察机和美国的 RC－135 电子侦察机就属于此类。这些飞机大多在机身或者机腹下面装备有大型的接收机天线,用于搜集在空间辐射的电磁信号,机内的自动源定位系统则对进行信号进行识别,并对感兴趣的信号源进行定位。

（2）电子支援侦察（ESM）。

电子支援侦察系统则为实时电子侦察系统,要求反应时间快,可以直接用于支援威胁告警、干扰或者引导武器攻击,但参数精度较低,用途比较单一,因此系统的体积和质量较小,可以配备在较小的平台上面,如作战飞机。一般来说,ESM 主要用于战术任务,如截获和收集对方某一个地区的辐射源,对其进行定位和分析,并把它与以前获取的电磁信号进行比对,从中获取对方军事活动和技术状况的信息,从而推测对方的军事活动的背景和趋势。例如,针对对方一个特定的地区进行侦察,以得到对方雷达网各种雷达的大致数量、活动范围、型号、位置和信号特点,并且通过这些数据来确定雷达干扰设备的最佳使用和最好的攻击方式,以便压制这些雷达。通过对战区雷达技术参数和信号方位、坐标进行实时的探测,为己方的电子压制行动提供引导,并推测干扰或者攻击是否达到预期的效果。可以看出,ELINT 用于大范围和平时的电子侦察行动,而 ESM 则主要负责支援战时电子战行动。当然,随着技术的发展,二者也可以互相补充。随着信号／数据处理技术的进步,大型电子侦察机也可以迅速的对目标进行处理。例如,美国的 RC－135 在基线 7 的升级中,就用商用高速处理器替代原来的军用标准处理器,大大提高了飞机的处理能力。结合飞机的大范围信号探测能力,可以迅速地探测和分析比如机动式防空导弹武器系统和地地导弹武器系统所发出的信号,对其进行跟踪,并通过数据链迅速地传递给指挥部。而平时 ESM 也可以确定对方的电子战斗序列（EOB）,这些数据可以用于构成和更新我方电子战系统的基础威胁数据库。例如,如果在非民航飞行区域出现了一架大型飞机,那么可推测对方是一架电子侦察飞机,从而己方可以采取电子静默等措施。ESM 能够配备在作战飞机上面,可以与其他作战飞机进行编队飞行,从而可让对方难辨真假。

（3）雷达寻的和告警。

用于作战中实时发现敌雷达和导弹威胁并告警,是飞机、军舰及地面机动部队的自卫手段。

（4）引导干扰。

为进行有效地干扰而实时、快速地侦察。

（5）引导杀伤武器。

准确地确定敌方雷达或其平台的空间位置,引导杀伤武器如反辐射导弹攻击雷达或其平台。

2. 雷达对抗侦察的技术指标

雷达对抗侦察的技术指标包括以下几点。

（1）灵敏度。

满足侦察设备正常检测所需的最小输入信号电平或信号场强。

（2）系统动态范围。

设备正常检测条件下输入功率的变化范围,下限受灵敏度限制,上限受接收机饱和电平限制,通常可达 70 dB 以上。

（3）信号调制参数的测量范围与精度。

信号调制参数包括脉冲宽度、脉冲重复间隔、线性调频信号的调频斜率和频率宽度、相位编码信号的结构与位数等。

（4）天线特性的分析能力。

雷达天线特性包括极化、主波束宽度、扫描特性。

雷达对抗侦察的战术指标包括：侦察作用距离；信号截获概率、截获时间，系统截获概念和截获时间是侦察系统获取信号能力的总概括；测角范围、测角精度及角度分辨力；侦察频段、瞬时带宽、测频精度及频率分辨力；虚警概率、虚警时间，两次虚警之间的时间间隔称为虚警时间。

2.2.2　雷达对抗侦察方程

雷达对抗侦察设备是侦察有无雷达在工作的设备，它本身不发射电磁信号，只是接收正在工作的雷达发射的信号，并通过处理这些信号确定雷达的信号参数、方向和位置。实现雷达侦察必须满足 5 个基本条件：时间条件，辐射源辐射信号的时间内，侦察前端处于接收状态；空间条件，侦察天线的波束覆盖辐射源；频率条件，辐射源信号的频谱正好落在侦察前端的瞬时带宽内；能量条件，辐射源到达侦察天线的信号幅度大于侦察前端可实现的最小检测幅度；波形条件，雷达对抗侦察设备的信号处理方式要与辐射源信号的波形相匹配。

在不考虑传输损耗、大气衰减及地面（或海面）反射等因素的影响而导出的侦察设备作用距离方程可以表示为

$$R = \left[\frac{P_t G_t G_r \lambda^2}{(4\pi)^2 P_{\mathrm{rmin}}} \right]^{\frac{1}{2}} \tag{2.100}$$

式中，P_t 为雷达发射功率；G_t 为雷达天线发射增益；G_r 为侦察天线接收增益；λ 为雷达波长；P_{rmin} 为接收机敏感度。

图 2.19 所示为侦察机和雷达的空间位置示意图，图 2.20 所示为"竞技神"电子支援系统典型参数条件下的系统作用范围示意图。

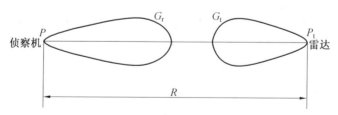

图 2.19　侦察机和雷达的空间位置示意图

修正侦察方程则是指考虑有关传输和装置的损耗及损失条件下的侦察作用距离方程。设损耗为 L，则有

$$R = \left[\frac{P_t G_t G_r \lambda^2}{(4\pi)^2 L P_{\mathrm{rmin}}} \right]^{\frac{1}{2}} \tag{2.101}$$

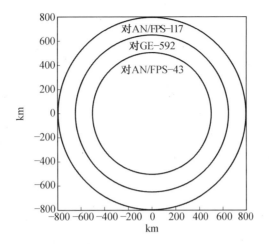

图 2.20 "竞技神"电子支援系统典型参数条件下的系统作用范围示意图

在微波频段以上,电波是近似直线传播的。由于地球表面引起的遮蔽作用,因此侦察机与雷达之间的直视距离受到限制。地球曲率对直视距离的影响如图 2.21 所示,当 H_1 为目标雷达天线高度,H_2 为侦察机天线高度时,侦察直视距离 R_s 表示为

$$R_s = AB + BC \approx \sqrt{2R}(\sqrt{H_1} + \sqrt{H_2}) \tag{2.102}$$

式中,H_1 和 H_2 以 m 为单位。

考虑到大气引起的电波折射,直视距离有所延伸,由于等效的地球半径为 8 490 km,因此有

$$R_s = 4.1(\sqrt{H_1} + \sqrt{H_2})$$

式中,R_s 以 km 为单位。

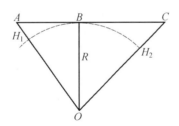

图 2.21 地球曲率对直视距离的影响

2.2.3 雷达侦察的信号处理

雷达侦察系统是一种利用无源接收和信号处理技术对雷达辐射源信号环境进行检测和识别、对雷达信号和工作参数进行测量和分析,从中得到有用信息的设备。实现对雷达辐射源信号环境进行侦察的典型过程如下。

(1) 由雷达侦察系统的侦察天线接收其所在空间的射频信号,并将信号反馈至射频信号实时检测和参数测量电路。由于大部分雷达信号都是脉冲信号,因此典型的射频信号检测和测量电路的输出是对每一个射频脉冲以指定长度(定长)、指定格式(定格)、指定

位含义(定位)的数字形式信号参数描述字,通常称为脉冲描述字 PDW(Pulse Discreption Word)。从雷达侦察系统的侦察天线至射频信号实时检测和参数测量电路的输出端,通常称为雷达侦察系统的前端。

(2) 将雷达侦察系统前端的输出送给侦察系统的信号处理设备,由信号处理设备根据不同的雷达和雷达信号特征,对输入的实时 PDW 信号流进行辐射源分选、参数估计、辐射源识别、威胁程度判别和作战态势判别等。信号处理设备的输出结果一般是约定格式的数据文件,同时供给雷达侦察系统中的显示、存储、记录设备和有关的其他设备。从雷达侦察系统的信号处理设备至显示、存储、记录设备等,通常称为雷达侦察系统的后端。

1. 信号处理的任务和主要技术要求

(1) 雷达侦察系统中信号处理设备的主要任务。

雷达侦察系统中信号处理设备的任务是对测频、测向接收机输出的 $\{\text{PDW}_i\}_{i=0}^{\infty}$ 进行信号分选、参数估计、识别、威胁程度判别和作战态势判别等处理,并将处理结果分发给其他相关设备。PDW_i 的具体内容和数据格式取决于侦察系统前段的组成和性能,在典型的侦察系统中,有

$$\{\text{PDW}\}_i = (\theta_{\text{AOA}_i}, f_{\text{RF}_i}, t_{\text{TOA}_i}, \tau_{\text{PW}_i}, A_{P_i}, F_i) \tag{2.103}$$

式中,θ_{AOA_i}、f_{RF_i}、t_{TOA_i}、τ_{PW_i}、A_{P_i}、F_i 分别为第 i 个射频脉冲到达的方位角、载波频率、脉冲前沿的到达时间、脉冲宽度、脉冲幅度和内调制特征。

(2) 对信号处理设备的主要技术要求。

① 可分选、识别的雷达辐射源类型和可信度。

② 可测量和估计的辐射源参数、参数范围和估计精度。

③ 信号处理的时间。

④ 可处理的输入信号流密度。

2. 信号处理的基本流程和工作原理

雷达侦察系统信号处理的基本流程如图 2.22 所示,其中各部分的基本工作原理如下。

(1) 信号预处理。

信号预处理的主要任务是根据已知雷达的信号特征 $\{C_j\}_{j=1}^{m}$ 和一般雷达信号特征的先验知识 $\{D_k\}_{k=1}^{n}$,将实时输入的信号流 $\{\text{PDW}_i\}_{i=0}^{\infty}$ 分成 m 个已知雷达辐射源子流 $\{\text{PDW}_{i,j}\}_{j=1}^{m}$ 和 n 个未知雷达辐射源子流 $\{\text{PDW}_{i,k}\}_{k=1}^{n}$,供信号主处理设备做进一步的分选和识别。

(2) 信号主处理。

信号主处理的任务是对输入的两类预分选子流 $\{\text{PDW}_{i,j}\}_{j=1}^{m}$ 和 $\{\text{PDW}_{i,k}\}_{k=1}^{n}$ 做进一步的分选、识别和参数估计。

信号处理的时间紧、任务重、要求高,所以现代的侦察信号处理机往往是一个多处理机系统,采用高速信号处理软件和开发工具编程,并可通过多种人机界面交互各种运行数据和程序信息,接受人工控制和处理过程的人工干预。信号主处理的输出是表现对当前雷达信号环境中各已知和未知雷达辐射源的检测、识别结果、可信度与各项参数估计的数

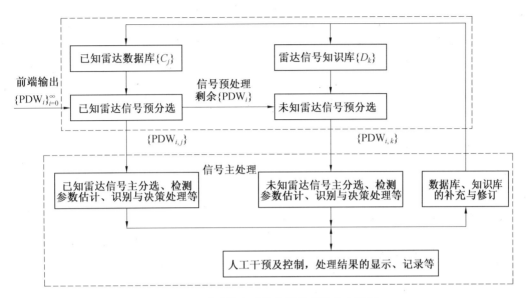

图 2.22　雷达侦察系统信号处理的基本流程

据文件。

3. 雷达侦察信号的预处理

(1) 对已知雷达信号的预处理。

① $\{C_j\}_{j=1}^m$ 的生成。

雷达的信号特征 $\{C_j\}_{j=1}^m$ 是对已知雷达信号进行预处理的基本依据。由于受到预处理时间的严格限制,在一般情况下,$\{C_j\}_{j=1}^m$ 是用来直接与 $\{PDW_i\}_{i=0}^\infty$ 进行快速匹配分选的,因此构成 $\{C_j\}_{j=1}^m$ 的各维参数特征及参数的具体描述都必须与侦察机前端输出的 PDW 参数特征及参数的具体描述保持一致。此外,C_j 必须表现出已知雷达 j 在 PDW 的多维特征参数空间中详细的、具体的性质,以便于预处理能够尽快、准确地实现信号分选。因此,$\{C_j\}_{j=1}^m$ 的生成是对已知雷达信号预处理的关键。

$\{C_j\}_{j=1}^m$ 生成原则如下。

a. C_j 是 PDW 信号空间中一个有限维的特定子空间,是对已知雷达 j 经过前端正常检测后形成的全体 PDW 的概括和描述。

b. C_j 的特定子空间具有相对的空间聚敛性和时间平稳性。

② 预处理的基本算法。

对已生成的 $\{C_j\}_{j=1}^m$,预处理的基本预分选算法为

$$PDW_i \in \begin{cases} \{PDW_{i,j}\}_{j=1}^m, & M(PDW_i) \in \{C_j\}_{j=1}^m \\ \overline{\{PDW_{i,j}\}_{j=1}^m}, & M(PDW_i) \notin \bigcup_{j=1}^m C_j \end{cases} \quad i=0,1,\cdots \quad (2.104)$$

式中,$M(PDW_i)$ 是 PDW_i 在 $\{C_j\}_{j=1}^m$ 子空间上的投影;$\overline{\{PDW_{i,j}\}_{j=1}^m}$ 为 $\{PDW_{i,j}\}_{j=1}^m$ 的剩余(补流)。

若 m 个已知雷达信号的子空间 $\{C_j\}_{j=1}^m$ 彼此都不相交,即

$$C_i \bigcap C_j \equiv \varnothing, \quad i \neq j; i, j = 1, 2, \cdots, m \tag{2.105}$$

则从 PDW_i 到 $\{\mathrm{PDW}_{i,j}\}_{j=1}^m$ 的分选是唯一的,即任意的 PDW_i 最多只能符合一部分已知雷达的信号特征。这种情况没有预分选的模糊,是理想的。但在许多实际情况下,由于同一地域内有大量的雷达,同波段、同方向、同脉宽的雷达同时工作也是经常的,因此 $\{C_j\}_{j=1}^m$ 是有交叠的,预分选可以是多值的。

（2）对未知信号的预处理。

① $\{D_k\}_{k=1}^n$ 的生成。

对未知雷达辐射源信号的预处理主要是根据雷达信号特征的先验知识,对 θ_{AOA}、f_{RF} 和 τ_{PW} 三参数张成的空间 Ω 制定出一种合理的预处理子空间分划 $\{D_k\}_{k=1}^n$。$\{D_k\}_{k=1}^n$ 生成条件与 $\{C_j\}_{j=1}^m$ 一样,此外还需满足以下条件。

a. 完备性和正交性,即

$$\bigcup_{k=1}^n D_k = \Omega \tag{2.106}$$

$$D_i \bigcap D_k \equiv \varnothing, \quad \forall i \neq k; i, k = 1, 2, \cdots, n$$

b. 尽可能使同一部雷达在同种工作方式下的 PDW 在经过预处理分选后处于同一个分选子流 $\mathrm{PDW}_{i,k}$ 中。

② 常用的 $\{D_k\}_{k=1}^n$。

根据 $\{D_k\}_{k=1}^n$ 的生成原则,在雷达侦察系统中常用的空间分划 $\{D_k\}_{k=1}^n$ 如下。

a. 矩形均匀分划。

设 $\theta_{\mathrm{AOA}_{\min}}$、$\theta_{\mathrm{AOA}_{\max}}$、$f_{\mathrm{RF}_{\min}}$、$f_{\mathrm{RF}_{\max}}$、$\tau_{\mathrm{PWmin}}$、$\tau_{\mathrm{PWmax}}$ 分别为侦察系统对 θ_{AOA}、f_{RF} 和 τ_{PW} 三参数的最小测量值和最大测量值,$N_{\theta_{\mathrm{AOA}}}$、$N_{f_{\mathrm{RF}}}$、$N_{\tau_{\mathrm{PW}}}$ 为均匀分划时各参数的二进制量化位数,$\Delta\theta_{\mathrm{AOA}}$、$\Delta f_{\mathrm{RF}}$、$\Delta\tau_{\mathrm{PW}}$ 为各参数的量化区间宽度,则有

$$N_{\theta_{\mathrm{AOA}}} = \frac{\theta_{\mathrm{AOA}_{\max}} - \theta_{\mathrm{AOA}_{\min}}}{\theta_{\mathrm{AOA}}} \tag{2.107}$$

$$N_{f_{\mathrm{RF}}} = \frac{f_{\mathrm{RF}_{\max}} - f_{\mathrm{RF}_{\min}}}{\Delta f_{\mathrm{RF}}} \tag{2.108}$$

$$N_{\tau_{\mathrm{PW}}} = \frac{\tau_{\mathrm{PWmax}} - \tau_{\mathrm{PWmin}}}{\Delta\tau_{\mathrm{PW}}} \tag{2.109}$$

三参数的空间分辨为

$$\Delta\Omega = \Delta\theta_{\mathrm{AOA}} \otimes \Delta f_{\mathrm{RF}} \otimes \Delta\tau_{\mathrm{PW}}$$

最大可选的输出子流数为

$$n = N_{\theta_{\mathrm{AOA}}} \times N_{f_{\mathrm{RF}}} \times N_{\tau_{\mathrm{PW}}}$$

矩形均匀分划的重要参数是 $\Delta\Omega$。$\Delta\Omega$ 过大,会使多个未知雷达信号混合在同一个预分选的子流中;$\Delta\Omega$ 过小,又会使同一个雷达信号分散在几个预分选的子流中,都将造成后续主处理不便。采用均匀分划的优点是预处理十分简单,因此常被许多雷达侦察设备采用。但是人们都很清楚,实际的雷达信号参数在频率和脉宽域内的分布并不是均匀的。均匀分划没有充分利用雷达信号参数非均匀分布的一般知识,显然不是最合理的。

b. 矩形非均匀分划。

常用的非均匀划分准则就是对参数分布集中的区间采用密集分划（$\Delta\Omega$ 小），对参数分布系数的区间采用稀疏分划（$\Delta\Omega$ 大），对频率低段采用相对密集分划（Δf_{RF} 小），对频率高段采用相对稀疏分划（Δf_{RF} 大），这种非均匀的分划方法显然比均匀分划更合理。

（3）预处理的基本算法。

对已经制定的分划 $\{D_k\}_{k=1}^n$，未知雷达信号预处理的基本分选算法是

$$\begin{cases} \mathrm{PDW}_i \in \{\mathrm{PDW}_{i,k}\} \\ M(\mathrm{PDW}_i) \in \{D_k\} \end{cases}, \quad k=1,2,\cdots,n \qquad (2.110)$$

式中，$M(\mathrm{PDW}_i)$ 是 PDW_i 在 $\{D_k\}_{k=1}^n$ 的投影。

由于 $\{D_k\}_{k=1}^n$ 满足完备性和正交性，因此保证了剩余子流中的任意 PDW_i 都将被唯一分选到某一分选数据缓存区中。

4. 雷达侦察信号的主处理

雷达侦察信号的主处理任务是从预处理的输出中进一步分选出每一部雷达的 PDW 序列，估计和测量其详细的信号参数特征，识别和判断其雷达类型、功能、当前的工作方式和威胁程度等。

由于主处理的数据量大、处理算法复杂、要求的反应时间短，因此主处理机经常以高速 DSP（数字信号处理器）为核心，且采用多处理器同时工作。

为了提高处理速度、精度和识别判断的可信度，主处理机也必须充分利用各种先验信息和知识。因此，主处理也分为对已知雷达信号的主处理和对未知雷达信号的主处理。

（1）对已知雷达信号的主处理。

对已知雷达信号主处理的输入来自预处理输出的 $\{\mathrm{PDW}_{i,j}\}_{j=1}^m$（对已知雷达信号的预分选数据），其处理的基本流程如下。

利用已知雷达的脉冲重复周期（t_{PRI}）信息，从 $\{\mathrm{PDW}_{i,j}\}_{j=1}^m$ 中分选、检测 j 雷达的子流 $\{\mathrm{PDW}'_{i,j}\}_{i=1}^\infty$，判断已知的 j 雷达是否存在。

在 j 雷达存在的条件下，由 $\{\mathrm{PDW}'_{i,j}\}_{i=1}^\infty$ 进一步估计和测量 j 雷达当前的各项信号参数特征，如 θ_{AOA} 及其变化、f_{RF} 及其转移概率、τ_{PW} 及其转移概率、t_{PRI} 及其转移概率、天线扫描周期和扫描方式、工作的起止时间等。

根据 j 雷达当前的信号参数特征与已知雷达工作特性的知识，识别和判断 j 雷达当前的类型、功能、工作方式和威胁程度等，并形成各种必要的处理结果文件。

① 对已知雷达信号的 t_{PRI} 分选与检测。

a. 雷达信号的 t_{PRI} 特性及其描述。

在雷达信号诸多参数中，t_{PRI} 是工作样式最多、参数范围最大、变化最快的一项参数，一部雷达可能具有几种甚至几十种 t_{PRI} 的工作样式和工作参数。图 2.23 所示为几种典型 t_{PRI} 工作样式和调制参数的描述，图中分别示出了固定 t_{PRI}、参差 t_{PRI}、抖动 t_{PRI} 和参差抖动 t_{PRI} 到达脉冲序列的波形。这几种典型 t_{PRI} 工作样式和调制参数的描述如下。

固定 t_{PRI} 有

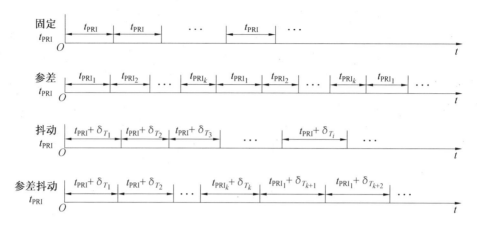

图 2.23　几种典型 t_{PRI} 工作样式和调制参数的描述

$$t_{\mathrm{PRI}_i} \equiv t_{\mathrm{PRI}}, \quad \forall\, i = 1, \cdots$$

式中，t_{PRI} 为一非时变的确定性常数值。

参差 t_{PRI} 有

$$t_{\mathrm{PRI}_i} = \begin{cases} t_{\mathrm{PRI}_1}, & i = Lk+1, L=0,1,\cdots \\ \vdots \\ t_{\mathrm{PRI}_k}, & i = Lk+k, L=0,1,\cdots \end{cases}$$

式中，k 为周期参差数；$t_{\mathrm{PRI}_1}, \cdots, t_{\mathrm{PRI}_k}$ 为 k 个确定性的 t_{PRI} 常数，每经过 k 个脉冲，各 t_{PRI} 值循环变化一次。

抖动 t_{PRI} 有

$$t_{\mathrm{PRI}_i} = t_{\mathrm{PRI}_0} + \delta_{T_i}, \quad i = 1, \cdots$$

式中，t_{PRI_0} 为 t_{PRI} 的中心值或平均值；δ_{T_i} 一般为在区间 $[-T, +T]$ 对称分布的随机序列。

形成 t_{PRI} 的抖动的调制方式很多，如正弦调制、伪随机序列调制、噪声取样调制等。抖动范围 T 与中心值 t_{PRI_0} 的比值

$$\delta_{t_{\mathrm{PRI}}} = \pm \frac{T}{t_{\mathrm{PRI}_0}} \tag{2.111}$$

称为最大抖动量（简称为抖动量），以表现抖动的相对大小，其典型值为 $\pm 1\% \sim \pm 10\%$。

参差抖动 t_{PRI} 有

$$t_{\mathrm{PRT}_i} = \begin{cases} t_{\mathrm{PRI}_1} + \delta_{T_i}, & i = Lk+1, L=0,1,\cdots \\ \vdots \\ t_{\mathrm{PRI}_k} + \delta_{T_i}, & i = Lk+k, L=0,1,\cdots \end{cases} \tag{2.112}$$

不难看出，式（2.112）的描述式可以概括前面 4 种 t_{PRI} 工作样式，所以在雷达对抗的仿真和信号处理系统中，常以该式作为对一般雷达 t_{PRI} 特征描述的通式。此外，根据作战任务的需要和变化，一部雷达往往具有上述的 N 种 t_{PRI} 工作样式可选用，这也会增加信号处理的难度。

b. 已知雷达 t_{PRI} 特征的分选和检测。

对已知雷达 t_{PRI} 特征的分选和检测就是利用已知雷达的 $\{t_{PRI_i}, T\}_{i=1}^{k}$，从 $\{PDW_{i,j}\}_{i=0}^{\infty}$ 中进一步分选出满足该 t_{PRI} 特征的子流 $\{PDW'_{i,j}\}_{i=1}^{\infty}$，然后就 $\{PDW'_{i,j}\}_{i=0}^{\infty}$ 与已知 t_{PRI} 特征的符合程度，做出该雷达信号是否存在的判断，并给出该判断相应的可信度。分选方法主要分为两类：采用数字逻辑电路的 t_{PRI} 分选滤波器和采用数字信号处理器的 t_{PRI} 分选滤波算法。

② 对已知雷达信号的参数估计与测量。

设 $\{PDW'_{i,j}\}_{i=0}^{\infty}$ 为经过预处理分选、主处理分选并检测后已知雷达 j 的信号序列，对其进行参数估计与测量的目的是进一步分析和提取信号特征，修改、补充和完善该已知雷达的信号特征库，跟踪其工作参数、工作方式和所在方向等的实时变化。

a. 信号载频参数的估计与测量。

雷达信号的载频特征集中表现为载频集 $\{f_{RF_i}\}_{i=1}^{k}$ 和转移概率矩阵 $P^{f_{RF}k \times k}$。$\{f_{RF_i}\}_{i=1}^{k}$ 是 $\{PDW'_{i,j}\}_{i=0}^{\infty}$ 中载频的全体。对于离散分布的 f_{RF}，$\{f_{RF_i}\}_{i=1}^{k}$ 直接对应于各离散频率点；对于在区间 $[f_{RF_{min}}, f_{RF_{max}}]$ 连续分布的 f_{RF}，$\{f_{RF_i}\}_{i=1}^{k}$ 是对该区间的离散化，即

$$f_{RF_i} = f_{RF_{min}} + \left(i - \frac{1}{2}\right)\Delta f, \quad i = 1, \cdots, k, k = \frac{f_{RF_{max}} - f_{RF_{min}}}{\Delta f} \qquad (2.113)$$

式中，Δf 是量化宽度。

转移概率矩阵 $P^{f_{RF}k \times k}$ 一般采用对转移频率的统计进行估计，其中元素为

$$P^{f_{RF}i,j} = \lim_{T \to \infty} \frac{L^{f_{RF}i,j}(T)}{P_i^{f_{RF}}(T)}, \quad j = 1, \cdots, k; i = 1, \cdots, k \qquad (2.114)$$

b. 信号脉宽参数的估计与测量。

与信号载频参数的估计与测量相似，雷达信号的脉宽特征集中表现为脉宽集 $\{\tau_{PW_i}\}_{i=1}^{k}$ 和转移概率矩阵 $P^{\tau_{PW}k \times k}$。$\{f_{PW}\}$ 是 $\{PDW'_{i,j}\}_{i=0}^{\infty}$ 中脉宽的全体，转移概率矩阵 $P^{\tau_{PW}k \times k}$ 也是采用对脉宽转移频率的统计进行估计，其中元素为

$$P^{\tau_{PW}i,j} = \lim_{T \to \infty} \frac{L^{\tau_{PW}i,j}(T)}{L_i^{\tau_{PW}}(T)}, \quad j = 1, \cdots, k; i = 1, \cdots, k \qquad (2.115)$$

c. 信号 t_{PRI} 参数的估计与测量为

$$t_{PRI_i} = t_{PRI_{min}} + \left(i - \frac{1}{2}\right)\Delta t, \quad i = 1, \cdots, k, k = \frac{t_{PRI_{max}} - t_{PRI_{min}}}{\Delta t} \qquad (2.116)$$

式中，Δt 为 t_{PRI} 的量化时间。

转移概率矩阵 $P^{t_{PPI}k \times k}$ 也是采用对 t_{PRI} 转移频率的统计进行估计，其中元素为

$$P^{\tau_{PPI}i,j} = \lim_{T \to \infty} \frac{L^{\tau_{PRI}i,j}(T)}{L_i^{\tau_{PRI}}(T)}, \quad j = 1, \cdots, k; i = 1, \cdots, k \qquad (2.117)$$

d. 信号 θ_{AOA} 参数的估计与测量。

在 $\{PDW'_{i,j}\}_{i=0}^{\infty}$ 中已经具有 j 雷达一系列的 θ_{AOA} 测量值，而进一步对其进行估计与测量的主要目的是：统计处理 $\{PDW'_{i,j}\}_{i=0}^{\infty}$ 中 θ_{AOA} 的连续测量值，提高对 θ_{AOA} 参数估计的精度（受侦察系统测向能力的影响，原始的 θ_{AOA} 测量精度较低）；在有相对运动时还需要连

续跟踪和预测各已知雷达 θ_{AOA} 参数的变化,以便及时修订预处理时对该雷达的 θ_{AOA} 分选范围,引导干扰发射的方向或其他作战行动等。设 $\{\theta_{\mathrm{AOA}_i'}\}_{i=0}^{\infty}$ 为经预处理、主处理后分选出 j 雷达的 θ_{AOA} 序列,$\{\theta_{\mathrm{AOA}_i'}\}_{i=0}^{\infty}$ 为 j 雷达真实的 θ_{AOA} 序列,则有

$$\theta_{\mathrm{AOA}_i'} = \theta_{\mathrm{AOA}_i} + n_i, \qquad \forall\, i = 0, 1, \cdots \tag{2.118}$$

式中,n_i 主要是 θ_{AOA} 测量电路中由于噪声、系统不稳定和量化等引起的测量误差。由于每次的测量时间间隔较长(连续脉冲时为一个 t_{PRI} 周期,间断脉冲时为若干个 t_{PRI} 周期),因此 $\{n_j\}_{j=0}^{\infty}$ 为独立、零均值序列。对于 θ_{AOA} 参数的统计估值通常采用修正的窗函数加权平均算法,常用的窗函数有矩形窗、Hamming 窗、Hanning 窗、指数窗等,其中矩形窗、指数窗的迭代计算比较方便。

e. 天线扫描参数的估计与测量。

在雷达侦察系统中,需要分析和测量的雷达天线扫描参数主要有照射时间宽度 T_{S}、天线扫描周期 T_{A} 和天线扫描的功率谱 $G_{\mathrm{A}}(\Omega)$ 等,测量数据来源主要取自已经分选出 $\{\mathrm{PDW}_i'\}_{i=0}^{\infty}$ 序列中 t_{TOA} 与 A_{P} 两项参数的子序列 $\{t_{\mathrm{TOA}_i'}, A_{\mathrm{P}_i'}\}_{i=0}^{\infty}$。

③ T_{S} 的估计与测量。

T_{S} 是指侦察机接收到雷达各次照射信号持续时间的平均值,雷达信号的照射时间 T_{S} 与天线扫描周期 T_{A} 如图 2.24 所示,则有

$$T_{\mathrm{S}} = \lim_{J \to \infty} \frac{1}{J} \sum_{j=1}^{J} (T_1^j - T_0^j) \tag{2.119}$$

式中,T_0^j、T_1^j 分别为第 j 次天线扫描照射的起止时间。对 T_{S} 的估计与测量首先需要检测和估计输入序列 $\{t_{\mathrm{TOA}_i'}, A_{\mathrm{P}_i'}\}_{i=0}^{\infty}$ 中的各次起止时间。

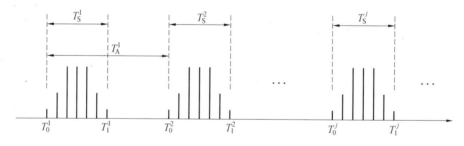

图 2.24　雷达信号的照射时间 T_{S} 与天线扫描周期 T_{A}

④ T_{A} 的估计与测量。

T_{A} 是指侦察机接收到雷达各次间断照射信号之间平均的间隔时间,即

$$T_{\mathrm{A}} = \lim_{J \to \infty} \frac{1}{J} \sum_{J=\infty}^{J} T_0^j = \lim_{J \to \infty} \frac{1}{J} \sum_{J=\infty}^{J} T_1^j \tag{2.120}$$

T_{A} 的估计测量可以与 T_{S} 的估计测量同时进行。

⑤ 天线扫描功率谱 $G_{\mathrm{A}}(\Omega)$ 的估计。

$G_{\mathrm{A}}(\Omega)$ 也就是输入序列 $\{t_{\mathrm{TOA}_i}, A_{\mathrm{P}_i'}\}_{i=0}^{\infty}$ 的功率谱。由于实际的输入序列可能不连续,因此在进行谱分析之前,还需对所有发生间断的时间区域补零,从而形成在时间上连续的新的取样序列 $\{A_{\mathrm{P}_i}\}_{i=0}^{\infty}$。

对于序列 $\{A_{P_i}\}_{i=0}^{\infty}$ 的功率谱分析主要采用分段平均 FFT 变换算法，即先以 $N = 2^L$ 为长度，将 $\{A_{P_i}\}_{i=0}^{\infty}$ 均匀分段，对其中每一分段 k 进行 N 点实输入的 FFT 运算，求得该分段频谱的实部 $\{\mathrm{Re}^k(i)\}_{i=0}^{N-1}$ 和虚部 $\{\mathrm{Im}^k(i)\}_{i=0}^{N-1}$，合成该分段的功率谱，即

$$G^k(i) = (\mathrm{Re}^k(i))^2 + (\mathrm{Im}^k(i))^2, \quad i = 0, 1, \cdots, N-1 \tag{2.121}$$

再对各分段的结果逐点平均，求得功率谱的估计为

$$\hat{G}(i) = \lim_{J \to \infty} \frac{1}{J} \sum_{k=1}^{J} G^k(i), \quad i = 0, 1, \cdots, N-1 \tag{2.122}$$

⑥ 对已知雷达工作特性的识别。

对已知雷达工作特性识别的主要依据是已知的雷达工作特性与信号参数的关系，其中经常采用的一种算法是称为 IF THEN 结构的产生式规则推理算法。

设条件集 $\{T_k\}_{k=1}^{L}$ 为已知雷达 j 各项检测和参数估计测量结果的集合，L 为集合中各项结果的数量，则产生式规则推理算法的基本形式是将已知的雷达工作特性与信号参数的关系归纳为一组规则集 $\{E_i\}_{i=1}^{N}$，其中在精确推理中的每一条规则 E_i 都具有下面的描述形式：

IF　（条件集 ＝ {条件 1, 条件 2, $\cdots$, 条件 n, 各条件 $\in \{T_k\}_{k=1}^{L}$}）

THEN　（结论集 ＝ {结论 1, 结论 2, $\cdots$, 结论 m}）

即由对已知雷达信号与信号参数检测、估计测量的结果作为规则中的条件，产生对各种已知雷达和雷达工作特性等的识别结论。实际上许多结论相互间也有千丝万缕的联系，每条规则推理时所产生的结论又可作为新的条件补充到 $\{T_k\}_{k=1}^{L}$ 中，被其他规则引用，如此循环迭代，直到 $\{E_i\}_{i=1}^{N}$ 作用于 $\{T_k\}_{k=1}^{L}$，不再产生新的结论为止。

（2）对未知雷达信号的主处理。

对未知雷达信号的主处理的基本流程如下。

① 采用脉冲重复周期 t_{PRI} 分析技术分析和检测未知雷达预分选数据中是否存在某种 t_{PRI} 工作样式的未知雷达。

② 对于分选出的数据进行各项信号特征参数的估计和测量，方法同对已知雷达的特征参数估计和测量，并将结果迅速补充到已知雷达的预处理、主处理数据库中。

③ 根据未知雷达的检测和测量参数及其与一般雷达工作特性的知识，识别判断该雷达功能、工作方式和威胁程度等。

2.3　雷 达 干 扰

雷达干扰技术是干扰敌方接收机而非发射机，雷达干扰基本技术是制造电磁干扰信号，使其与有用信号同时进入敌雷达设备的接收机。雷达干扰按干扰的能量来源可分为有源干扰和无源干扰，按干扰的人为因素可分为有意干扰和无意干扰，按干扰的目的和空间几何位置可分为自卫干扰和支援干扰，按干扰信号作用的原理可分为遮蔽性干扰和欺骗性干扰。

2.3.1　遮蔽性干扰

有源遮蔽性干扰在干扰雷达时，将强干扰功率发射至雷达的接收机，降低雷达检测信噪比或信干噪比。干扰示意图如图 2.25 所示，有源遮蔽性干扰功率方程可写成

$$P_{rj} = \frac{P_j G_j G_i \lambda^2}{(4\pi R_j)^2 L_j L_r L_{pol} L_{Atm}} \qquad (2.123)$$

式中，P_{rj} 为到达雷达接收机前端的干扰功率；P_j 为干扰系统发射功率；G_j 为干扰系统天线对雷达方向增益；G_i 为雷达天线对干扰系统方向增益；λ 为雷达工作波长；R_j 为雷达与干扰系统之间距离；L_j 为干扰系统发射综合损耗；L_{pol} 为干扰信号对雷达天线的极化损耗；L_r 为雷达接收综合损耗；L_{Atm} 为干扰系统到雷达距离上的干扰信号天气损耗。

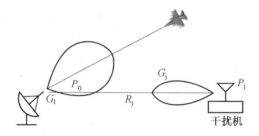

图 2.25　干扰示意图

1. 遮蔽性干扰

遮蔽性干扰是指利用噪声或者类似噪声的干扰信号遮蔽或淹没有用信号，阻止雷达检测目标信息的行为。遮蔽性干扰如图 2.26 所示，其类型可分为如下几种。

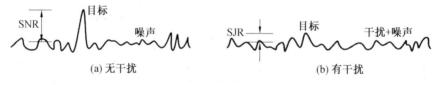

图 2.26　遮蔽性干扰

（1）时间遮蔽干扰。

干扰信号覆盖目标回波信号可能存在的时间，包括连续时间干扰和覆盖脉冲干扰。

（2）空间遮蔽干扰。

干扰信号覆盖目标可能出现的空间位置，具体表现为能够遮蔽一定的方位、仰角和距离范围，使雷达对此范围内的目标检测概率严重降低。

（3）频率遮蔽干扰。

干扰信号在频域上覆盖目标回波频率可能存在的范围，可以根据雷达接收机载频、带宽与干扰信号载频、带宽的相互关系进一步分为瞄准式干扰、阻塞式干扰和扫频式干扰。

（4）速度遮蔽干扰。

干扰信号频谱覆盖目标回波信号频谱可能存在的多普勒频率范围。

遮蔽性干扰效果的度量指标有压制系数、综合评价函数、噪声质量因子，其中压制系

数 K_a 可表示为

$$K_a = \frac{P_j}{P_s} \Bigg|_{P_d = 0.1} \tag{2.124}$$

压制系数可以理解为当发现概率 P_d 不大于 0.1 时,雷达接收机线性系统输出端干扰功率 P_j 与目标回波信号功率 P_s 之比。

2. 噪声干扰

(1) 射频噪声干扰。

射频噪声是由白噪声经由合适的滤波器并经过放大器得到的有限频带噪声,其表达式为

$$J(t) = u_n(t)\cos(\omega_j t + \varphi(t)) \tag{2.125}$$

这是一个窄带的高斯过程,即 $J(t)$ 服从正态分布;包络函数 $u_n(t)$ 服从瑞利分布;相位函数 $\varphi(t)$ 服从 $[0, 2\pi]$ 均匀分布,且与 $u_n(t)$ 相互独立;载频 ω_j 为常数,且远大于 $J(t)$ 的谱宽。

典型雷达接收机中,混频和中放模块构成第一个线性系统,对于此系统,噪声输入后输出的干扰信号仍然为窄带高斯过程,其功率谱拥有中放带宽,表达式为

$$G_i(f) = | H_i(f) |^2 G_j(f - f_0 + f_i) \tag{2.126}$$

式中,$G_i(f)$ 为中放输出噪声频谱;$G_j(f)$ 为中放输入噪声频谱;$H_i(f)$ 为该线性系统频率响应,在中放的带宽范围内为 1,其他范围内为 0;f_i 为中放中心频率。

输出信号包络过程服从瑞利分布。实际上,此种噪声在进入雷达接收机之后,其作用与接收机内部噪声相同,即二者为互相独立的正态噪声。噪声与输入信号叠加后表现为莱斯分布。射频噪声干扰的作用是提高噪声水平,使雷达信号检测的虚警概率大幅上升,使发现概率降低到 0.1 以下。

(2) 噪声调频干扰。

如果载波的瞬时频率随着噪声调制电压的变化而变化,而振幅保持不变,则为噪声调频干扰,其信号表达式为

$$J(t) = U_j\cos\left(\omega_j t + 2\pi k_{FM}\int_0^t u(t')\mathrm{d}t' + \varphi\right) \tag{2.127}$$

这是一个广义平稳随机过程。其中,调制噪声 $u(t)$ 为零均值、广义平随机过程;φ 为 $[0, 2\pi]$ 均匀分布,且与 $u(t)$ 相互独立的随机变量;u_j 为噪声调频信号的幅度;ω_j 为噪声调频信号的中心频率;k_{FM} 为调频斜率,表示单位调制信号强度引起的频率变化。

噪声调频干扰进入接收机后,如果调制噪声的频率带宽比较小,会出现多个稳定幅度的随机脉冲,遮蔽效果比较差,而当带宽比较大时,随机脉冲开始发生重叠现象。检测时,由于调频干扰所有分量全部通过中放,因此检波包络后输出近似直流。

(3) 噪声调相干扰。

调相干扰与调频类似,不同的是调相不需要使用独立的压控振荡器,而调频则需要形成振荡的中心频率,噪声调相干扰的带宽较小。

（4）脉冲干扰。

规则脉冲干扰为脉冲参数恒定的干扰信号，与雷达回波很相像，其欺骗性较好，但是容易被雷达抗异步干扰电路抵消。随机脉冲干扰与规则脉冲干扰同样采用欺骗性方法，但由于其随机性，因此难以被抵消。二者同时作用时的效果比单独使用时更好。

2.3.2 欺骗性干扰

欺骗性干扰的基本原理是采用虚假的目标信息作用于雷达的目标检测和跟踪系统，使雷达不能正确检测真正的目标或者不能正确测量真正目标的参数信息，从而达到迷惑和扰乱雷达对真正目标检测和跟踪的目的。欺骗性干扰可以分为距离欺骗干扰、角度欺骗干扰和速度欺骗干扰等。

1. 距离欺骗干扰

（1）距离假目标干扰。

设 R 为真目标所在距离，经雷达接收机输出的回波脉冲包络时延 $t_r = 2R/c$，R_f 为假目标的所在距离，则在雷达接收机内干扰脉冲包络相对于雷达定时脉冲的时延 $t_f = 2R_f/c$。当其满足 $|R_f - R| > \delta_R$ 时，便形成距离假目标。对脉冲雷达距离检测的假目标干扰如图 2.27 所示。

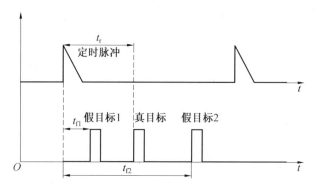

图 2.27　对脉冲雷达距离检测的假目标干扰

通常，t_f 由两部分组成，即 $t_f = t_{f0} + \Delta t_f$ 和 $t_{f0} = 2R_j/c$，t_{f0} 是由雷达与干扰机之间 R_j 距离所引起的电波传播时延，Δt_f 则是干扰机收到雷达信号后的转发时延。

（2）距离波门拖引干扰。

① 干扰脉冲捕获距离波门。

干扰机收到雷达发射脉冲后，以最小的延迟时间转发一个干扰脉冲，时间延迟的典型值为 150 ns，干扰脉冲幅度 A_J 大于回波信号幅度 A_R，一般 $A_J/A_R = 1.3 \sim 1.5$ 时便可以有效地捕获距离波门，然后保持一段时间（即此时的 $\Delta t = 0$），这段时间称为停拖，其目的是干扰信号与目标回波信号同时作用在距离波门上。

② 拖引距离波门。

当距离波门可靠地跟踪到干扰脉冲以后，干扰机每收到一个雷达照射脉冲，便可逐渐增大转发脉冲的延迟时间，使距离波门随干扰脉冲移动而离开回波脉冲，直到距离波门偏离目标回波若干个波门的宽度。

③ 干扰机关机。

当距离波门被干扰脉冲从目标上拖开足够大的距离以后,即停止转发干扰脉冲一段时间。这时,距离波门内既无目标回波又无干扰脉冲,距离波门转入搜索状态。经过一段时间以后,距离波门搜索到目标回波并再次转入自动跟踪状态。待距离波门跟踪上目标以后,再重复以上三个步骤的距离波门拖引程序。

2. 角度欺骗干扰

(1) 单脉冲角度跟踪。

在一个角平面内,两相同波束部分重叠,其交叠方向即为等信号轴。将两波束同时收到的回波信号进行比较,可得到目标在这个平面上的角误差信号,并控制天线向误差减小的方向变化。因为两波束同时接收回波,所以单脉冲测角获得目标角误差信息的时间可以很短。理论上讲,只要分析一个回波脉冲就可以确定角误差,所以称为"单脉冲",测角精度较高,可用于精确跟踪目标。

天线波束与和差波束的形成如图 2.28 所示,天线 1 和天线 2 收到的目标回波信号分别为

$$E_1 = (F(\theta_0 - \theta) + F(\theta_0 + \theta))F(\theta_0 - \theta)\eta s_t(t - 2R/c) \tag{2.128}$$

$$E_2 = (F(\theta_0 - \theta) + F(\theta_0 + \theta))F(\theta_0 + \theta)\eta s_t(t - 2R/c) \tag{2.129}$$

式中,η 为传播衰减;$s_t(t)$ 为接收到的目标信号;$F(\theta)$ 为天线方向图;R 为目标距离;c 为光速;θ_0 为两波束最大增益方向与等信号方向的夹角;θ 为目标回波方向与等信号方向的夹角。

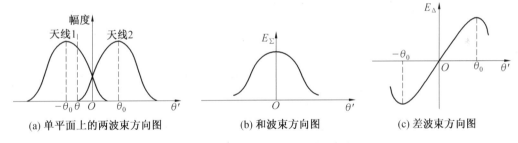

(a) 单平面上的两波束方向图　　(b) 和波束方向图　　(c) 差波束方向图

图 2.28　天线波束与和差波束的形成

经过波束形成,得到 E_1 与 E_2 的和差信号 E_Σ、E_Δ,分别表示为

$$E_\Sigma = E_1 + E_2 = (F(\theta_0 - \theta) + F(\theta_0 + \theta))^2\eta s_t(t - 2R/c) \tag{2.130}$$

$$E_\Delta = E_1 - E_2 = (F^2(\theta_0 - \theta) - F^2(\theta_0 + \theta))\eta s_t(t - 2R/c) \tag{2.131}$$

E_Σ、E_Δ 分别经处理后的输出角度误差信号 $S_e(t)$ 为

$$S_e(t) = k\frac{F^2(\theta_0 - \theta) - F^2(\theta_0 + \theta)}{F^2(\theta_0)} \tag{2.132}$$

该误差信号驱动天线向误差角 θ 减小的方向运动,直到将天线的等信号方向对准目标。

(2) 对单脉冲角度跟踪系统的干扰。

① 非相干干扰。

单脉冲角度跟踪系统具有良好的抗单点源干扰的能力。非相干干扰是在单脉冲雷达

的分辨角内设置两个或两个以上的干扰源，干扰信号间没有稳定的相对相位关系（非相干）。单平面内非相干干扰的原理如图 2.29 所示。雷达接收天线 1 和天线 2 收到两个干扰源 J_1、J_2 的信号分别为

$$E_1 = A_{J_1} F\left(\theta_0 - \frac{\Delta\theta}{2} - \theta\right) e^{j(\omega_1 t + \varphi_1)} + A_{J_2} F\left(\theta_0 + \frac{\Delta\theta}{2} - \theta\right) e^{j(\omega_2 t + \varphi_2)} \quad (2.133)$$

$$E_2 = A_{J_1} F\left(\theta_0 + \frac{\Delta\theta}{2} + \theta\right) e^{j(\omega_1 t + \varphi_1)} + A_{J_2} F\left(\theta_0 - \frac{\Delta\theta}{2} + \theta\right) e^{j(\omega_2 t + \varphi_2)} \quad (2.134)$$

式中，A_{J_1}、A_{J_2} 分别为干扰信号的幅度；ω_1、ω_2 分别为干扰的角频率；φ_1、φ_2 分别为干扰的相位，两个干扰源的夹角为 $\Delta\theta$。则 E_1 与 E_2 的和差信号 E_Σ、E_Δ 分别为

$$E_\Sigma = A_{J_1}\left(F\left(\theta_0 - \frac{\Delta\theta}{2} - \theta\right) + F\left(\theta_0 + \frac{\Delta\theta}{2} + \theta\right)\right) e^{j(\omega_1 t + \varphi_1)} +$$
$$A_{J_2}\left(F\left(\theta_0 + \frac{\Delta\theta}{2} - \theta\right) + F\left(\theta_0 - \frac{\Delta\theta}{2} + \theta\right)\right) A_{J_2} e^{j(\omega_2 t + \varphi_2)} \quad (2.135)$$

$$E_\Delta = A_{J_1}\left(F\left(\theta_0 - \frac{\Delta\theta}{2} - \theta\right) - F\left(\theta_0 + \frac{\Delta\theta}{2} + \theta\right)\right) e^{j(\omega_1 t + \varphi_1)} +$$
$$A_{J_2}\left(F\left(\theta_0 + \frac{\Delta\theta}{2} - \theta\right) - F\left(\theta_0 - \frac{\Delta\theta}{2} + \theta\right)\right) e^{j(\omega_2 t + \varphi_2)} \quad (2.136)$$

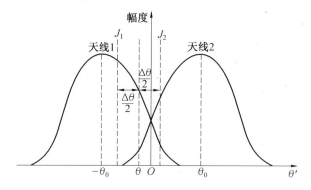

图 2.29　单平面内非相干干扰的原理

经过处理，角度误差信号 $S_e(t)$ 可表示为

$$S_e(t) = K\left[A_{J_1}^2\left(F^2\left(\theta_0 - \frac{\Delta\theta}{2} - \theta\right) - F^2\left(\theta_0 + \frac{\Delta\theta}{2} + \theta\right)\right) +$$
$$A_{J_2}^2\left(F^2\left(\theta_0 + \frac{\Delta\theta}{2} - \theta\right) - F^2\left(\theta_0 - \frac{\Delta\theta}{2} + \theta\right)\right)\right] \quad (2.137)$$

式中，K 为增益，有

$$K \propto \frac{K_d}{F^2(\theta_0)(A_{J_1}^2 + A_{J_2}^2)} \quad (2.138)$$

设 J_1、J_2 的功率比为 $b^2 = A_{J_1}^2 / A_{J_2}^2$，当误差信号为零时，跟踪天线的指向角 θ 为

$$\theta = \frac{\Delta\theta}{2} \times \frac{b^2 - 1}{b^2 + 1} \quad (2.139)$$

式(2.139)表明，在非相干干扰条件下，单脉冲跟踪雷达的天线指向位于干扰源之间的能量质心处。

② 相干干扰。

在如图 2.29 所示的条件下,如果 J_1、J_2 到达雷达天线口面的信号具有稳定的相关关系(相位相干),则称为相干干扰。设 φ 为 J_1、J_2 在雷达天线处信号的相位差,雷达接收天线 1 和天线 2 收到两干扰源的信号分别为

$$E_1 = \left(A_{J_1} F\left(\theta_0 - \frac{\Delta\theta}{2} - \theta\right) + A_{J_2} F\left(\theta_0 + \frac{\Delta\theta}{2} - \theta\right) e^{j\varphi} \right) e^{j\omega t} \tag{2.140}$$

$$E_2 = \left(A_{J_1} F\left(\theta_0 + \frac{\Delta\theta}{2} + \theta\right) + A_{J_2} F\left(\theta_0 - \frac{\Delta\theta}{2} + \theta\right) e^{j\varphi} \right) e^{j\omega t} \tag{2.141}$$

经过波束形成网络,得到 E_1、E_2 的和差信号 E_Σ、E_Δ 为

$$E_\Sigma = \left[A_{J_1} \left(F\left(\theta_0 - \frac{\Delta\theta}{2} - \theta\right) + F\left(\theta_0 + \frac{\Delta\theta}{2} + \theta\right) \right) + A_{J_2} \left(F\left(\theta_0 + \frac{\Delta\theta}{2} - \theta\right) + \right. \right.$$
$$\left. \left. F\left(\theta_0 - \frac{\Delta\theta}{2} + \theta\right) \right) e^{j\varphi} \right] e^{j\omega t} \tag{2.142}$$

$$E_\Delta = \left[A_{J_1} \left(F\left(\theta_0 - \frac{\Delta\theta}{2} - \theta\right) - F\left(\theta_0 + \frac{\Delta\theta}{2} + \theta\right) \right) + A_{J_2} \left(F\left(\theta_0 + \frac{\Delta\theta}{2} - \theta\right) - \right. \right.$$
$$\left. \left. F\left(\theta_0 - \frac{\Delta\theta}{2} + \theta\right) \right) e^{j\varphi} \right] e^{j\omega t} \tag{2.143}$$

E_Σ、E_Δ 分别经混频、中放,再经相位检波、低通滤波后的输出误差信号为

$$S_e(t) = K[A^2 J_1 (F^2(\theta_0 - \theta_1) - F^2(\theta_0 + \theta_1)) + A^2 J_2 (F^2(\theta_0 + \theta_2) - F^2(\theta_0 - \theta_2)) +$$
$$2A_{J_1} A_{J_2} \cos\varphi (F(\theta_0 - \theta_1)F(\theta_0 + \theta_2) - F(\theta_0 + \theta_1)F(\theta_0 - \theta_2))] \tag{2.144}$$

式中,$\theta_1 = \dfrac{\Delta\theta}{2} + \theta$,$\theta_2 = \dfrac{\Delta\theta}{2} - \theta$。

当误差信号为零时,跟踪天线的指向角 θ 为

$$\theta = \frac{\Delta\theta}{2} \times \frac{b^2 - 1}{b^2 + 1 + 2b\cos\varphi} \tag{2.145}$$

3. 速度欺骗干扰

(1) 速度波门拖引干扰。

速度波门拖引干扰的基本原理是:首先转发与目标回波具有相同多普勒频率 f_d 的干扰信号,且干扰信号的能量大于目标回波,使雷达的速度跟踪电路能够捕获目标与干扰的多普勒频率 f_d。AGC 电路按照干扰信号的能量控制雷达接收机的增益,此段时间称为停拖期,时间长度为 $0.5 \sim 2$ s,然后使干扰信号的多普勒频率 f_{dj} 逐渐与目标回波的多普勒频率 f_d 分离,分离的速度 v_f(Hz/s)不大于雷达可跟踪目标的最大加速度 a,即 $v_f \leqslant 2a/\lambda$。由于干扰能量大于目标回波,因此雷达的速度跟踪在干扰的多普勒频率上,造成速度信息的错误。此段时间称为拖引期,时间长度 $(t_2 - t_1)$ 按照 f_{dj} 与 f_d 的最大频差 δ_{fmax} 计算,即

$$t_2 - t_1 = \delta_{fmax}/v_f \tag{2.146}$$

当频差达到 δ_{fmax} 后,关闭干扰机。由于被跟踪的信号突然消失,且消失的时间大于速度跟踪电路的等待时间和 AGC 电路的恢复时间,因此速度跟踪电路将重新转入搜索状态。

（2）假多普勒频率干扰。

假多普勒频率干扰的基本原理是：根据接收到的雷达信号，同时转发与目标回波多普勒频率 f_d 不同的若干个频移干扰信号，使雷达的速度跟踪电路可同时检测到多个多普勒频率，若干扰信号远大于目标回波，由于 AGC 响应大信号，因此雷达难以检测 f_d，从而造成其检测跟踪的错误。

2.3.3　无源干扰

雷达无源干扰是利用本身不发射射频电磁波的干扰材料、器材，反射（散射）或吸收电磁能量，破坏或削弱敌方雷达对目标的探测和跟踪能力的一种电子干扰。雷达无源干扰是电子对抗的重要组成部分。无源干扰可分为反射型无源干扰和吸收型无源干扰。① 反射型无源干扰，包括压制干扰和欺骗干扰。前者采用散射或反射特性好的器材，大面积投放，形成强烈的干扰杂波，以掩盖目标回波；后者断续投放、布设，形成假目标，对敌方雷达进行欺骗。② 吸收型无源干扰，采用电波吸收材料，把照射到目标的电磁能量转换成其他形式的能量，从而把反射的电磁能量减至最小。

1. 箔条

箔条是镀金属的介质或金属丝制成的。箔条这些大量随机分布的金属反射体被雷达电磁波照射后，产生二次辐射，对雷达造成干扰，在雷达荧光屏上产生和噪声类似的杂乱回波，强于目标的回波，从而掩盖目标。

在交变电磁场的作用下，箔条上产生感应电动势，并感应电流。因为是交变电磁场，所以感应电流也是交变电流，当箔条长度合适时就会产生谐振。

一种使用方式是在一定空域中大量投掷，形成数千米宽、数十千米长的干扰走廊，以掩护战斗机群的通过；另一种方式是自卫时投放，箔条迅速散开，形成比目标大得多的回波，而目标自身机动运动，这样雷达不再跟踪目标而跟踪箔条。

一根箔条相当于偶极子，其平均 RCS 为 $0.17\lambda^2$，若各个基本箔条单元之间的间隔为两个波长或更长，箔条云的平均 RCS 为 $0.17N\lambda^2$。

由于本身受重力和天气影响，因此在空间将趋向于水平取向且旋转下降，此时箔条对水平极化雷达信号的反射强，对垂直极化雷达信号反射弱。为能干扰垂直极化，可以在箔条一端配重，但是会逐渐分离成两团箔条云，加快垂直的下降速度。

一般箔条云的 RCS 应当是要保护的最大目标 RCS 的 2 倍。箔条云形成和维持的时间：敷铝玻璃丝箔条需要 100 s 形成最大值，一般铝箔条需 40 s。

2. 角反射器

角反射器是利用三个互为垂直的金属板制成的，根据每个金属板面的形状，可以分为三角形角反射器、圆形角反射器和方形角反射器等。角反射器可以在较大的入射方向内，通过两次折射，将入射电磁波反射回去。当入射波平行于某一个平面时，又可以通过其他两个平面完成反射，具有很大的雷达截面积。角反射器的最大反射方向为角反射器的中心轴方向，它与三个垂直轴的夹角相等，为 54.75°。边长为 a 的三种角反射器在该方向时的最大雷达截面积如图 2.30 所示。

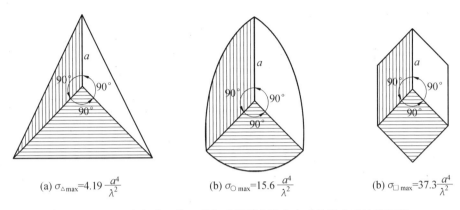

(a) $\sigma_{\triangle\max}=4.19\dfrac{a^4}{\lambda^2}$ 　　　(b) $\sigma_{\bigcirc\max}=15.6\dfrac{a^4}{\lambda^2}$ 　　　(b) $\sigma_{\square\max}=37.3\dfrac{a^4}{\lambda^2}$

图 2.30 　边长为 a 的三种角反射器在该方向时的最大雷达截面积

3. 龙伯透镜反射器

龙伯透镜是由 Lungeberg 首次发明的,龙伯透镜反射器是在龙伯透镜的局部表面加上金属反射面而成的,是无源的,采用在不均匀介质中光的折射原理和光学反射原理制成。当 $a\gg\lambda$ 时,龙伯透镜的有效反射面积为

$$\sigma_{L\max}=124\,\frac{a^4}{\lambda^2} \tag{2.147}$$

式中,a 为透镜的外半径。

龙伯透镜反射器较多用于空中布设。由于介质损耗和制造工艺不完善等,因此实际龙伯透镜反射器的雷达截面积会比理论值小 1.5 dB。

4. 诱饵

诱饵是引诱跟踪雷达偏离真目标的假目标,主要是对雷达跟踪系统而言的,使雷达不能跟踪目标。可以用作饱和干扰,即在目标周围多个,使雷达处理饱和,无法逐一区分;也可用作诱骗干扰与探测干扰,如诱骗雷达开机。

5. 隐身技术

隐身技术的目的是极力降低飞机的雷达特征、光学红外特征、声学特征及目视特征。由于它能产生使雷达截面积减少两个数量级的效果,因此比起一般的干扰措施,能大幅提高飞机的生存率。对电子对抗系统而言,雷达作用距离变近,雷达干扰功率可以降低;目标 RCS 变小,其相应的箔条数量也可以减少。

通常采用赋形和雷达吸收材料两种方式。其中,赋形是通过武器平台外形设计,来减少目标雷达的 RCS,赋形的假设条件是雷达威胁将出现在可确定的有限立体锥角方向范围内。赋形的目的是控制目标表面的取向,抑制后向散射。某型号飞机模型如图 2.31 所示,飞机由 12 个直线段组成,使反射发生在四个特定的较窄角度范围上。

雷达吸收材料是能吸收部分入射能量,从而降低反射波的能量。当射频信号照射到雷达吸收材料上时,雷达吸收材料的分子结构被激发,此过程中将射频能量转变为热能,

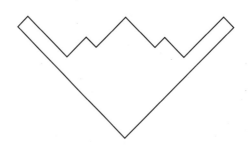

图 2.31　某型号飞机模型

吸收层厚度为目标信号波长的1/4。

2.4　雷达防御

削弱雷达的效能致使其完全丧失战斗力是电子干扰的根本目的。对雷达采取的各类干扰技术统称为电子对抗(ECM)措施。对于雷达来说,为了有效地对抗各种电子干扰,就必须考虑相应的反对抗措施。目前雷达面临着生死攸关的"四大威胁",分别是电子对抗、低空/超低空突防、高速反辐射导弹和隐身飞机;与之相应的是雷达的"四抗",即抗隐身、抗低空入侵、抗干扰和抗反辐射导弹(ARM)。

2.4.1　雷达反隐身技术

雷达反隐身技术可分为频域反隐身、空间位置反隐身、极化反隐身和改善雷达分辨力四类技术。

1.频域反隐身

(1)低频雷达探测技术。

低频雷达虽然可以保持对隐身目标的探测能力,但它精度低,抗干扰能力差,尽管近年来已有大的改进,但要能在战时担负对空警戒的重任,还需要进一步提高以下几个性能。

①提高抗干扰能力。

②提高雷达在干扰环境中检测回波的能力。

③改善雷达抗有源干扰的能力。

(2)采用毫米波雷达探测技术。

毫米波雷达工作波长短,绝对频带宽,能够得到极窄的天线波束和脉冲宽度,可实现角度和距离高分辨力,获得目标细微的散射中心,可将其外形图像在雷达屏幕上直接显示出来,因此具有反隐身能力。

(3)超视距雷达。

超视距雷达被认为能探测隐身目标,其工作波长较长,完全在正常雷达工作频段以外,它靠谐振效应探测大多数目标,几乎不受现有吸收雷达波材料的影响。超视距雷达也是隐身兵器的克星。

(4)超宽带脉冲雷达。

超宽带雷达是指带宽大于中心频率 50% 以上的雷达。冲击雷达或无载波雷达是其中的一种,具有极高的距离分辨力,可形成目标图像识别和区别目标的能力,可用于探测隐身的目标。

(5)双频段雷达和多种探测装置融合。

反隐身导弹技术还采用频段相隔较宽的双雷达系统。使用两个频带相隔较宽的雷达以提高探测能力:一个雷达使用非常低的频率,用来探测包括在很厚的云层中的远距离目标;另一个使用较高的频率,用来对空间目标进行非常精确的测量和定位。随后,把融合的雷达信息与光学和红外探测装置得到的部分数据进行综合,以构成能精确确定和分析目标的多频谱系统,甚至探测从目标排出的油烟混合物。

(6)雷达组网技术。

雷达组网技术是将不同频段、不同体制的多部雷达合理配置在不同地域平台上,可以从不同频段、不同视角探测隐身目标,并把所接收的回波信号送数据处理中心进行相关处理,以便准确、及时地发现隐身目标。雷达组网技术是雷达技术的一种发展趋势。

2. 空间位置反隐身

空间位置反隐身即利用隐身目标的非后向散射进行探测(双/多基地雷达),或从隐身目标的俯视、侧视或仰视等方向进行探测(空基雷达、超视距雷达)。

(1)双/多基地雷达。

它的特点是雷达发射机和接收机处于不同的站址,包括地面、空中、海上、卫星等多种不同的平台。最简单的多基地雷达是由一部发射机和一部接收机组成的双基地雷达。双/多基地雷达一般都是利用目标的侧向或前向反射回波,从不同的方向上对隐身飞机进行探测,可以得到更大的雷达散射载波,从而降低了隐身飞行器的隐身效果。另外,由于远离发射机的接收机是无源的,因此不会受到定向干扰和反辐射导弹的威胁。

(2)空基雷达。

将探测系统安装在空中或空间平台(如卫星)上,通过俯视探测,可提高探测雷达散射截面积较小目标的概率。机载或浮空器载雷达在探测隐身飞行器方面具有更大的优越性。预警飞机是重要的空中反隐身平台,它装有下视雷达,可以增加探测范围。反隐身的空中预警平台还包括飞艇和气球等浮空器。

(3)天基雷达。

天基雷达又称为星载雷达或太空雷达,是指以航天器为工作平台的交会雷达、合成孔径雷达或预警雷达。天基雷达是从隐身目标的上空进行探测的。

3. 极化反隐身

隐身目标的雷达散射截面积可表示为

$$\sigma = \lim_{R \to \infty} 4\pi R^2 \left| \frac{E_r}{E_i} \right|^2 \qquad (2.148)$$

式中,R 为目标距离,$R \to \infty$,以消除 σ 对距离的依赖关系;E_i 为目标处的入射场强矢量;

E_r 为目标的反射场强矢量。E_i 与 E_r 的关系是

$$E_r = S \cdot E_i = \begin{pmatrix} S_{11} & S_{12} \\ S_{21} & S_{22} \end{pmatrix} \tag{2.149}$$

式中,S 为目标的极化散射矩阵,它随着目标的姿态变化。

对不同的姿态角,即对应不同的 S 矩阵,对应有一个 E_i 可使 σ 达到最大。随着隐身目标的运动,其姿态角在变化,若能使雷达发射信号的极化特性自适应地随之改变,使目标的截面积保持最大,即成为自适应极化匹配照射。若能同时自适应地改变雷达接收天线的极化方向,使之与目标回波信号的极化特性相同,使进入接收机的回波信号最强,则称之为自适应极化匹配技术,它无疑可以改善雷达对隐身目标的探测能力。

4. 提高现有雷达的探测能力进行反隐身

通过采用频率捷变技术、扩频技术、低旁瓣或旁瓣对消、窄波束、置零技术、多波束、极化变化、伪随机噪声、恒虚警电路等技术,提高雷达的抗干扰能力,进而提高雷达的探测性能。通过采用功率合成技术和大时宽脉冲压缩技术,提高雷达的发射功率。

5. 其他雷达反隐身技术

(1)无源雷达反隐身。

无源雷达本身不辐射雷达,而是通过接受目标的电磁辐射来探测目标的位置,故又称为被动雷达。无源雷达不辐射电磁信号,隐蔽性好,可避免反辐射武器的攻击,因此受到重视。正在研究的无源雷达有单站(用于跟踪目标)、双站和多站(用于对目标进行定位)形式。

(2)谐波雷达。

雷达信号辐射到大多数金属目标,除产生基波外,还产生高次谐波再辐射。谐波雷达就是根据这种物理现象,发射基波信号而接收目标的二次或三次谐波辐射来探测目标的。隐身目标虽然涂覆了雷达吸波材料,但是仍然会产生谐振辐射,因此谐波雷达具有反隐身的能力。

2.4.2 雷达反低空入侵技术

1. 低空(超低空)突破的威胁

低空(超低空)是指地面以上 300 m 以下的空间。从军事上讲,利用低空(超低空)突破具有这样一些特殊优势:低空(超低空)空域是大多数雷达探测的盲区,低空(超低空)是现在突破火力最薄弱的空域。

飞行目标的低空(超低空)突破对雷达的战术技术性能会造成地形遮挡、地形多径效应、强表面杂波等影响。

2. 雷达反低空突破措施

雷达反低空突破措施归纳起来有两大类:一为技术措施,主要是反杂波技术;二为战术措施,主要是物理上的反遮挡。要达到雷达反低空突防的目的,主要从下列四点考虑。

(1)在设计上提高低空监视雷达的反杂波性能。

针对包括镜面反射和漫反射的多路径反射给低角跟踪带来的显著的仰角误差,多从以下三个方面进行解决:空域处理,利用雷达波束的空间特效,如极窄波束、双波束、三波束、多波束;频域处理,利用雷达信号的频率特性,如频率分集、极宽频宽;时域处理,利用雷达信号的时间特性,如相关处理、毫微秒脉冲。

(2)研制利用电离层折射特性的超视距雷达。

超视距雷达探测距离比普通微波雷达的探测距离可大 5~10 倍,并可进行俯视探测,使低空飞行目标难以利用地形遮挡脱逃雷达的发现。超视距雷达不仅能探测地面或海面目标,还能监视低空和掠海飞行的目标。

(3)利用毫米波雷达。

与微波雷达相比,毫米波雷达的主要优点是:波长较短,容易做成窄波束,由于角分辨力改善,低角跟踪能力增强,并能减弱多路径效应;可用带宽增大;对于慢速目标可获得较大的多普勒频移,增强了对动目标探测和识别的能力;能在光电系统难以工作的恶劣气候和尘、烟及战场污染环境下工作;体积小、质量轻,适于安装在内部空间狭窄的部位;使用毫米波探测信号时,飞机机体的任何不平滑部位和缝隙都会造成强的角反射,从而导致 RCS 增加,提高了对目标的探测概率;当前隐身飞行器上涂覆的吸波材料都是对厘米波的,用毫米波照射隐身目标,能形成多部位较强的电磁散射并使雷达吸波材料的吸波效果降低,使其隐身性能大大下降;毫米波雷达波束窄,杂乱回波减弱,使主波束干扰变得困难,因此毫米波有源干扰机的投入使用还很少见,对付毫米波雷达几乎都靠无源干扰。

(4)采用提高雷达天线高度的方法来增加雷达视距,延长预警时间。

①空中预警机系统。预警机系统是对付低空或超低空目标远距离预警的有效手段。

②气球雷达监视系统由气球及电子设备、系留设备、控制处理中心三部分组成,它的独特优点如下。

a. 生成能力强。

b. 利用率高。

c. 探测距离远,覆盖面积大。

③与固定翼或旋转翼飞机相比,气球载雷达系统对平台移动、冲击、震动和环境温度等要求相对较低。

④飞艇载雷达与气球载雷达有许多相似点,但还具有负载大、空中飞行性能好、可垂直起降等优点。

⑤组网雷达可获得较充分的隐身目标的前向、侧向、上下反射的隐身缺口,因此可用来探测低空飞行目标及其他隐身目标,实现反隐身的目的。同时,在网中部署全相参体制的雷达是抑制地面(海面)最有效的途径,可以大大改善低空探测的性能。另外,在阵地前沿部署低空补盲雷达可以扩大防空系统低空警戒距离。

2.4.3 雷达的抗干扰技术

1. 现代雷达的抗干扰措施

(1)从能力上考虑的抗干扰措施。

提高雷达抗干扰的措施可从增大雷达对目标的辐射能量和抑制干扰信号的进入两方面进行考虑。

现代相参雷达在增大辐射能量上做出了如下努力。

①采用脉冲压缩技术,在保证雷达距离分辨力的条件下,增大辐射信号能量。

②采用脉冲多普勒雷达,在发射时增大雷达工作占空比以提高辐射平均功率,而接收时对高重复频率的回波信号进行相参积累,以增加信噪比。

③采用相控阵天线技术,让雷达有长时间积累,取得更大的能力,自适应地保证有一定的信号干扰比。

(2)从频域上降低干扰功率密度。

①采用脉冲捷变频技术,使干扰机在收到雷达脉冲前无法使用瞄频干扰,或者使干扰系统的侦察接收机难以快速精确地测定雷达频率,不能以足够快的速度引导干扰机工作频率实施瞄准干扰,只能在整个捷变频范围内进行宽带压制干扰,降低了干扰功率密度。

②采用大宽带信号,一方面为了提高雷达的距离分辨力,因为雷达的距离分辨力与其信号带宽成反比;另一方面在雷达平均功率不变的条件下,信号带宽越宽,则信号在单位频段内的功率越低,使得电子侦察设备难以检测这种信号,也就难以被干扰。

(3)从空域上降低干扰功率密度。

①采用超低旁瓣天线,在大大降低从旁瓣进入的干扰强度的同时,也使从旁瓣辐射的雷达信号强度大大降低,从而使得对旁瓣信号的侦察、测向、定位更加困难。

②旁瓣对消,可在干扰信号的方向上形成一个或几个接收波瓣的凹点,使所接收的干扰信号的强度降低。这种措施对连续的噪声干扰较好,但对脉冲干扰没有抑制作用。

③旁瓣匿影,同样在雷达正常的接收通道以外增加一个副天线和副天线接收通道,副通道的接收增益小于主通道主瓣增益,大于主通道旁瓣增益。当副通道的输出信号大于主通道的信号时,立即把这信号从主通道消除。旁瓣匿影用于去除来自旁瓣的强脉冲干扰和强点杂波干扰,但对于来自旁瓣的连续的噪声干扰或连续的杂波干扰,旁瓣匿影反而会起抑制主瓣信号正常接收的作用。

(4)在功率上的抗干扰措施。

①采用恒虚警处理。是使雷达的虚警率控制在一定的范围内的雷达检测门限方法,能保障雷达信号处理设备不因过多的信号而过载。恒虚警处理使雷达在强噪声干扰或密集脉冲干扰下所产生的虚假信号减到允许程度,同时也减抑制了小目标回波。

②采用自动增益控制。是雷达根据设定的准则,自动控制接收机的增益使雷达满足预定的工作要求。它有时是为了防止本机内部噪声在显示屏上出现,有时是为了防止近距离的大功率杂波或目标回波使接收机过载,有时则是为了抗干扰。它依据进入的噪声

干扰或密集脉冲干扰强度做相应的接收机增益控制,特别是当这些干扰信号进入雷达增益控制的取样门时,迅速提高门限,防止接收机过载。当然,降低接收机增益的同时也抑制了小目标回波。

③采用大信号限幅。是一种功率域和频域综合抗干扰电路,对于低占空比的大功率脉冲干扰和调制噪声带宽不高的噪声调制干扰,其抗干扰效果非常好,但是遇到高占空比的脉冲干扰或高密度的噪声调频干扰,则会产生相反的结果,非但没有抗干扰增益,反而会使信号损失。

(5)在分辨力上考虑的抗干扰措施。

①提高时间分辨力。

a.脉冲压缩技术。脉冲压缩的主要作用是提高雷达的距离分辨力,同时起反侦察、反欺骗的作用。这是因为脉冲压缩信号宽度较大,所以峰值功率小,侦察比较困难。脉冲压缩信号内部调制复杂,模拟欺骗困难。

b.距离选通技术。距离选通把信号接收限定在预定目标出现的时间段内,在提高时间分辨性的同时提高了雷达的抗干扰性。因为干扰信号通常在距离上是随机出现的,所以在同一个距离单位上出现的概率较大。由此可以根据信号在不同距离单位上出现的概率来分辨目标与干扰,并把干扰抑制掉。

c.抗距离拖曳技术。利用距离拖曳干扰信号总是滞后于目标回波信号的特点,控制距离门跟踪最前面的信号或跟踪回波脉冲的前沿。抗拖距有时称为前沿跟踪电路,是一种比较有效地抗距离拖曳干扰的措施。

②空域上提高分辨力。

a.单脉冲测角体制。可控制天线跟踪回波目标或干扰信号源,显著特点是可以从一个脉冲内提取目标或干扰源的角度信息,在跟踪时不显露天线的波瓣图,因此干扰信号的各种调制对单脉冲角跟踪几乎没有影响,具有良好的抗角度干扰的性能。

b.合成孔径雷达(SAR)和逆合成孔径雷达(ISAR)。在角度上应用合成孔径超分辨处理,在距离上应用宽带脉冲压缩超分辨处理,从而实现目标在距离—角度的二维成像,显著地增加了雷达信号在距离—角度上的二维积累增益和对目标的分辨、识别性能,从而大大提高了雷达的抗干扰能力。

c.超低旁瓣和旁瓣对消影。从分辨角度看,它们是提高有用信号空间的选择性、抑制其他空间进来干扰信号的有效抗干扰措施。

③极化识别。

不同形状和材料的物体有不同的极化反射特性,在对特定的目标回波的极化特性有深刻的了解后,雷达可以利用这些先验信息,根据所接收目标回波的极化特性分辨和识别在有源和无源干扰背景里的目标。

④频率分辨。

a.动目标显示(MTI)和动目标检测(MTD)技术。利用目标回波和杂波间的多普勒频移的差别,采用滤波措施抑制杂波,从而在杂波背景中检测动目标回波。若重点在显示器或其他终端上显示快速目标回波,则称为目标显示;若重点在用于自动检测动目标,则称为目标检测技术。

b.脉冲多普勒(PD)技术。经过相干处理的PD信号具有极高的频域上的分辨性,应用窄带滤波器可以把这些信号谱线过滤出来,极大地抑制了在窄带滤波器外面的杂波干扰和干扰噪声。因此,PD的相干信号处理使窄带滤波成为对抗杂波干扰和噪声干扰的有效措施。

(6)在参数变化速度上考虑的抗干扰措施。

雷达采用参数捷变技术,即频率捷变、重频抖动和参差变化、波形变化、波束随机跳扫等,在有利于改善信号接收、解决模糊和做到空间能量匹配的同时,也避免了干扰系统接收机对雷达信号的快速准确侦收,防止了干扰系统对其实施有针对性的干扰。这里存在侦收与反侦收的速度斗争,一旦干扰系统能快速做出反应,这些参数捷变的抗干扰功能也就降低了。

①脉间频率捷变使干扰机在收到雷达脉冲以前无法使用瞄频干扰,干扰方一般只能实行宽带压制干扰。为了对抗雷达的捷变频措施,干扰方大力提高了瞄频速度,缩短了瞄频时间。

②重频捷变。雷达重频捷变干扰侦察机的信号分选识别困难,干扰侦察机无法在收到雷达脉冲以前施放同步干扰。尤其是重频捷变与频率捷变相结合,使干扰方在收到雷达脉冲前不能在时域和频域上实施瞄准干扰,从而将大大降低有效干扰的区域。不足之处在于重频捷变会使雷达信号的占空比变化,发射机的平均功率不能充分、有效地利用。

③天线扫描捷变。相控阵天线扫描捷变利用相控阵天线的电子扫描特性,对被探测的目标进行随机访问。它使雷达天线照射目标的时间呈现很大的随机性,从而使电子侦察系统对雷达的侦察、识别、定位非常困难。要进行有效干扰的基础和前提是准确、实时的电子侦察数据,相控阵天线随机扫描或天线扫描捷变会使相控阵雷达具有良好的抗干扰性能。

④极化捷变和选择。雷达天线都选用一定的极化方式,能最好地接收相同极化的信号,抑制正交极化的信号。当采用极化捷变时,对任意固定极化的干扰信号就具有抑制作用。

(7)在体制上考虑的抗干扰措施。

实施的技术措施主要有以下几方面。

①雷达的自适应抗干扰。雷达必须在实际电磁环境中,快速侦察电磁环境现状和变化动态,有针对性地调用抗干扰资源,即自动地与干扰环境中的目标信号相匹配,最佳滤除干扰,实现正确探测目标。为此,雷达站配置干扰侦察设备,对雷达工作区域的干扰信号进行监视,做威胁判断、威胁信号性能参数检测,据此做出最佳抗干扰决策。

②双/多基地雷达。双基地雷达的发射站和接收站相隔一定距离分置,其特点是收发分置、接收站无源被动接收以及侧向散射能量的利用。收发分置使双基地雷达具有良好抗干扰、反隐身目标、抗低空突防和抗反辐射导弹的能力,但也带来该雷达系统在时间、空间和相位三大同步的难题。

③雷达组网。将位于同一区域内的多部、多种类雷达组网,使它们的情报能相互支援、相互补充,实现在空域、时域、频域、调制域上的多重覆盖,从而形成一种具有极强抗干

扰能力的雷达系统。

④无源雷达。该雷达本身不发射信号,而是利用目标发射的信号、目标自身的辐射或目标对其他辐射源的散射能量来完成目标检测、分选和坐标参数的估计。它能够对带有辐射信号的目标进行定位、跟踪,并以一定的数据率显示目标点迹、航迹和目标特征,向其他系统提供目标位置和其他信息,与有源雷达互补协同工作,构成综合探测系统。由于无源雷达本身不辐射信号,处于隐蔽工作状态,因此其系统生存能力强、可靠性高。

2. 现代雷达的抗干扰的新特点

现代雷达抗干扰应具有以下特点。

(1)雷达天线要具有高增益、低旁瓣、窄波束、低交叉极化响应、旁瓣对消、电子扫描相控阵和单脉冲测角技术。

(2)收发系统设计应具有高效辐射功率、脉冲压缩波形、宽度频率跳变、宽动态范围、镜像抑制、单脉冲/辅助接收系统的信道匹配技术。

(3)在频域上,雷达系统应占有更多更宽的电磁频谱,以对付已扩展了频段的雷达对抗系统的威胁;在能量上,必须尽可能地发挥雷达在空域、时域和频域上能量集中的优势,削弱电子干扰的有限辐射功率。

(4)雷达系统必须以计算机为核心进行快速数字式信息处理、控制和传递,以提高系统的高速信息处理能力、相应速度、跟踪精度和对电磁环境的应变能力,提高目标回波微小变化识别能力,能同时对多目标、多单元跟踪,进行杂波抑制,适应密集的电磁信号环境。

(5)雷达系统应具有功率管理能力,能在密集信号环境中迅速地探测、截获、分选和识别威胁信号,根据威胁等级自动选择最佳抗干扰样式以获得最佳探测效果,并能对干扰点随时进行定位。

(6)雷达系统应具有综合的多功能能力,既能应对积极干扰,又能及时判明消极干扰,要综合利用雷达技术资源,提高全方位的抗干扰能力。

(7)雷达系统应具有全方位、全频段、大功率、多功率以及能对付多目标的多波束能力。

(8)雷达系统要高度积木化,使系统可以根据不同任务要求,迅速改装成不同功用和不同性能的设备,以适应不断变化的威胁。同时,利用模块化的硬件和软件,实现现场更换,以减少电子干扰信号的影响。

(9)雷达系统应朝着固态化和集成化的方向发展,采用微波集成电路、超大规模和超高速电路、容错电路、冗余器件和可对故障进行自检的机内测试电路,提高雷达抗干扰技术的可靠性和设备生存力。

3. 现代雷达抗干扰技术的发展方向

现代雷达抗干扰技术的发展主要有以下几个方向。

(1)相控阵技术。

相控阵天线是通过电控指令改变天线的孔径面上的相位分布,实现对波束指向或波束形成的控制作用。与其他天线相比,相控阵天线的突出优点如下。

①天线孔径在空间保持固定不变,故不需要笨重的机械转动装置和旋转空间,大大改

善了天线波束的稳定性,天线体积小、质量轻。

②采用电子扫描技术,天线波束控制灵活,波束能瞬时指向指定区域的任何位置或用极短的时间扫过大的空间,从而大大节省了易受干扰的扫描搜索时间。

③扫描过程无惯性,反应时间短,故在目标航迹上可获得更多的数据,能适应密集信号环境。

④灵活的快速波束指向,能同时在指定的空间内用一天线孔径完成搜索和跟踪多目标。

⑤由于多个阵元或由阵元组成的子阵列都可带有一个大功率放大器,因此整个天线阵能提供很大的有效辐射功率,可有效降低信噪比,消弱干扰的影响。

⑥相控阵天线中大量的阵元可以控制孔径照射,以获得比用反射器天线更理想的辐射图,若其中一些阵元出现故障,虽然天线阵性能要下降,但它仍能可靠地工作。

(2)多波束技术。

利用多波束网络或多束透镜在空间形成多个独立且相互邻接的高增益波束,其优点是:每个波束都具有天线阵孔径的全部增益;能覆盖很宽的扇面和频率范围;能以很高的角分辨力不间断地进行空间扫描;当每个阵元前面加装一个独立的低功率微波放大器时,该阵列就能产生巨大的有效辐射功率,因为可以用最有效的抗干扰功率对付干扰威胁。

(3)毫米波对抗技术。

由于毫米波具有窄波束、低旁瓣、高定向性、宽频带和抗干扰能力强等优点,特别是像频率捷变、脉冲压缩、频率分集技术等在毫米波雷达中得到广泛应用,因此毫米波雷达有更强的抗干扰能力。

(4)低截获概率技术。

采用编码扩谱和降低峰值功率等措施,将雷达信号设计成低截获概率信号,使侦察接收机难以侦察,甚至侦察不到这种信号,从而保护雷达不受电子干扰。

(5)稀布阵综合脉冲孔径技术。

这是一种在米波段采用大孔径稀疏布阵、宽脉冲发射、接收用数字技术综合形成窄脉冲和天线阵波束的新体制雷达技术,具有工作频带宽、同时工作频率多、信号截获概率低等优点,是一种反干扰能力强的新雷达体制。

(6)无源探测技术。

这是一种自身不发射信号、靠接收目标发射信号来发现目标的一种探测技术,因此既不会被侦察,也不会被干扰。

2.4.4 雷达的抗反辐射摧毁技术

在现代战争中,雷达及其制导武器系统面临着各种反辐射武器的致命威胁,它们能利用雷达辐射的电磁波引导武器系统飞向雷达,对雷达及其操作人员构成致命威胁。因此,雷达的抗反辐射摧毁能力,也即它在战争中的生存能力,是雷达新技术研究的一个热门课题,也是一个迫在眉睫的课题。

1. 反辐射武器弱点分析

(1)反辐射武器工作原理的局限性。

①反辐射武器系统是以侦察、截获和识别出雷达信号为前提实施攻击的。虽然其侦察系统的测频工作频段很宽,甚至可覆盖全频段,测向系统可达到全方位覆盖和精确测向,信号处理系统可识别各种雷达信号并可判决威胁等级等,但是侦察系统的灵敏度、动态范围、对信号的分选识别能力等有限,导致其辐射源的截获概率也是有限的。因此,反侦察技术是抗反辐射攻击技术的前提。

②导引头根据攻击引导系统对其所装载的辐射源参数跟踪雷达信号,引导飞行方向,虽然较先进的反辐射武器具有记忆能力,但雷达关机时,它只能按照最后记忆的雷达位置进行攻击。若雷达在发现反辐射武器来袭时,在关机的同时配合以机动、诱饵欺骗等措施,则可以达到反辐射攻击的目的。

③反辐射武器受体积限制,威胁有限,不易摧毁具有坚固防护措施的雷达。

(2)反辐射武器的空间运动特点。

除反辐射无人机和巡航式反辐射导弹外,反辐射武器的飞行速度较一般的空中目标快,一般马赫数为 2～3。由于反辐射武器通过导引头对雷达信号的无源探测和单脉冲角度跟踪引导飞行方向,因此其运动规律通常是在离开载机后沿径向飞向雷达,故雷达可以利用反辐射武器是从大目标分离出来且径向速度较大并沿径向飞行的特点,容易将其识别出来。

(3)反辐射武器引导头的局限性。

①尽管反辐射导弹的导引头具有很宽的工作频带,但由于导引头的天线孔径受到弹径的限制、尺寸较小、对工作频率较低的米波雷达或更长波长的雷达难以精确测向和定位,因此反辐射导弹不能攻击这些雷达。目前欧美常用反辐射导弹的最低频率为 390 MHz。

②反辐射武器导引头的灵敏度及动态范围有限,对超低旁瓣雷达难以实现精确跟踪。

③反辐射武器的导引头不具备目标识别能力,不能区分雷达和辐射假信号的雷达诱饵。

2. 雷达抗反辐射摧毁技术

利用反辐射武器系统的上述弱点,雷达可采用相应的技术措施抗反辐射武器的攻击。

(1)利用反辐射武器工作原理的局限性抗反辐射摧毁技术。

①低截获概率技术。识别雷达辐射源,从而不能对反辐射武器的导引头进行数据装载、引导等;或使反辐射武器发射以后其导引头不能精确、可靠地跟踪雷达信号,而使其丢失目标或命中误差加大,以保障雷达的安全。

②雷达发射时间控制。雷达采用间歇发射或闪烁发射、只在特定空域内发射、反辐射武器来袭时能应急关机等发射控制技术,可以有效地抗反辐射攻击。

③抗辐射摧毁新体制雷达。采用各种新体制雷达,使反辐射武器的侦察系统或导引头难以截获和跟踪雷达信号,如双/多基地雷达、超视距雷达、无源雷达等。

（2）反辐射武器逼近告警技术。

对造价昂贵的雷达配置或加装反辐射武器的逼近告警系统，利用反辐射武器的空间运动特点识别反辐射武器，向雷达告警，使雷达可及时采取下述方法进行自卫。

①关机，同时机动。关机可使反辐射武器的导引头接收不到雷达信号，它只能按照最后记忆的雷达位置进行攻击。雷达在关机的同时快速机动，隐蔽到反辐射武器的有效杀伤范围以外，则可保障自身的安全。

②采用定向能武器等硬对抗手段，摧毁反辐射武器或破坏其导引头，使其工作失常而不能击中雷达。

③启动有源诱饵系统诱骗反辐射武器的导引头，使其攻击点偏离雷达，保障雷达的安全。

（3）对抗引导头的抗反辐射攻击技术。

①采用米波雷达或 UHF 雷达，利用引导头工作频率的局限性，使雷达工作在反辐射导弹目前尚不能攻击的米波或 UHF 频段。

②采用有源诱饵诱骗反辐射武器。反辐射诱饵作为一个简易的辐射源，辐射与被保护雷达相同或相似的假雷达信号。对诱饵的要求具体如下。

a.与雷达之间的距离既要保证反辐射武器引导头在其发射点测向时诱饵在引导头的角度跟踪范围以内，又要保证雷达距攻击点的距离大于武器的杀伤范围。

b.诱饵辐射频率要与雷达信号频率相同或相近，以使引导头不能从频率上将二者分开。

c.诱饵辐射信号要与雷达信号同步到达或稍提前到达引导头，以使引导头不能从到达时间上将二者分开。

d.诱饵辐射信号的幅度由保护雷达的旁瓣电平确定。

第 3 章

通 信 对 抗

通信对抗是指为削弱、破坏敌方通信系统的使用效能,同时保护己方通信系统使用效能的正常发挥所采取的一切措施。通信与通信对抗是"矛"与"盾"的矛盾双方。现代信息化战争中,指挥、控制、情报、探测等都必须使用通信网进行信息的传输和交换,通信网的畅通和安全与否是决定战争胜负的关键因素。

通信对抗的作战对象非常明确,就是通信网络或通信系统,包括用于传输语音、指控命令、敌我态势、战场情报等的关键网络节点和射频链路。通信对抗的目的就是削弱、破坏敌方无线电通信系统的正常工作,延误其信息传递,使敌方贻误战机。通信对抗的主要任务是:通过对敌方无线电信号的侦察分析,获取有关敌方通信设备的技术参数;通过对敌方通信内容的侦听,获取有关敌方兵力部署和作战意图等情报;通过对通信辐射源的测向定位获取敌方军力部署等信息。基于侦察结果的支援,对敌方通信系统进行干扰压制,使其在关键时刻通信中断,从而造成敌方指挥控制失灵。

通信对抗就是通过陆、海、空、天各种侦察平台,侦察截获敌方通信装备辐射的电磁信号,并对其进行测向定位、分析、识别和解调,以获取战略和战术情报从而为指挥员决策和部署作战行动提供情报支援。随后,在关键时刻、重要区域和主要进攻方向上,使用电子进攻手段,对敌方的通信网络实施压制性或欺骗性干扰,使其指挥失灵、通信中断、武器失控,以便瓦解敌方的意志和战斗力,保障己方顺利完成作战任务,并最终取得战争的胜利。通信对抗系统的总体性能指标有系统的用途和作战对象、作用范围或作用区域、工作频率范围、反应时间、可靠性、展开和撤收时间、通信能力、生存能力、电磁兼容能力等。

随着现代战争向以信息优势为基础,以战场高度透明化为显著特征,以远距离、防区外、全球化精确打击为主要作战模式的信息化战争的转变,尤其是以美军为代表的网络中心战,新军事理论的提出和在军队中的具体实施,以 C^4ISR 和 GIG(全球信息栅格)为代表的信息网络在现代战争中的作用和地位越加突显。通信对抗不仅面临着更大的机会,同时也面临着更大的挑战。

3.1 通信系统概述

3.1.1 通信系统的组成与特点

1. 通信系统的一般组成

实现信息传递所需的一切技术设备和传输媒质的总和称为通信系统。以基本的点对点通信为例,通信系统的一般组成(通常也称为一般模型)如图3.1所示。

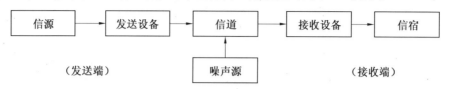

图3.1　通信系统的一般组成

图3.1中,信源(信息源,也称发终端)的作用是把待传输的消息转换成原始电信号,如电话系统中的电话机话筒可看成是信源。信源输出的信号称为基带信号。基带信号是指没有经过调制(进行频谱搬移和变换)的原始电信号,其特点是信号频谱从零频附近开始,具有低通形式,如语音信号为300～3 400 Hz,图像信号为0～6 MHz。根据原始电信号的特征,基带信号可分为数字基带信号和模拟基带信号。相应地,信源也分为数字信源和模拟信源。

发送设备的基本功能是将信源和信道匹配起来,即将信源产生的原始电信号(基带信号)变换成适合在信道中传输的信号。变换方式是多种多样的,在需要频谱搬移的场合,调制是最常见的变换方式。对传输数字信号来说,发送设备又常常包含信源编码和信道编码等。

信道是指信号传输的通道,可以是有线的,也可以是无线的,甚至还可以包含某些设备。图3.1中的噪声源是信道中所有噪声以及分散在通信系统中其他各处噪声的集合。

在接收端,接收设备的功能与发送设备相反,即进行解调、译码等,它的任务是从带有干扰的接收信号中恢复出相应的原始信号来。

信宿(也称受信者或收终端)是将复原出的原始电信号转换成相应的消息,如电话机的听筒将对方传来的电信号还原成声音。

图3.1给出的是通信系统的一般组成,按照信道中所传信号的形式不同,可进一步具体化为模拟通信系统和数字通信系统。

2. 模拟通信系统的组成

信道中传输模拟信号的系统称为模拟通信系统。模拟通信系统的组成如图3.2所示,可由一般通信系统模型略加改变而成。这里,一般通信系统模型中的发送设备和接收设备分别被调制器和解调器代替。

图3.2　模拟通信系统的组成

模拟通信系统主要包含两种重要变换。一种是把连续消息变换成电信号(发送端信源完成)和把电信号恢复成最初的连续信号(接收端信宿完成)。由信源输出的电信号(基带信号)由于具有频率较低的频谱分量,一般不能直接作为传输信号而送到信道中去,因此模拟通信系统里常用第二种变换,即将基带信号转换成适合信道传输的信号,这一变换由调制器完成,在接收端同样需经相反的变换,由解调器完成。经过调制后的信号通常称为已调信号。已调信号有三个基本特性:一是携带有消息;二是适合在信道中传输;三是频谱具有带通形式,且中心频率远离零频。因此,已调信号又常被称为频带信号。

必须指出,从消息的发送到消息的恢复,事实上并非仅有以上两种变换,通常在一个通信系统里可能还有滤波、放大、天线辐射和接收、控制等过程。对信号传输而言,由于上面两种变换对信号形式的变化起决定性作用,它们是通信过程中的重要方面,而其他过程对信号变化来说没有发生质的作用,只不过是对信号进行了放大和改善信号特性等。因此这些过程都可认为是理想的而不去讨论它。

3. 数字通信系统的组成

信道中传输数字信号的系统称为数字通信系统。数字通信系统可进一步细分为数字频带传输通信系统、数字基带传输通信系统和模拟信号数字化传输通信系统。

(1)数字频带传输通信系统。

数字通信的基本特征是它的消息或信号具有"离散"或"数字"的特征,从而使数字通信具有许多特殊的问题。例如前面提到的第二种变换,在模拟通信中强调变换的线性特性,即强调已调参量与代表消息的基带信号之间的比例特性;而在数字通信中则强调已调参量与代表消息的数字信号之间的一一对应关系。

另外,数字通信中还存在以下突出问题:第一,数字信号传输时,信道噪声或干扰所造成的差错原则上是可以控制的,通过差错控制编码来实现,于是就需要在发送端增加一个编码器,而在接收端相应地增加一个解码器;第二,当需要实现保密通信时,可对数字基带信号进行人为"扰乱"(加密),此时在接收端就必须进行解密;第三,由于数字通信传输的是一个接一个按一定节拍传送的数字信号,因此接收端必须有一个与发送端相同的节拍,否则就会因收发步调不一致而造成混乱。另外,为了表述消息内容,基带信号都是按消息特征进行编组的,于是在收发之间一组组编码的规律也必须一致,否则接收时消息的真正内容将无法恢复。在数字通信中,称节拍一致为"位同步"或"码元同步",而称编组一致为"群同步"或"帧同步",故数字通信中还必须有"同步"这个重要问题。

综上所述,点对点数字通信系统的一般模型如图 3.3 所示。

需要说明的是,图 3.3 中调制器/解调器、加密器/解密器、编码器/译码器等环节在具体通信系统中是否采用取决于具体设计的条件和要求。但在一个系统中,如果发送端有

图 3.3　点对点数字通信系统的一般模型

调制/加密/编码,则接收端必须有与之对应的解调/解密/译码反过程。通常把有调制器/解调器的数字通信系统称为数字频带传输通信系统。

(2)数字基带传输通信系统。

与频带传输系统相对应,把没有调制器/解调器的数字通信系统称为数字基带传输通信系统,数字基带传输系统模型如图3.4所示。

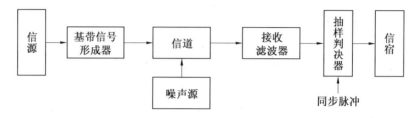

图3.4　数字基带传输系统模型

图3.4中,基带信号形成器用于将信源产生的原始电信号变换为适于信道传输以及利于接收端提取同步信号的基带信号。基带信号形成器还可能包括编码器、加密器和波形变换器等,抽样判决器后也可能包括译码器、解密器等。

(3)模拟信号数字化传输通信系统。

上面论述的数字通信系统中,信源输出的信号均为数字基带信号。实际上,在日常生活中大部分信号(如语音信号)为连续变化的模拟信号。要实现模拟信号在数字系统中的传输,则必须在发送端将模拟信号数字化,即进行模/数(A/D)转化;在接收端需进行相反的转换,即数/模(D/A)转换。模拟信号数字化传输系统模型如图3.5所示,其中,模/数转换器一般由抽样、量化、编码等部分组成。

图3.5　模拟信号数字化传输系统模型

4. 数字通信的主要特点

目前,无论是模拟通信还是数字通信,在不同的通信业务中都得到了广泛的应用。但是,数字通信的发展速度明显超过模拟通信,成为当代通信的主流。与模拟通信相比,数字通信更能适应现代社会对通信技术越来越高的要求。

(1)数字通信的主要优点。

①抗干扰能力强。

由于在数字通信中,传输的信号幅度是离散的,以二进制为例,信号的取值只有两个,因此接收端只需判别两种状态。信号在传输过程中受到噪声的干扰,必然会使波形失真,接收端对其进行抽样判决,以判别是两种状态中的哪一个,只要噪声的大小不足以影响判决的正确性,就能正确接收(再生)。而在模拟通信中,传输的信号幅度是连续变化的,一旦叠加上噪声,即使噪声很小,也很难消除它。

数字通信抗噪声性能好,还表现在微波中继通信时可以消除噪声累积。这是因为数字信号在每次再生后,只要不发生错码,它仍然像信源中发出的信号一样,没有噪声叠加在上面。因此,中继站再多,数字通信仍具有良好的通信质量。而模拟通信中继时,只能增加信号能量(对信号放大),而不能消除噪声。

②差错可控。

数字信号在传输过程中出现的错误(差错)可通过差错控制编码技术来控制,以提高传输的可靠性。

③易加密。

数字信号与模拟信号相比,容易加密和解密。因此,数字通信保密性好。

④易于与现代技术相结合。

由于计算机技术、数字存储技术、数字交换技术以及数字处理技术等现代技术飞速发展,许多设备、终端接口均是数字信号,因此极易与数字通信系统相连接。

(2)数字通信系统的缺点。

相对模拟通信来说,数字通信主要有以下两个缺点。

①频带利用率不高。

系统的频带利用率可用系统允许最大传输带宽(信道的带宽)与每路信号的有效带宽之比来表征,即

$$n = \frac{L_1}{L_2} \tag{3.1}$$

式中,L_1 为系统允许最大频带宽度;L_2 为每路信号的频带宽度;n 为系统在其带宽内最多能容纳(传输)的信号路数,n 值越大,系统利用率越高。

数字通信中,数字信号占用的频带宽。以电话为例,一路模拟电话通常只占据 4 kHz 带宽,但一路接近同样话音质量的数字电话可能要占据 20~60 kHz 的带宽。因此,如果系统传输带宽一定,模拟电话的频带利用率应为数字电话 5~15 倍。

②系统设备比较复杂。

数字通信中要准确地恢复信号,接收端需要严格的同步系统,以保持接收端和发送端严格的节拍一致、编组一致。因此,数字通信系统及设备一般都比较复杂。

不过,随着新的宽带传输信道(如光导纤维)的采用以及窄带调制技术、数据压缩技术和超大规模集成电路的发展,数字通信的这些缺点越来越弱化。

3.1.2 常见军事通信抗干扰简介

在现代电子通信干扰与抗干扰的研究上,美国是最早起步也是当前技术最为发达的国家。目前,美军和一些军事强国已实现了时域、频域、空域、功率域、速度域、网络域等多维空间的通信抗干扰能力,其抗干扰装备已覆盖了所有战术、战役和战略层面的无线通信系统。

1. 跳频通信

跳频通信系统的组成如图 3.6 所示,顾名思义,跳频通信就是不断改变通信频率,双

方按照事先约定好的频率表通信,使得信号在每个信道中只停留很短时间。周期性的同步信令可以从主站发出,指令所有的从站同时跳跃式更换工作频率,也可以使用伪随机数以及以经纬度或时间作为参数的随机数等方式同步。跳频通信的设备简易价格低廉,只要在普通信号发射或接收器上加装一个"码控跳频器"即可,它的主要作用是使跳频通信发射的载波按一定规则的随机跳变序列发生变化。

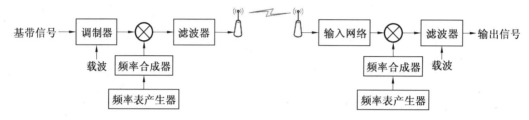

图 3.6　跳频通信系统的组成

跳频通信的关键在于本振频率必须严格同步,普通民用领域通常采用数字跳频,但由于既定的跳频规则易被破解,因此军用领域也采用一种智能边带跳频的方式。这种跳频方式没有既定的跳频表,而只是将下一通信频率信息放在边带中,敌方通常会自己滤除边带或将其认为是噪声,智能边带跳频的具体工作方式尚属各国机密。

跳频通信还存在很多问题,如无法应对全带宽干扰以及信道拥堵。利用频带适应技术开发的智能跳频设备虽然能够自动选择流畅信道,但是其智能选择信道时间过长,选择带宽太窄,耗能多且价格昂贵。采用该技术的瑞典的 RL-401 跳频接收机在干扰较弱的时候可以自动检测和删除受干扰频率,使系统在无干扰或干扰较弱的频点上跳频,但在干扰严重时就无计可施,自动回到常规跳频状态。

2. 扩频通信

扩频通信系统示意图如图 3.7 所示,扩频通信的理论基础是香农公式 $C = B \times \log_2\left(1 + \frac{S}{N}\right)$,其中 C 为最大信息传送速率(bit/s),B 是信道带宽(Hz),S 是信号功率(W),N 是噪声功率(W)。扩频通信增大带宽 B 并降低信噪比,使信号淹没在噪声中,以防止敌方拦截。这种充分利用现有频段并开发新频段的通信方式不仅有利于协同通信,还可以提高跳频通信抗阻塞干扰能力。

图 3.7　扩频通信系统示意图

利用伪码将经过初步调制的数字信号再调制为扩频码,大幅展宽其频谱,然后经过信道调制并发送,接收者收到信号,用同样的伪码解调。由于伪码仅与信号相关度高,与噪声或干扰相关度低或不相关,因此增大信号的信噪比或信干比,可从茫茫噪声中检测出信号。如图 3.8 所示为扩频通信中频谱宽度与功率谱密度示意图。

扩频通信的调制次数较多,设备复杂,但现有技术条件下价格被大幅压缩。加之扩频通信原理简单、干扰或拦截困难、无线频谱利用率高、误码率低、隐蔽性好、受多径干扰小、能精确地定时和测距、对其他频段干扰小、可以实现码分多址等优点,扩频通信已经成为商业通信对抗领域研究的热点。

美国的 M508、RF—500 和 AN/PRC—132 等短波电台频率范围已扩宽到 50~116 MHz,比利时的 BAMS、荷兰的 PRC/VRC—8600、德国的 SEM173/183/193、以色列的 CNR—9000、英国的 PANTHER—Ⅴ、法国的 PR4G 系列电台等超短波电台频率范围已扩宽到 30~108 MHz,最具代表性的美国 MILSTAR 卫星通信系统采用宽带亚毫米/毫米波,扩频带宽可达 2 GHz。

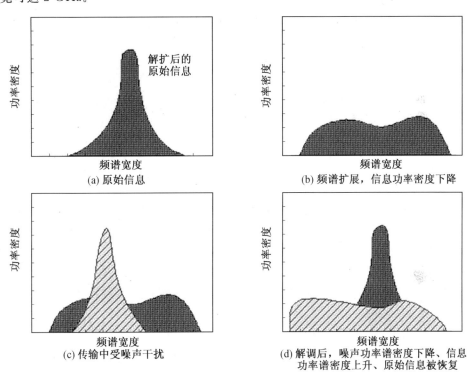

图 3.8　扩频通信中频谱宽度与功率谱密度示意图

3. 扩/跳频混合通信

鉴于现代通信技术的发展,对跳频频率在 1 000 Hz 以下的跳频通信信号进行侦察分选和对淹没在噪声—15 dB 以上的扩频信号进行检测识别都不再困难。因此,实现更快的跳频及更低信噪比的扩频是频域抗干扰技术的发展方向。考虑到跳频和扩频的优劣势互补,混合通信技术因此诞生。目前频域抗干扰技术已经趋于成熟,现有的抗干扰系统多同时使用跳频和扩频技术,即信号的载波频率是跳变的,而每一跳又是一个直接序列扩频信号,如美国的 JTIDS 系统。

跳频速度越快,对同步的要求就越高,故现有的高端扩/跳频混合通信设备的同步序列越来越长,同步时间占比越来越高,伪码产生的速度越来越快,伪码长度越来越长。为保障低误码率,纠错码的长度也在不断增加,这些改进虽然对通信抗干扰能力提升很大,但是对计算能力的要求也越来越高。为了提升计算速度,高端的混合通信设备无一不采用价格异常昂贵的高速计算芯片。

4. 超宽带无线电与跳时通信

超宽带通信速率示意图如图 3.9 所示,超宽带是指信号的-10 dB 相对带宽 η 为 $20\%\sim25\%$或绝对带宽大于 500 MHz,其中相对带宽指信号带宽与中心频率的比值,可表示为 $\eta=2\times\dfrac{f_{\mathrm{H}}-f_{\mathrm{L}}}{f_{\mathrm{H}}+f_{\mathrm{L}}}$,其中 f_{L} 和 f_{H} 分别指信号的下限频率和上限频率。

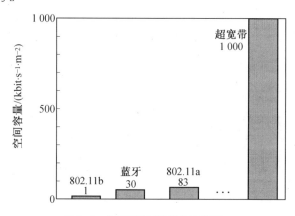

图 3.9　超宽带通信速率示意图

超宽带无线电通信是一种基带通信,从本质上看,超宽带是发射和接收超短电磁脉冲的技术,它可以使用不同的方式来产生和接收信号,并对传输信息进行编码。产生超宽带信号有三种方式:跳时通信、通过调制载波的单载波的直接序列码分多址(Direct Sequence—Code Division Multiple Access,DS—CDMA)方式和多载波多频带正交频分复用(Multi Band—Orthogonal Frequency Division Multiplexing,MB—OFDM)方式。这里主要介绍跳时通信。

跳时通信是超宽带技术最早应用的方法,又称为脉冲无线电技术,是用上升沿和下降沿都很陡的基带脉冲直接通信。基带脉冲长度通常在纳秒或亚纳秒量级,信号带宽经常达数吉赫兹。通过脉冲位置调制、脉冲极性调制或脉冲幅度调制可以决定任意时间脉冲的有无,以此达到携带信息的目的。由于只用信号有无携带信息,因此窄脉冲的波形可以任意选择。通常发送之前需使用伪随机码或伪随机噪声对数据进行编码,使得数据不同时脉冲在时间轴上偏移不同时间,以此来体现数据的差异性。

5. 猝发通信

猝发通信本质上与短波通信并无差别,通常应用于隐蔽通信领域,如潜艇、侦察兵等,不同的是其信号仅在某个不确定频率下发送 $0.1\sim0.2$ s,有时甚至只发送 50 ms,其余时间保持静默,在如此短的时间内敌方很难追踪或干扰目标。猝发通信技术是先将速率正常的信息加以封装,然后以 $10\sim100$ 倍的速率猝发,再用接收机将信息恢复到正常速率,恢复成原始信息。

现代猝发通信系统虽然可做到自适应发送频率,但由于猝发通信的发送时长限制,携带的信息量过小,因此多采用多进制调制以提高信息速率,即便使用 QPSK(Quadrature Phase Shift Keyin,正交相移键控)调制,在 0.1 s 内最多也只能发送 120 B,所以只能用来发送文字,而不能发送语音、图片等大文件。

猝发通信虽然难以捕捉,但目前先进的频谱仪仍可监视侦听到一部分猝发信号,猝发通信与信号采集技术的博弈会一直进行下去。

3.2　通 信 侦 察

3.2.1　通信侦察的基本概念

通信侦察就是搜索并截获目标辐射的电磁波信号,检测其出现和结束的时间、工作频率、调制方式、比特率、功率电平等信号特征和技术参数;通过对信号特征和技术参数的分析、处理和对通话内容解调监听,识别敌通信网的组成、指挥关系和通联规律;查明目标的产品类型、数量、部署和变化情况,形成战略战术通信情报,必要时引导通信干扰设备对目标进行干扰。通信侦察是实施通信对抗的前提和基础,是实施通信对抗战术的重要一环,利用通信侦察可以获得大量的敌方通信技术情报和非常重要的战略战术情报。通信侦察不仅可以对敌通信实施干扰提供所需的技术参数,而且可以为整个战场作战计划的制定提供情报支援。

通信侦察的主要任务:通信信号的搜索截获;通信信号的识别和参数测量;通信信号的解调监听与信息恢复;通信信号辐射源方位测量;通信侦察情报的融合。通信侦察任务可以有不同的分类方法。

①按工作频段分类。有长波侦察、中波侦察、短波侦察、超短波侦察、微波侦察等。凡是军用无线电通信工作的频段,都是开展通信对抗侦察的频段。

②按通信体制分类。有短波单边带通信侦察、微波接力通信侦察、卫星通信侦察、调频通信侦察等。

③按运载平台分类。有地面固定侦察站、地面移动侦察站、侦察卫星、侦察飞机、侦察船等。

④按任务分类。通常分为通信情报侦察和通信支援侦察。

通信侦察系统主要由侦察天线、天线共用器、搜索接收机、监听分析接收机、信号搜索显控台和数据库组成。通信侦察的基本任务是搜索、截获、解调、监听敌方的无线电通信信号。能否完成通信侦察这一基本任务,不仅与通信侦察设备自身的性能密切相关,更取决于到达侦察天线的敌方信号的强弱,或者说取决于接收机输入端的信噪比。侦察与通信的对阵关系如图 3.10 所示。设备发射机的发射功率为 P_t,通信发射天线相对于侦察天线方向上的增益为 G_{tr},通信发射机与侦察接收机之间的距离为 d,侦察天线相对于通信发射天线方向上的增益为 G_{rt},侦察接收机输入端的接收信号功率为 P_r。显然,P_r 大小与通信发

射机到侦察天线之间的传播路径有关。在自由空间传播时,侦察接收机输入端功率为

$$P_r = \frac{P_t G_{tr} G_{rt}}{\left[4\pi\left(\dfrac{d}{\lambda}\right)\right]^2} \tag{3.2}$$

当 d 以 km 为单位,f 以 MHz 为单位,P_r 以 mW 为单位时,式(3.2)可写为

$$P_r = \left(\frac{P_t G_{tr} G_{rt}}{d^2 f^2}\right)\left(\frac{3}{40\pi}\right)^2 \tag{3.3}$$

表示成对数形式为

$$P_r = P_t + G_{tr} + G_{rt} - 20\lg d - 20\lg f - 32.45 \text{(dBm)} \tag{3.4}$$

式(3.2)～(3.4)即为自由空间传播条件下的侦察方程。

定义发射天线输出功率与接收天线输入功率之比为传输损耗 L_f,写成对数形式为

$$L_f = P_t - P_r = 20\lg d + 20\lg f - G_{tr} - G_{rt} - 32.45 \text{(dBm)} \tag{3.5}$$

则有

$$P_r = P_t - L_f \tag{3.6}$$

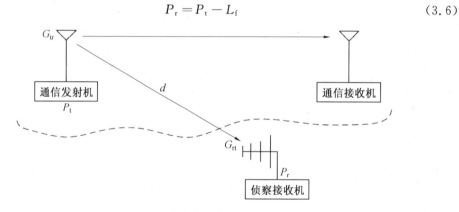

图 3.10 侦察与通信的对阵关系

自由空间是理想介质,不吸收电磁能量。自由空间路径损耗是指球面波在传播过程中,随着传播距离的增大,能量的自然扩散引起的损耗,但实际电磁波总在有能量损耗的介质中传播。这种损耗可能是大气对电波的吸收,也可能是电磁波绕过球形地面或障碍物时的绕射引起的,或者是电磁波在传播过程中的极化性质发生变化等因素引起的,这些损耗都会使接收点的信号功率小于自由空间传播时的信号功率。

定义衰减因子 L_a 为电波在非自由空间传播时除自然扩散性损耗外的其他一切损耗的和,则式(3.6)变为

$$P_r = P_t - L_f - L_a \tag{3.7}$$

对于短波地面波传输,衰减因子 L_a 为

$$L_a = 10\lg\left(\frac{2 + \rho + 0.6\rho^2}{2 + 0.3\rho}\right) \tag{3.8}$$

式中,ρ 是一个辅助参量,即

$$\rho = \frac{\pi d}{\lambda}\frac{\sqrt{(\varepsilon - 1)^2 + (60\lambda\sigma)^2}}{\varepsilon^2 + (60\lambda\sigma)^2} \tag{3.9}$$

式中，ε 为地面相对介电常数；σ 为地面电导率；d 与 λ 的单位均为 m。

当 $\rho > 25$ 时，式(3.8)可近似为

$$L_a \approx 10 \lg \rho + 3.0 \tag{3.10}$$

对于超短波地面视距传播，可采用平面地传播侦察方程，即

$$P_r \approx P_t G_{tr} G_{rt} \left(\frac{h_r h_t}{d^2} \right)^2 = P_t G_{tr} G_{rt} \frac{(h_r h_t)^2}{d^4} \tag{3.11}$$

用对数形式表示为

$$P_r = P_t + G_{tr} + G_{rt} + 20 \lg h_r + 20 \lg h_t - 40 \lg d - 120 \text{(dBm)} \tag{3.12}$$

式中，h_r 和 h_t 分别为侦察天线和通信发射天线的高度，单位为 m；d 的单位为 km。

由式(3.12)可知，平面地传播时传播损耗与距离的四次方成反比。

3.2.2　通信信号的搜索截获与参数测量

在通信侦察中，侦察设备的首要任务就是寻找到要侦察的信号。对一部侦察接收机而言，就是对通过接收点或存在于接收点的所有信号的搜索与截获，最后寻找或截获到目的信号。所谓搜索，是指在多维领域和多取样值中对信号进行寻找，搜索过程伴随着对信号实施检测，检测是判定接收机处于某种状态下是否有信号存在。寻找到信号的判据是检测到信号。所谓截获，在雷达中将其定义为连续检测到几个信号脉冲，并据此测出信号的基本参数，在通信侦察中就是寻找到目的信号并截取其足够的样本。搜索是手段，搜索过程是不断检测的过程，通过搜索实现找到或发现信号的目的，找到或发现信号的判据是检测到了信号，对信号截取或采样适当的长度，并能测出信号基本参数就是截获。

由于通信侦察的频段一般很宽，而通信信号的持续时间一般很短，作为被动接受的通信侦察，完成未知信号的全概率截获不是一件容易的事，因此要提高搜索速度。

提高搜索速度的唯一方法是采用并行搜索体制，即同时多个信道并行搜索。如果并行搜索信道数为 M，则搜索速度提高 M 倍。设总的搜索信道数为 N，允许的时间为 T，包含信道响应时间在内的信道处理时间为 T_p，并行搜索信道数 M 为

$$M \geqslant \frac{N}{T} T_p \tag{3.13}$$

即满足上述条件进行并行搜索，就可完成未知信号的全概率截获。

通信侦察系统信号处理的任务是：从复杂和多变的信号环境中截取、分选多个通信信号，测量和分析各个通信信号的基本参数，识别通信信号的调制类型和网台属性，并进一步对信号进行解调处理，监听或者获取它所传输的信息作为通信情报。

在通信侦察系统瞬时带宽内，一般存在多个通信信号。将多个重叠在一起的通信信号分离出来，称为通信信号的分选，这也是预处理的任务之一。通信信号的分选通常是一种盲分离，因为落在瞬时带宽内的通信信号的参数是未知的，这是通信信号分选的基本特点。通信侦察系统首先对信号进行粗的频率分析，如采用窄带接收机、信道化接收机、DFT/FFT 分析等方法粗略地分析和估计信号的中心频率和带宽，对多个信号进行分离，然后才能测量信号的各种参数，最后实现调制分类和识别信号等信号处理任务。这是因

为大多数通信信号参数测量分析的方法都是在单个通信信号的条件下才能有效地发挥作用。也就是说,在进行参数测量分析时,分析带宽内最好只有一个通信信号。

信号参数分选测量是信号调制分类识别的基础,信号参数分选测量的精度会直接影响调制分类识别的可靠性和准确性。例如,若载频参数估计不准确,调制分类和识别的准确性就会下降,后续解调器的性能也会受到影响。

通信信号的调制样式很多,不同的调制样式有不同的调制参数。对于模拟调幅(AM)信号,主要参数有载波频率、信号电平、带宽、调制度等;对于模拟调频(FM)信号,除载波频率、信号电平、带宽外,其调制参数还包括最大频偏、调制指数等;对于数字通信信号,除载波频率、信号电平、带宽等通用参数外,还有码元速率、符号速率等基本参数。

1. 信号载频的测量

(1) 时域算法。

时域算法中较为常用的一种是过零点检测法,其原理是首先估计出信号的平均过零点周期,再利用过零点周期估计出载波周期(一般来说,信号的载波周期为过零点周期的2倍),进而估计出信号的载频,其具体算法如下。

设接收到信号并进行采样后,获得了带有噪声的中频信号 $s(n)$,即

$$s(n) = r(n) + v(n), \quad n = 1, 2, 3, \cdots, N_s \tag{3.14}$$

式中,$r(n)$ 表示待测的信号序列;$v(n)$ 表示高斯白噪声序列;N_s 表示采样点数。

现对中频信号 $r(n)$ 进行零点检测,当 $r(n_i)$ 和 $r(n_i + 1)$ 的符号不同时,判定在区间 $\left(\dfrac{n_i}{f_s}, \dfrac{n_i + 1}{f_s}\right)$ 上存在零点。可以用现行差值公式对其位置进行估计,即

$$\alpha(i) = \frac{1}{f_s}\left(n_i + \frac{s(n_i)}{s(n_i) + s(n_i + 1)}\right) \tag{3.15}$$

式中,f_s 表示采样频率;$\alpha(i)$ 表示第 i 个零点的位置。

设共有 M 个零点,那么所有零点的位置可以表示为

$$\{\alpha(i), i = 1, 2, \cdots, M\} \tag{3.16}$$

设 $\{\beta(i), i = 1, 2, \cdots, M-1\}$ 表示第 i 个和第 $i+1$ 个零点之间的距离,其中

$$\beta(i) = \alpha(i+1) - \alpha(i) \tag{3.17}$$

而对于噪声中的正弦信号来说,其零点之间位置 $\alpha(i)$ 和两相邻零点之间的距离 $\beta(i)$ 可分别表示为

$$\alpha(i) = \frac{i\pi - \dfrac{\pi}{2}}{2\pi f_c} + \gamma(i), \quad i = 1, 2, \cdots, M \tag{3.18}$$

$$\beta(i) = \frac{1}{2f_c} + \lambda(i), \quad i = 1, 2, \cdots, M-1 \tag{3.19}$$

式中,f_c 表示截止频率;$\gamma(i)$ 表示因噪声和测量误差等因素而引入的误差变量,该变量服从于独立同分布;$\lambda(i)$ 表示相邻零点间误差变量 $\gamma(i)$ 的差,即

$$\lambda(i) = \gamma(i+1) - \gamma(i) \quad (i = 1, 2, \cdots, M-1) \tag{3.20}$$

由于 $\gamma(i)$ 服从于独立同分布,$\gamma(i)$ 和 $\lambda(i)$ 又满足上述关系,因此 $\lambda(i)$ 服从于零均值

的正态分布,即

$$E[\lambda(i)] = 0 \ \text{或} \ E[\beta(i)] = \frac{1}{2f_c} \tag{3.21}$$

进而可以由 $\beta(i)$ 的平均值估计出载频 f_c,即

$$f_c = \frac{1}{2E[\beta(i)]} = \frac{M-1}{2\sum\limits_{i=1}^{M}\beta(i)} \tag{3.22}$$

该方法较为简单、便捷,但对于信噪比的依赖性较大。当信噪比小时,该方法因对零点直接检测而对噪声较为敏感,所以误差较大。

(2) 频域算法

信号的频率可以利用 FFT 粗测,也可以精测。设 FFT 长度为 N,采样频率为 f_s,则 FFT 的测频精度为 $\Delta f = f_s/N$。采用 FFT 测频时,测频误差与信号频率有关,其最大测频误差为 FFT 的分辨率,即 $\Delta f/2$。如果测频误差在 $[-\Delta f/2, \Delta f/2]$ 内均匀分布,则测频精度(均方误差)为

$$\sigma_f = \left(\frac{1}{\Delta f}\int_{-\frac{\Delta f}{2}}^{\frac{\Delta f}{2}} x^2 \, \mathrm{d}x\right)^{\frac{1}{2}} = \frac{\Delta f}{2\sqrt{3}} \tag{3.23}$$

利用 FFT 测频时,为了得到较高的测频精度,需要增加 FFT 的长度来保证。因此,精度的测频会延长处理的时间。

对信号的采样序列 $x(n)$ 进行 FFT,得到它的功率谱序 $X(k) = \text{FFT}\{x(n)\}$,然后通过频谱对称系数 α 估计其中心频率,有

$$\alpha = \frac{\sum\limits_{k=1}^{N_s/2} k\, |X(k)|^2}{\sum\limits_{k=1}^{N_s/2} |X(k)|^2} \tag{3.24}$$

频域估计方法适用于对称谱的情况,如 AM/DSB、FM、FSK、ASK、PSK 等大多数通信信号。

2. 信号带宽的测量

信号带宽是信号的重要参数之一,对它的测量分析对于实现匹配和准匹配接收、调制类型识别、解调都是十分重要的。信号带宽可以利用频谱分析仪进行人工观察和测量,也可以通过 FFT 等信号处理方法自动测量分析。

动态范围是在给定不确定度条件下,接收机能够测量同时存在于输入端的最大信号与最小信号之比。它表征了测量同时存在的两个信号幅度差的能力,是接收机的一项主要技术指标。传统接收机中频设计多采用模拟滤波器,电路结构复杂、不易调试、精度差。随着 DSP 和大规模可编程电路的发展,现代接收机多采用数字中频,用 DSP 实现中频滤波和后续的分析处理,其结构简单、重复性好、精度高,但是由于缺少传统接收机中频电路中的对数放大器,因此动态范围直接受到 A/D 转换器位数的限制。为了实现大动态范围的测量要求,现代接收机中采用了多种技术来提高测量的动态范围,如抖动技术、$\Sigma\Delta$

调制技术、过采样技术、FFT 算法、非均匀量化技术、自动量程控制技术等。下面主要介绍 FFT 自动测量的方法。

信号带宽通常定义为 3 dB 带宽，即以中心频率的信号功率为参考点，当信号功率下降 3 dB 时的带宽为信号带宽。

对信号的采样序列 $x(n)$ 进行 FFT，得到它的频谱序列 $X(k)$，然后计算中心频率 $f_0(k=k_0)$ 对应的近似功率，即

$$P(k_0) = |X(k)|^2 \mid_{k=k_0} \tag{3.25}$$

将 -3 dB 作为搜索门限 $P_{TV} = \frac{1}{2}P(k_0)$，对功率谱进行搜索，有

$$\begin{cases} k_{max} = \max\limits_{k>k_0}\{k\} \mid |X(k)|^2 \geqslant P_{TV} \\ k_{min} = \min\limits_{k<k_0}\{k\} \mid |X(k)|^2 \geqslant P_{TV} \end{cases} \tag{3.26}$$

计算其频差，得到信号带宽 B 为

$$B = (k_{max} - k_{min})\Delta f = (k_{max} - k_{min})\frac{f_s}{N} \tag{3.27}$$

3. 信号的电平测量

计算信号带宽内的功率，以此作为信号相对功率。相对功率的表示可以用线性刻度或者对数刻度两种方式表示。信号的相对功率为

$$P = \frac{1}{|k_{max} - k_{min}|}\sum_{k_{min}}^{k_{max}} |X(K)|^2 \tag{3.28}$$

用对数（dB）方式表示，则有

$$P_{dB} = 10\lg P \tag{3.29}$$

信号的接收功率与天线增益 G_A、系统增益 G_S、系统处理的变换因子 G_{PR} 等因素有关。如果需要将信号相对功率转换成接收机输入功率，则实际功率与相对功率的关系为

$$P_s = P_{dB} - G_A - G_S - G_{PR} \tag{3.30}$$

信号电平有几种表示方式，通常有 dBμV、dBmV、dBW、dBm 等。如果接收机输入阻抗 R 为 50 Ω，则它们之间的转换关系为

$$\begin{cases} dB\mu V = 20\lg(\mu V) \\ dBmV = 20\lg(mV) = dB\mu V - 60 \\ dBW = 10\lg\left(\frac{V^2}{\Omega}\right) = 20\lg(V) - 17 = 20\lg(\mu V) - 137 \\ dBm = 10\lg(mV) = 20\lg(\mu V) - 107 = 20\lg(mV) - 47 \end{cases} \tag{3.31}$$

值得注意的是，信号电平的测量分析精度与 FFT 的分辨率有关。当 FFT 分辨率较低时，电平的测量值可能不准确。例如，当接收机处于搜索状态时，为了保证搜索速度的要求，FFT 的分辨率较低，如几千赫到几十千赫。窄带的通信信号可能只对应几条谱线，此时对信号电平、中心频率、带宽的分析测量都是粗测。只有在高分辨情况下，测量结果才是可靠的。为了提高测量精度，还可以采用多次测量计算平均的方法。

4. AM 信号的调幅度测量分析

幅度调制如图 3.11 所示,调幅度是调幅广播信号的重要参数,是衡量发射机输出功率、能量利用率和覆盖效果的一项重要技术指标,是调幅广播信号质量监测最主要的项目之一,对于调幅广播的安全播出有重要意义。

调幅(AM)信号表达式为

$$x(t) = (A + m(t)) \cdot \cos(\omega_0 t + \varphi_0) \tag{3.32}$$

AM 信号调幅度定义为

$$m_a = \frac{E_{max} - E_{min}}{E_{max} + E_{min}} = \frac{1 - E_{min}/E_{max}}{1 + E_{min}/E_{max}} \tag{3.33}$$

式(3.33)适用于对称波形调制且信号不失真的情况。

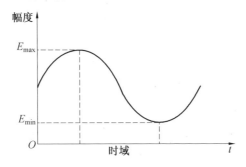

图 3.11　幅度调制

由于广播节目信号的频率与幅度大小是变化的,因此最大调幅度和最小调幅度时的边带功率相差很大,衡量边带功率必须用到平均调幅度的概念。

平均调幅度指节目在一定时间内所产生的边带能量与一定单音调制产生的能量相同时该单音的调幅度。对调幅广播而言,载波只是运载音频信号的工具,它本身不含音频信息,只有边带功率中才携带音频信息。边带功率是真正有用的功率,只有 $m=1$ 时,边带功率才为载波功率的一半;当 $m=1/2$ 时,边带功率为载波功率的 1/8;当 $m=1/3$ 时,边带功率只有载波功率的 1/18。可见,调幅度 m 对音频信息的传输影响很大。

通常广播节目中只有少数时段信号的动态峰值电平能达到最大调制深度,大部分时段信号的动态电平所能达到的调幅度较低,所以平均调幅度很低。平均调幅度越低,边带功率就越小。因此,节目信号进入发射机之前不进行加工处理,一般能达到的平均调幅度只有 18% ～ 25%,由此可算得平均边带功率只有载波功率的 2% ～ 4%。例如,一台 10 kW 发射机发射的信息能量只有 0.2 ～ 0.4 kW,这就意味着强大的载波功率只能传递较小的信息能量,从经济的角度上看实在是很大的浪费。可见,这时发射机实际上有用的输出就极小,使用效率将很低。由于边频功率正比于 m^2,而在一定时间内平均边频功率则正比于平均调幅度,提高平均调幅度实际就是提高边带功率,因此可以充分利用发射功率,相当于提升了发射机功率,覆盖范围得到了保障。

信号的包络(瞬时幅度)可以利用包络检波器得到。在数字处理时,可以对采样的值进行平方,再通过低通滤波得到信号的包络。对 AM 信号进行平方运算,得到

$$x^2(t) = (A + m(t))^2 \cos^2(\omega_0 t + \phi_0)$$

$$= (A + m(t))^2 \frac{1 + \cos[2(\omega_0 t + \phi_0)]}{2} \tag{3.34}$$

经过低通滤波,滤除高频分量,然后开方,得到信号包络为

$$a(t) = k(A + m(t)) \tag{3.35}$$

对信号包络计算 E_{max} 和 E_{min},就可以得到调幅度。

值得注意的是:若 $m(t)$ 为窄带信号,如语音信号,则得到的是瞬时调幅度,此时取多次测量最大值为调幅度。

5. FM 信号的频偏测量

频偏就是调频波频率摆动的幅度,一般说的是最大频偏,它影响调频波的频谱带宽。调频信号的理论带宽 $BW \approx 2 \times$(基带带宽 + 最大调制频偏)。

频偏影响调制信号的过程如下。

(1)调制指数 $m =$ 最大频偏 / 调制低频的频率,调制指数直接影响调频波频谱的形状与带宽。

(2)一般来说,调制指数越大,调频波频谱的带宽就越宽,而最大频偏是调制指数的一个决定因素,所以说它影响调频波的频谱带宽。

(3)频偏是调频波里的特有现象,是指固定的调频波频率向两侧的偏移。首先要说明的是,调频波是电磁波的一种形式,是传输图像、声音和其他有用信号的一种工具。利用调频波可以传送声音,如调频广播等;也可以传送图像,如电视等。利用声音信号(专业术语为音频信号)对调频波进行调制,可以使固定的调频波频率向两边偏移。当然,利用图像信号(专业术语称为视频信号)也可以使固定的调频波频率向两边偏移,这就使调频波的频率产生频偏。

(4)国际无线电管理委员会规定:音频对调频波的最大调制频偏为 200 kHz,视频对调频波的最大调制频偏为 6.5 MHz。这是为了得到最好的传输效果和尽量节省频率资源相互兼顾而确定的。

频偏小,带宽窄,减少带内干扰,一定意义上提高了信噪比,可以提高一些接收灵敏度,但是对频率稳定度要求很高。

调频信号表达式为

$$x(t) = A \cos\left(\omega_c t + 2\pi\Delta f \int_{-\infty}^{t} m(\tau) d\tau\right) \tag{3.36}$$

式中,A 是信号振幅;$m(t)$ 是调制信号,且满足 $|m(t)| \leqslant 1$。

FM 信号瞬时频率为

$$f(t) = f_c + \Delta f m(t) \tag{3.37}$$

调频信号的最大频偏定义为

$$K_f = \frac{f_{max} - f_{min}}{f_{max} - f_{min}} f_c \tag{3.38}$$

式中,$f_{min} = f_c - \Delta f$,$f_{max} = f_c + \Delta f$。

最大频偏分析测量的关键是提取瞬时频率,利用瞬时频率估计最大、最小频率,就可以得到最大频偏。瞬时频率的提取方法有两种:模拟鉴频法(利用模拟鉴频器得到瞬时频率)和正交变换法。

6. 通信信号的瞬时参数分析

通信信号的瞬时参数包含丰富的信息,如调制信号信息、调制特征参数、各种时域特征等,提取瞬时参数具有很重要的意义。

信号瞬时参数的提取有两类方法:一类是时域变换的方法;另一类则是基于时频分布。直接通过时域变换求取瞬时参数能够尽可能地反映信号的时域变化特性,对于精确提取信号的特征参数更显得意义重大。在时域提取瞬时参数的常用方法有解析信号法和Teager－Kaiser 法。

Hilbert(希尔伯特)变换可以巧妙地应用解析表达式中实部与虚部的正余弦关系,定义出任意时刻的瞬时频率、瞬时相位和瞬时幅度,从而解决复杂信号中的瞬时参数的定义和计算问题,使得对短信号和复杂信号的瞬时参数的提取成为可能。因此,Hilbert 变换在信号处理中有极其重要的作用,它是信号调制识别的基础。对于有些复杂信号不满足Hilbert 变换的条件,也可以经过 EMD 分解,然后进行 Hilbert 变换,达到提取信号瞬时特征的目的。

对于窄带信号 $u(t) = a(t)\cos\theta(t)$,如果引入 $v(t) = a(t)\sin\theta(t)$,将它们组成一个复信号

$$z(t) = u(t) + \mathrm{j}v(t) = a(t)\cos\theta(t) + \mathrm{j}a(t)\sin\theta(t) = a(t)\mathrm{e}^{\mathrm{j}\theta(t)} \tag{3.39}$$

就可以将信号的瞬时包络 $a(t)$、瞬时相位 $\theta(t)$ 和瞬时角频率 $\omega(t)$ 分别表示如下。

瞬时包络为

$$a(t) = \sqrt{u^2(t) + v^2(t)} \tag{3.40}$$

瞬时相位为

$$\theta(t) = \arctan\left\{\frac{\mathrm{Im}[z(t)]}{\mathrm{Re}[z(t)]}\right\} = \arctan\left\{\frac{v(t)}{u(t)}\right\} \tag{3.41}$$

瞬时角频率为

$$\omega(t) = \frac{\mathrm{d}\theta(t)}{\mathrm{d}t} = \frac{v'(t)u(t) - u'(t)v(t)}{v^2(t) + u^2(t)} \tag{3.42}$$

瞬时频率为

$$f = \frac{\omega(t)}{2\pi} = \frac{1}{2\pi}\frac{\mathrm{d}\theta(t)}{\mathrm{d}t} \tag{3.43}$$

因此,求一个信号 $u(t)$ 的瞬时参数就归结为求 $v(t)$,即求其共轭信号的问题。对于窄带信号 $u(t) = a(t)\cos\theta(t)$,其共轭信号是实部 $u(t)$ 的正交分量,因此可以利用 Hilbert 变换来求取。

实函数 $f(t)$ 的 Hilbert 变换定义为

$$H\{f(t)\} = \frac{1}{\pi}\int_{-\infty}^{\infty}\frac{f(\tau)}{t-\tau}\mathrm{d}\tau \tag{3.44}$$

相当于使信号通过一个冲击响应为 $1/(\pi t)$ 的线性网络。

对于窄带信号 $u(t) = a(t)\cos\theta(t)$，因为其共轭信号 $v(t)$ 是实部 $v(t)$ 的正交分量，所以

$$v(t) = H\{u(t)\} = \frac{1}{\pi}\int_{-\infty}^{\infty}\frac{u(t)}{t-\tau}\mathrm{d}\tau \tag{3.45}$$

实际上，无线电侦察设备接收到的大多数辐射源信号都可以用窄带信号来描述，即

$$u(t) = a(t)\cos\theta(t) = a(t)\cos(\omega_0 t + \theta_0) \tag{3.46}$$

式中，$a(t)$ 相对于 $\cos(\omega_0 t)$ 来说是慢变部分；ω_0 是载频；$\omega_0 t + \theta_0$ 是信号的相位。

经中频采样后，瞬时参数的表达式如下。

瞬时幅度为

$$a(n) = \sqrt{u^2(n) + v^2(n)} \tag{3.47}$$

瞬时相位为

$$\theta(n) = \arctan\frac{v(n)}{u(n)} \tag{3.48}$$

此时，瞬时相位 $\theta(t)$ 在 $[-\pi,\pi]$ 区间上存在相位混叠现象，需要对其进行解混叠处理。

首先求瞬时相位 $\theta(t)$ 的差分序列，即

$$\theta'(n) = \begin{cases}\theta(n), & n=0 \\ \theta(n), & 0<n<N\end{cases} \tag{3.49}$$

当 $\theta'(t)$ 的绝对值大于 π 时，可以用序列进行去交叠处理，其相位的变化处理方式为

$$x(n) = \begin{cases}-2\pi, & \theta'(n)>\pi \\ 2\pi, & \theta'(n)<-\pi \\ 0, & -\pi<\theta'(n)<\pi\end{cases} \tag{3.50}$$

对 $x(n)$ 进行累加得到 $x'(n)$，即

$$x'(n) = \sum_{i=0}^{n}x(i) \tag{3.51}$$

这样就可以得到去交叠的相位 $\theta_1(n)$，即

$$\theta_1(n) = \theta(n) + x'(n) \tag{3.52}$$

然后可以使用差分法，由去交叠的相位 $\theta_1(n)$ 获得信号的瞬时频率 $f(n)$。在这里，选择利用中心差分法，即

$$f(n) = \frac{1}{2\pi}(\theta_1(n+1) - \theta_1(n-1)) \tag{3.53}$$

3.2.3　通信侦察的定位

对通信信号辐射源方向进行测量是通信侦察的重要任务之一，是形成战场电子态势的基础，同时也为干扰站提供干扰波束瞄准指向，其作用是获得辐射源的方位信息和位置信息。测向方法有振幅法测向、相位法测向等。随着通信雷达侦察一体化技术的发展，通信侦察测向方法与雷达信号的测向方法趋于一致。

通过多个不同位置的测向设备测量信号来波方向,可确定目标位置,该过程称为定位。当然,也可以利用其他方法进行定位,如通过测量信号到达的时间差和频率差等方法实现定位。这种在工作平台上没有电磁辐射源,只通过接收电磁波信号对目标做出定位的技术被称为无源定位,它是电子对抗的一个重要组成部分。

无源定位自身不发射信号,通过对目标上辐射源信号的截获测量,获得目标的位置和轨迹,具有作用距离远、隐蔽性好等优点,所以具有极强的生存能力和反隐身能力。随着信号截获和处理技术的不断发展,无源定位技术的应用必将越来越广泛,尤其在通信对抗领域将会发挥越来越重要的作用。

根据所使用的平台数量,无源定位可分为单站无源定位和多站无源定位。

单站无源定位是利用一个观测平台,靠被动接收辐射源的信息来实现定位的技术。它的突出优点是系统相对简单,机动性和灵活性较好,适合在各种机载及车载定位系统中使用,不需要大量的数据通信,但定位所需的时间较长。

多站无源定位是靠多平台之间的协同工作,进行大量数据传输来完成的,具有定位速度快、精度高等优点,但系统相对较复杂,且当系统平台需要机动时,系统的复杂性更高。随着大规模电路及各种集成芯片、元件的出现,多站无源定位设备将朝着简单化发展,其灵活性也将不断提高,定位精度将大大提高,具有较为广阔的发展前景。

按应用的技术体制划分,无源定位又可以分为测向交叉无源定位、时差无源定位、相位差无源定位、频差无源定位,以及它们之间的联合定位。其中,时差、相位差和频差无源定位是通过对同一辐射源信号的某一特征参数的测量,利用时间上、相位上或频率上的差值来进行定位的,也可同时测量多个差值,进而更精确地进行定位。

在时差无源定位中,较多采用多站进行定位,将两个或多个测量站分开部署,利用同一辐射源到达不同观测站的时间差来对目标进行定位,有较高的精度,但其机动性较差,同时也对目标的距离有一定要求,否则不能进行精确定位。

相位差无源定位是通过测量电波到达不同定位站中各测向天线之间的相位差来进行定位的。电波在各天线上所感应的电压幅度相同,但由于各天线元配置的位置不同,因此电波传播的路径不同,引起传播时间不同,最后形成感应电压之间的相位差。

在频差无源定位中,应用较多的是差分多普勒无源定位。对于运动目标,可以利用目标的运动所引起的频率变化来确定目标的位置和运动特性;对于静止目标,可以人为地产生相对运动来确定目标的位置。

1. 测向交叉无源定位

测向交叉无源定位是利用在不同位置的多个测向工作站,根据所测得的同一辐射源的方向进行波束交叉,确定辐射源位置的。多站测向定位也称多站交叉定位,其中双站交叉定位是通信对抗领域中确定目标位置最常用也是最基本的方法。

两个测向站的地理位置是已知的,两测向站所测得的目标的方位角 θ_1 和 θ_2 也是已知的,两条方位线的交点就是目标辐射源的地理位置,其坐标 (X_T, Y_T) 可通过计算求得。如果测向站的地理位置是准确无误的,两测向站的示向度也是没有误差的,那么定位就是准确的一个点。但事实上,测向误差是不可避免的,所以示向度线不会是一条线,而是一个区域,交汇点变成了四边形 $ABCD$(图 3.12),这个四边形包围的区域就称为定位模糊区。模糊区越大,定位误差就越大。据分析和实际测量而得到的结论是:定位误差的大小与测向误差、定位距离和测向站的部署有关。

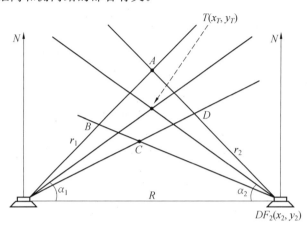

图 3.12 两站测向交叉定位原理图

2. 时差无源定位

时差无源定位是一种比较精确的定位方法,它通过处理三个或更多个测量站所采集到的信号到达时间测量数据对辐射源进行定位。在二维平面内,辐射源信号到达两测量站的时间差确定了一条以两站为交点的双曲线,利用三个基站可形成两条双曲线来产生交点,以确定辐射源的位置。三维定位则需要四个基站产生三对双曲面,面面相交得线,线线相交得点,以此来实现定位。时差无源定位系统具有定位精度高、定位速度快等优点,但在定位过程中也会出现多值现象,即定位模糊。基于时间的定位方法,其核心是需要高精度的时间测量值。

对辐射源进行二维时差定位,一般只需要三个站,即可求得辐射源的二维坐标。如果可能对目标高程进行假设,则利用三个观测站,可实现目标的三维定位。当对目标高程无法假设时,则至少需要四个站才能实现目标的三维定位。

下面以四站为例,说明运用时域相关法进行时差无源定位的基本原理。设定位系统由 1 个主站及 3 个辅站构成,记各站的空间位置为 $(x_j, y_j, z_j)^T$,$j=0,1,2,3$,其中 $j=0$ 表示主站,$j=1,2,3$ 表示辅站,辐射源的空间位置为 $(x,y,z)^T$。r_j 表示辐射源与第 j 站之间的距离,Δr_j 表示辐射源的第 j 站之间与辐射源到主站之间的距离差,定位方程表示为

$$\begin{cases} r_0^2 = (x-x_0)^2 + (y-y_0)^2 + (z-z_0)^2 \\ r_i^2 = (x-x_i)^2 + (y-y_i)^2 + (z-z_i)^2, \quad i=1,2,3 \\ \Delta r_i = r_i - r_0 \end{cases} \tag{3.54}$$

通过求解定位方程,即可得到辐射源的空间位置为 $(x,y,z)^T$。

由式(3.54),可得到下面的关系式,即

$$\alpha \cdot r_0^2 + 2\beta \cdot r_0 + \gamma = 0 \tag{3.55}$$

式中,有

$$\begin{cases} \alpha = n_1{}^2 + n_2{}^2 + n_3{}^2 - 1 \\ \beta = (m_1 - x_0)^2 n_1 + (m_2 - y_0)^2 n_2 + (m_3 - z_0)^2 n_3 \\ \gamma = (m_1 - x_0)^2 + (m_2 - y_0)^2 + (m_3 - z_0)^2 \end{cases} \qquad (3.56)$$

$$\begin{cases} m_i = \displaystyle\sum_{j=1}^{3} a_{ij} \cdot k_i \\ n_i = \displaystyle\sum_{j=1}^{3} a_{ij} \cdot \Delta r_i \end{cases}, \quad i = 1, 2, 3 \qquad (3.57)$$

$$k_i = \frac{1}{2} \left[\Delta r_i{}^2 + (x_0{}^2 + y_0{}^2 + z_0{}^2) - (x_i{}^2 + y_i{}^2 + z_i{}^2) \right], \quad i = 1, 2, 3 \qquad (3.58)$$

由于通过式(3.56)可以解得 r_0 的两个值 r_{01} 和 r_{02},因此对于辐射源的三维定位存在定位模糊问题。在四站系统中,方程确定的两组双曲线最多可能有两个交点,这两个交点位置对称分布在四个站组成的面的两侧。当两组双曲线只有一个交点时,不存在定位模糊,对于定位模糊的消除方法,除了可利用几何位置的先验知识直接判断以外,还可以将时差测量数据分为两个子集,分别对辐射源进行二维定位,再利用最近距离匹配准则识别虚假定位点。

此外,通信信号一般是以连续信号的形式出现的,所以不同观测站对到达信号的时差测量不易实现。为此,通常采用下面介绍的时差估计方法。

一个辐射源信号 $s(t)$,对于其到达两个接收站的距离不一样,而导致两站接收信号之间存在一个时差。因此,时差估计的信号模型为

$$\begin{cases} x_1(t) = s(t) + n_1(t) \\ x_2(t) = \alpha s(t + D) + n_2(t) \end{cases} \qquad (3.59)$$

式中,$s(t)$、$n_1(t)$、$n_2(t)$ 为实的联合平稳随机过程。假设信号 $s(t)$ 与噪声 $n_1(t)$、$n_2(t)$ 不相关,考虑到两站接收的信号幅度不一定一样,所以两站幅度存在一个比例因子 α。

信号相关法通过比较两路形状几乎一样的波形,由其相似性来估计两路信号之间的时延。将两个具有相同时间长度的信号的相关系数定义为它们乘积的积分除以它们各自平方的积分的几何平均值,有

$$R(\tau) = \frac{\displaystyle\int f(t) g(t) \, \mathrm{d}t}{\sqrt{\displaystyle\int (f(t+\tau))^2 \, \mathrm{d}t} \sqrt{\displaystyle\int (g(t))^2 \, \mathrm{d}t}} \qquad (3.60)$$

相关函数的值越大,两个信号的相近程度越高。因此,相关函数的峰值所对应的时间用来代表这两个形状几乎一样的信号之间的时间差。

当信号从统计角度看是平稳信号时,$\displaystyle\int (f(t+\tau))^2 \, \mathrm{d}t$ 几乎不随 τ 变化,也就是说 $R(\tau)$ 的分母几乎是一个常数。由于问题不是求真实的相关系数,而仅仅是求相关系数的峰值位置,因此需要计算的可以不是 $R(\tau)$,而只是它们的分子 $H(\tau)$,即

$$H(\tau) = \int (f(t+\tau)g(t)) \, dt \tag{3.61}$$

设两个运动平台接收到的两路信号 $x_1(t)$、$x_2(t)$ 分别是通信信号 $s(t)$ 的延迟信号,则相关函数 $R_{x12}(t)$ 为

$$R_{x12}(t) = \int x_1(t+\tau)x_2(t) \, dt \tag{3.62}$$

相关函数 $R_{x12}(t)$ 的峰值所对应的时间就是所求的时间差,信号相关的方法就是计算其相关函数,通过搜索相关函数的峰值来确定时差。

在实际应用中,信号在中频时被采样,采样间隔为 T_s,相关计算中的积分计算实际上被称为求和运算,即

$$R_{x12}(k) = \sum s_1(nT_s + kT_s) \cdot s_2(nT_s) \tag{3.63}$$

对于连续波信号,一般可以得到连续波的到达时间差(TDOA),也就大体知道了它们的时间差。这样计算所用的 k 范围比较小,计算量也不是很大。时域相关法框图如图 3.13 所示。

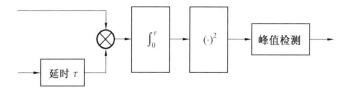

图 3.13　时域相关法框图

参与运算的信号一般不可能无限长,所以先将信号进行截断。如果直接相关,得到相关函数 $|R_{s1,s2}(\tau)|$,这样得到的时差估计是一个正弦调制的三角波,这是因为两个信号都来自于真实信号乘以一个门信号,截断后相关,产生一个三角形函数。为了消除三角波形状,可以采用一个无偏的相关器,即

$$R_s(\tau) = \frac{1}{T - |\tau|} E(s_1(t+\tau)s_2^*(t)) \tag{3.64}$$

该估计器可以消除时差估计中因信号截断而引起的误差。有的信号存在直流分量,而直流分量将对相关的时差估计产生严重影响。也就是说,不管真实的时差为多少,有直流分量时所得到的估计时差都为 0,这是因为直流分量的积分远大于交流信号的积分,导致真实的时差反而被直流信号的相关"湮没"了。

3. 单站无源定位

单站无源定位技术是利用一个观测平台对目标进行无源定位的技术,由于获取的信息量相对较少,因此单站无源定位的实现难度相对较大,其定位的实现过程通常是:用单个运动的观测站对辐射源进行连续的测量,在获得一定量的定位信息积累的基础上进行适当的数据处理以获取辐射源目标的定位数据。

目前,单站无源定位技术采用的方法主要有测向定位法、到达时间定位法、频率法、方位－到达时间联合定位法、方位－频率联合定位法、多普勒频率变化率定位法和相位差变

化率定位法等。其中,利用短波电离层反射进行测向定位的方法是单站无源定位的一种简单而直接的方法。

3.3　通　信　干　扰

3.3.1　通信干扰的组成和分类

1. 通信干扰的基本概念

通信干扰是以破坏或者扰乱敌方通信系统的信息(语音或者数据)传输过程为目的而采取的电子攻击行动的总称。通信干扰系统通过发射与敌方通信信号相关联的某种特定形式的电磁信号,破坏或者扰乱敌方无线电通信通信过程,导致敌方的信息网络的信息传输能力被削弱甚至瘫痪。

通信干扰技术是通信对抗技术的一个重要方面,是这个领域中最积极、最主动和最富有进攻性的一个方面。下面介绍几个通信干扰技术常见的基本概念。

(1)信号和信息。

通信干扰设备是以无线电通信系统为攻击对象的人为有源干扰设施。众所周知,通信系统的基本用途就是把有用的信息通过电磁波从一个地方传送到另外一个地方。严格地说,通信系统所传送的客体不是信息,而是信号。信号可以是连续的,也可以是离散的。信息的传输是依附于信号的传输来实现的。信息是信号的一种属性,是信号内容不确定性的一种量度。信号的不确定性越大,所包含的信息也就越多,即该信号的信息量越大。

信号在通信系统的传输过程是:信息源产生信息之后首先变成某种电信号(如音频信号、数字信号等),这些信号在通信发射机中对载频进行调制,形成射频信号。被调制的射频信号(即通信信号)经处理、变换和功率放大之后经天线发射出去,经传播路径的衰耗之后被接收天线感知并由通信接收机截取,经处理并送去解调器解调得到的信息送至通信接收端,为终端所利用,完成通信过程。

(2)干扰目标。

通信干扰的对象是通信接收系统,目的是削弱和破坏通信接收系统对信号的感知、截取及信息的传输和交换能力,它并不削弱和破坏发射信号的设备。

(3)有效干扰。

现在人们还没有研究出一种能用电子技术阻止无线电波从发射机到接收机的办法。为了实现干扰,唯一可行的办法是在通信信号到达通信接收机的同时把干扰信号也送至通信接收机,干扰信号和通信信号叠加后送入通信接收机。由于解调器的非线性,因此在其输出端不仅得到了有用信号和干扰信号,还有这两种信号相互作用的杂散分量。通信干扰的有效性的表现形式有以下四种。

①通信压制。

由于干扰的存在,因此通信接收机可能被完全压制,给定时间内收不到任何有用信息或者零星的少量的有用信号,最后在终端的信息量为零。这样的干扰被称为有效干扰,或者说被完全压制了。

②通信破坏。

由于干扰的存在,因此通信接收机虽然没有被完全压制,或者通信网没有完全被中断,但在恢复信息的过程中出现了大量错误,使得有用的信息量减少,通信效能降低,则这时的通信被破坏了或被扰乱了。

③通信阻滞。

由于干扰的存在,因此通信信道容量减少,传输速率降低,单位时间内的信息量减少,传送一定信息所需的时间延长。这种延误使得通信终端不能及时获取信息,系统决策延迟,造成战机贻误,这时通信被阻滞了。

④通信欺骗。

利用敌方通信信道工作的间隙,发射与敌方通信信号特征和技术参数相同,但携带虚伪信息的假信号,用以迷惑对方,使其产生错误的行动或作出错误的决策,这时的通信被欺骗了。

(4)干信比和干扰压制系数。

无线电通信系统主要有两种形式:模拟通信系统和数字通信系统。模拟通信系统的通信质量以接收端解调输出的语音的可懂度和清晰度来度量:可懂度与解调输出信噪比有关;而清晰度与通信系统的各种失真有关。数字通信质量通常以解调器输出的误码率来度量。在评价通信干扰有效性时,也可以采用解调器输出的信噪比或者误码率作为度量指标。因此,对于模拟语音通信,当通信接收机解调输出信噪比降低到规定的门限值(干扰有效阈值)以下时,认为干扰有效;对于数字通信系统,当通信接收机解调输出误码率超过规定的门限值时,认为干扰有效。

无论是模拟通信还是数字通信,干扰是否有效不仅与干扰信号电平有关,还与通信信号电平有关。因此,有必要引入干信比的概念,以衡量干扰功率和目标通信信号功率的关系。

①干信比。

设到达通信接收机输入端的目标信号的功率为 P,干扰信号功率为 P_j,则干信比定义为通信接收机输入端的干扰功率与目标信号功率之比。

显然,干信比与目标通信系统收发设备之间的距离与发射功率、天线增益等因素有关,也与干扰机的功率、干扰天线及其与目标接收机的相对距离等因素有关。对于特定的目标通信接收机,干信比的大小与干扰机的特性有关。一般而言,为了提高干扰有效性,应尽可能提高干信比。提高干信比既可以通过提高干扰机辐射功率来实现,又可以通过改善干扰信号的传播途径(如提升干扰平台的高度)、降低传播损耗来实现。

②干扰压制系数。

干信比是否满足有效干扰的要求,还与通信系统的体制、纠错能力、抗干扰措施、采用的干扰样式、干扰方式等因素有关。通常把针对某种通信信号接收方式能够达到有效干扰所需的干信比称为干扰压制系数。

干扰压制系数与通信系统的体制关系密切,即不同的通信体制需要的干信比是不同的,也就是它的干扰压制系数是不同的。例如,对于 FM 信号,所需的干扰压制系数只要 0 dB 左右;而对于 SSB 信号,可能需要 10 dB 左右。干扰压制系数还与干扰样式有关,不同的干扰样式要求的干扰压制系数也不同,达到相同的干扰效果所需干信比最小的干扰样式称为最佳干扰样式。

(5)干通比。

通信干扰系统具有的干扰能力应体现在有效干扰距离上。有效干扰距离是一个多变量函数,它不仅与干扰设备有关,还与通信系统的体制与性能、收发信机相互之间的空间配置及其使用者的水平有关,设计时必须全面考虑。如果除去人的主观因素,有效干扰距离可用"干通比"表示。干通比定义为干扰机与干扰目标(通信接收设备)之间的距离与通信设备之间的距离的比值。干通比的选择与压制系数、干扰信号和通信信号的功率、干扰天线和通信的发射天线增益与方向图、通信接收天线方向图、通信接收系统信道带宽和干扰带宽、干扰信号与通信信号极化和传输路径不一致的系数等有关。

干扰系统输出功率是干扰能力的重要体现,但不是唯一的。为保证一定的干扰能力,增大干扰功率、减小干扰带宽(在一定限度内)和降低频率瞄准误差都是可取的。因此,在设计通信干扰系统时应该在这些技术参数之间权衡利弊,折中选取。一般情况下,干扰输出功率根据任务的不同可以是几瓦、几十瓦、几百瓦、几千瓦、几十千瓦、几百千瓦甚至更大。

2. 通信干扰的特点与分类

(1)通信干扰的特点。

①对抗性。通信干扰的目的不在于传送某种信息,而在于干扰信号去破坏敌方的通信信息。

②进攻性。通信干扰是有源的、积极的、主动的,它千方百计地杀入敌方通信系统内部去。

③先进性。通信干扰以通信为对象,必须跟踪通信技术的最新发展,并且要设法超过它。

④灵活性和预见性。为了立于不败之地,通信干扰系统的开发和研究必须注重功能的灵活性和发展的预见性。

⑤技术和战术综合性。通信干扰系统的作用不仅取决于其技术性能的优良,在很大程度上还取决于战术使用方法。

⑥系统性。通信对抗不再是局部的、个别的、点对点的对抗行动,它已是协同作战的一员,是现代战争中进行系统对抗和体系对抗不可或缺的部分。

(2)通信干扰系统的技术特点。

①工作频带宽。已经从原来的几兆赫兹发展到现在的几十千兆赫兹。

②反应速度快。目标信号在每个的频率点上的驻留时间短,必须反应速度快才行。

③干扰难度大。需要的干扰能量大,而且瞄准精度高、定向干扰困难。

④对通信网进行干扰。现代通信系统是多节点、多路由的,破坏其中一个或者几个节点并不能使系统瘫痪。因此,对系统的干扰不同于对通信设备的干扰。

⑤通信干扰的内涵。包含两种不同层面的含义:一是信号层面的干扰,主要目的是破

坏通信系统的信息传输过程;二是信息层面的干扰,关注如何破坏信息处理的过程。

(3)通信干扰的分类方法。

①按工作频段分类。按照通信干扰的工作频段分类,通信干扰设备可划分为超短波通信干扰、短波通信干扰、微波通信干扰、毫米波通信干扰等。

②按通信体制分类。按通信电台的通信体制分类,通信干扰可划分为常规通信信号的干扰、调频通信干扰、扩频通信干扰、通信网干扰等。

③按照运载平台分类。按照干扰设备的运载平台分类,通信干扰可划分为地面、车载、机载、舰载、星载通信干扰等。

④按照干扰频谱分类。按照干扰信号的频谱宽度分类,通信干扰可划分为瞄准式通信干扰、半瞄准式通信干扰、拦阻式通信干扰等。

⑤按干扰样式分类。干扰样式即干扰信号的形成方式,或用于调制干扰载频的调制信号样式,具体可分为欺骗式干扰和压制式干扰两类。欺骗式干扰是在敌方的通信信道上,模仿敌方的通信方式、语音等信号特征,冒充其通信网内的电台,发送伪造的虚假信息,从而造成敌方的判断失误和错误行动;压制式干扰是使敌方通信设备收到的有用信息模糊不清或被完全掩盖,以致通信中断,根据破坏程度可分为全压制干扰、部分压制干扰和扫频干扰。

3.通信干扰系统的组成与工作流程

(1)通信干扰系统的组成。

通信干扰系统由通信侦察引导设备、干扰信号产生设备、干扰控制和管理设备、功率放大器、天线等组成,通信干扰系统组成原理如图 3.14 所示。

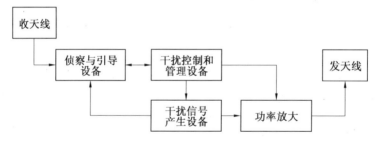

图 3.14 通信干扰系统组成原理

通信侦察引导设备主要用于目标信号进行侦察截取,分析信号参数,为干扰设备提供干扰信号的信号参数、干扰样式和干扰参数,必要时还将进行方位引导和干扰功率管理支持。它的另外一个功能是对被干扰的目标信号进行监视,检测其信号参数和工作状态的变化,及时调整干扰策略和参数。通信侦察引导设备通常有独立的接收天线,也可以与干扰发射共用天线。

干扰信号产生设备根据干扰引导参数产生干扰激励信号,形成有效的干扰样式。这种干扰激励信号可以在中频产生干扰波形,然后经适当的变换(如变频、放大、倍频),形成射频干扰激励信号,也可以直接产生射频信号。

功率放大器的作用是把小功率的干扰激励信号放大到足够的功率水平。干扰设备输出的干扰功率与干扰距离成正比,干扰距离越远,所需的功率越大。在宽频段干扰时,功率放大器是分频段实现的。

发射天线是干扰设备的能量转换器,它把电信号转换为电磁波能量,并且指定空域辐射。对发射天线的基本要求是具有宽的工作频段、大的功率容量、小的驻波比、高的辐射效率和高的天线增益。

干扰管理和控制设备是侦察引导和干扰产生的桥梁,它管理和控制整个干扰系统的工作,并根据侦察引导设备提供的被干扰目标的参数进行分析和决策,对干扰资源进行优化和配置,选择最佳干扰样式和干扰方式,控制干扰功率和方向,最大地发挥干扰的性能。

(2)通信干扰系统的工作流程。

①干扰机的第一阶段,引导阶段。为了实现对通信信号的有效干扰,必须满足一定的重合条件。重合条件是指干扰信号与通信信号在频域、时域和空域重合,如果某个域不重合,将难以发挥其最大功效。因此,侦察引导设备需要获得通信信号的技术参数,包括通信信号的频率、调制样式、持续时间等。

②干扰机的第二阶段,干扰阶段。干扰阶段开始之前,干扰管理与控制设备必须根据引导设备提供的各种参数形成决策干扰,然后按照既定的干扰模式进行干扰。此时,干扰设备产生在频率、时间和方向上满足重合条件的干扰信号。

③干扰机的第三阶段,监视阶段。在实施了一定时间的干扰后,暂时停止干扰,对通信信号进行检测,并判断状态。如果该信号消失,则停止干扰;如果通信信号转移到其他信道,则下阶段调整干扰频率;如果没有发生变化,则继续进行干扰。

通信干扰的工作流程如图 3.15 所示,设通信电台 A 向电台 B 发出呼叫,B 做出回答。同时,电台 A 的呼叫在时刻 t_0 到达干扰机,侦察引导设备对其进行分析处理,得到它的频率、调制样式、带宽、方向等,以此来确定接收机的方位,并调整干扰波束方向,引导干扰机在 t_1 时刻发射干扰信号,持续一定时间($T=t_2-t_1$),并在 t_2 时刻暂停,对目标进行监视($T_{lock}=t_3-t_2$)。如果信号消失,则停止干扰;如果信号没有消失,则在 t_3 时刻重新干扰;如果出现新的信号(如 B 的回答信号),则重新进入引导状态,使干扰波束指向 B,开始新一轮干扰,直到干扰任务结束为止。

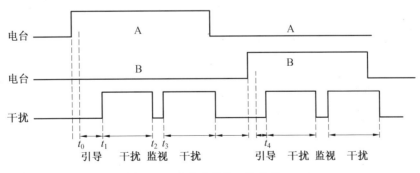

图 3.15　通信干扰的工作流程

3.3.2 通信信号干扰样式分析

1.概述

(1)通信干扰作用于模拟通信系统。

①干扰对话音的影响分析。

话音通信设备是最常见的模拟通信系统(连续信息传输系统),话音通信传送的信息是语言和其他声音,话音通信接收系统终端的判决与处理机构是人,人的听力是耳与脑共同感知的结果,包括感受和判断两个过程。因此,当人从干扰的背景下判听话音信号时,就必然会受干扰的影响,这些干扰对话音的影响表现在以下几个方面。

a.压制效应。当干扰声响足够强大时,人们无法集中精力于对话音信号的判听;当干扰声响足够大而接近或达到人耳的痛阈时,听者因本能的保护行动而失去对话音信号的判听能力。

b.掩蔽效应。当干扰声响与话音信号的统计结构相似时,话音信号被搅扰,并淹没于干扰之中,使听者难以从这种混合声响中判听信号。

c.牵引效应。当干扰是一种更有趣的语言,或是节奏强烈的音乐,或是旋律优美的乐曲,或是能强烈唤起人们想往的某种声响时,如田园中静谧夜空下的蛙鸣、狂欢节的喧闹声等,都能使听者的感情引起某种同步与共鸣,听者会不由自主地将注意力趋向于这些声响,从而失去对有用信号的判听能力,这就是牵引效应。

在通信接收系统终端,要压制话音信号,所需的声响强度是很大的。实践证明,为了有效地压制话音信号,所需的干扰声响强度必须是信号的数倍乃至数十倍才行。当然,并不一定要在通信接收系统输入端产生数倍乃至数十倍于信号的干扰功率,若选择恰当的干扰样式,可以用较小的干扰功率取得较好的干扰效果。

②干扰作用于调幅通信设备。

a.话音调幅信号的频谱。一个话音调幅信号的频谱包含着一个载频和两个边带,其载频并不携带信息,所有信息都存在于边带之中。一个总功率为 P_s 的调幅信号,如果其调制深度为 $m(m{\leqslant}1)$,则其载频与边带之间的功率分配是

$$\frac{边带功率}{载频功率}=\frac{m^2}{2} \tag{3.65}$$

可见,至少有2/3功率被无用载波占有。

b.对话音信号干扰有效的机理。从施放干扰的角度讲,为了对通信造成有效的干扰,并不需要压制其无用的载频,而只需覆盖并压制其携带信息的边带,因此没有必要发射不携带干扰信息的干扰载波。从另一角度讲,发射调幅干扰需要发射机工作在有载波状态,这也不利于充分利用干扰发射机的功率。

现在假定干扰信号的频谱只有两个与信号频谱相重叠的边带,且没有载波,这样的干扰与有用的通信信号同时作用于通信接收系统,在接收设备解调器的输出端便可得到四种信号,即通信信号的边带与其载频差拍得到的话音信号(有用信号)、干扰边带与通信信号载频差拍得到的干扰声响(干扰信号)、干扰分量之间差拍得到的干扰声响(干扰信号)、

干扰边带频谱各分量与通信信号边带频谱各分量相互作用得到的低频干扰声响(干扰信号)。

由此可见,在通信接收系统解调输出端得到的干扰功率为后三部分之和。分析表明,通信接收系统解调输出的干扰功率与信号功率之比是输入端干信比和信号调幅度的函数。只要通信接收系统输入端的干信比不等于零,解调输出端的干扰功率与信号功率之比就总是能够大大高于接收系统输入端的干信比,这就是对话音信号产生有效干扰的关键机理所在。

c.对调幅设备的最佳干扰是准确瞄准式干扰,当然,上述简单分析中并没有考虑到载频重合误差的问题。事实上,干扰的中心频率与信号的载频不可能总是对准的,其间存在的偏差值就是载频重合误差,用 Δf 表示。当 $\Delta f = 0$ 时,干扰频谱可以与信号频谱较好地重合;当 $\Delta f \neq 0$ 时,随着 Δf 的增加,解调输出的干扰分量将趋于离散,与信号频谱相重叠的部分减少了,对信号频谱结构的搅扰和压制作用就将减弱。因此,对调幅通信设备的干扰以准确瞄准式干扰为最好。

③干扰作用于调频通信设备。

a.调频通信与调幅通信的差别。调频通信与调幅通信的不同之处在于调频通信在解调之前,为了抑制寄生调幅的影响增加了一个限幅器,另外,调频通信的解调器是鉴频器。

b.调频设备的门限效应。一个话音调频的通信信号和一个噪声调频的干扰信号同时通过调频解调器,情况是比较复杂的,精确计算比较困难,只能做定性的说明。

调频通信设备使用了限幅器,产生了人们熟知的门限效应,也就是说当通信信号强于干扰信号时,干扰受到抑制,通信几乎不受影响。但随着干扰强度的增大,当干扰超过"门限"时,通信接收设备便被"俘获",这时强的干扰信号抑制了弱的通信信号。当干扰足够强时,通信接收设备只响应干扰信号而不响应通信信号,在这种情况下,通信完全被压制了。因此,在调频通信中,"搅扰"并不多见,"压制"倒是经常发生。

(2)通信干扰作用于数字通信系统。

①数字通信系统的基本特点。

数字通信系统传输的是数字信息,这些数字信息可能来源于模拟信号或者离散信号。模拟信号经过量化与编码转换为数字信号。不管数字信息的来源如何,当它们在数字通信系统中传输时,其本质上都是一种二进制比特流。原始的二进制比特流进入通信系统后,一般需要经过信源编码与纠错编码处理,转换为一种可满足特定传输要求的二进制比特流(数字基带信号)。数字基带信号实际上是一种按照某种规则进行编码的二进制序列。在这个序列中,除了包含原始的信息外,还包含有各种同步信息,如位同步信息、帧同步信息、群同步信息等。同步信息对于接收方恢复原始信息是十分重要的。

将数字基带信号在数字调制器中进行调制后得到数字调制信号。数字调制信号的基本调制方式包括幅度调制(AM)、频率调制(FM)和相位调制(PM)等。此外,还有幅度相位联合调制(PAM)、正交多载波调制(OFDM)等先进的调制方式。在无线通信信道中传输的通信信号通常都是数字调制信号。

在通信接收机中,数字调制信号经过解调器解调后恢复为数字基带信号,数字基带信号经过与发送方相反的译码过程转换为原始数字信息。尽管通信接收机的解调器的形式很多,但是按照其基本原理可以分为两类:一类是非相干解调器,如包络检波器;另一类是相干解调器。二者的主要差别是,非相干解调器不需要本地相干载波就可以实现解调,而相干解调器必须利用本地相干载波才能实现解调,也就是说后者的解调过程需要载波同步。在对数字调制信号解调后,为了正确和可靠地恢复数字基带序列,解调器必须在正确的时间进行抽样与判决,而正确的抽样时间是由位同步单元保证的。在恢复数字基带信号后,还需要对它进行相应的译码变换处理,才能还原出通信信号携带的原始数字信息。在译码变换过程中,译码器需要利用帧同步或群同步信息等,才能得到正确的结果。

②干扰数字通信系统的可行途径。

从上面的数字通信系统的工作特点可以看出,干扰信号进入通信系统的有效途径是通信信道。通信接收机从信道中选择己方的发射信号,该信号的参数(如频率、调制方式和参数等)是收发双方预先约定好的。如果信道中存在干扰信号,只要干扰信号的频率落入通信接收机带宽内,通信接收机就允许干扰信号进入接收机。因此,进入通信接收机的干扰信号和通信信号之间的关系是叠加关系。在通信接收机的解调和译码过程中,二者间的这种叠加关系使得干扰信号与通信信号始终处于一种竞争过程。如果干扰获得了优势,那么干扰就有效;否则,干扰就无效或者不能发挥作用。

根据数字通信系统的特点,干扰数字通信的可行途径如下。

a. 对信道的干扰。它是针对通信系统的解调器的特点施加的干扰。当解调器输入端的干扰信号与通信信号叠加后,包含干扰信号的合成信号会扰乱解调器的门限判决过程,造成判决错误,使其传输误码率增加。

各种压制干扰可以用于实施信道干扰,随着解调器输出干信比的增加,解调器输出误码率增加。误码率的增加意味着正确传输的信息量减少和通信线路的效能降低,当误码率达到某一值(如对某一通信系统为0.5)时,就认为通信传输过程已被破坏,干扰有效。

b. 对同步系统的干扰。它是针对通信系统的同步系统的特点施加的干扰,其目的是破坏或者扰乱数字通信系统中接收设备与发信设备之间的同步,使其难以正确地恢复原始信息。被破坏或者扰乱的同步环节包括:破坏或者扰乱解调过程中的载波同步或者位同步环节,引起解调输出误码率的增加;破坏或者扰乱译码器的译码过程中的帧同步或者群同步,使译码器输出误码率的增加;破坏或者扰乱某些通信系统的同步码,如帧同步信息、网同步信息等,造成其同步失步,不能恢复信息。虽然多数通信系统在失步之后可以在短时间内恢复,但有效干扰造成的持续或反复失步仍可使数字通信系统瘫痪。

对同步系统的干扰既可以采用压制干扰,也可以采用欺骗干扰。压制干扰主要用于干扰解调过程中的同步环节,欺骗干扰主要用于干扰通信系统的同步码。

c. 对传输信息的干扰。它是针对通信系统的传输的信息施加的干扰,利用与通信信号具有相同的调制方式和调制参数,但是携带虚假信息内容的欺骗干扰,在通信系统恢复的信息中掺入虚假信息,引起信息混乱和判读错误。

前两种干扰途径是针对信号传输实施的干扰,相对比较容易实现,因此也是目前通信干扰的主要方式。而对传输信息的干扰难度比前两种干扰难度大得多,原因是军事通信系统通常对信息进行了加密,而要获得其加密方法和密钥是十分困难的。

干扰信号的参数通常与被干扰的通信信号的参数是有关的。分析和实践证明,任何一种与通信信号的时域、频域、调制域特性相近,功率相当的干扰信号进入数字通信接收机都可能搅乱解调器或者编码器的正常工作,从而有效地增加其误码率。一个与通信信号的时域、频域特性相似,功率相当的带限高斯白噪声也可以有效地破坏数字通信系统的工作。

2. 对 AM 通信信号的干扰

最重要和最常用的模拟调制方式就是用正弦波作为载波的幅度调制和角度调制。幅度调制是用调制信号控制高频载波的幅度,使之随调制信号做线性变化的过程。对 AM 信号的解调可采用非相干解调和相干解调,实际中 AM 波解调很少使用相干解调,更多的是利用包络检波器的非相干解调。基于这一考虑,我们对 AM 信号干扰的分析采用以下思路。

当对 AM 信号采用非相干解调时,确定干扰条件下理想包络检波器的输出模型。以该模型为基础,结合不同的干扰项,考虑干扰小于信号和干扰大于信号这两种情况下的输出信噪比,来衡量对 AM 信号的干扰效果。

任意调幅信号为

$$S_{AM} = (A + m(t)) \cos (\omega_c t + \varphi_s) \tag{3.66}$$

式中,$m(t)$ 为基带信号;A 为直流成分;$\omega_c t$ 为载波频率;φ_s 为信号的初始相位。

为分析方便,设 $\varphi_s = 0$,则

$$S_{AM} = (A + m(t)) \cos \omega_c t \tag{3.67}$$

干扰信号的一般形式可写成

$$j(t) = J(t) \cos(\omega_j t + \varphi_j(t)) \tag{3.68}$$

式中,$J(t)$ 为干扰振幅;ω_j 为干扰载频;$\varphi_j(t)$ 为干扰相位。

假设干扰能够通过接收机的通带而不被抑制,则信号与干扰的合成信号为

$$x(t) = S_{AM}(t) + j(t) = (A + m(t)) \cos \omega_c t + J(t) \cos \omega_j t + \varphi_j(t)$$

$$= \{A + m(t) + J(t) \cos [(\omega_j - \omega_c) t + \varphi_j(t)] \} \cdot$$

$$\cos \omega_c t - J(t) \sin [(\omega_j - \omega_c) t + \varphi_j(t)] \sin \omega_c t \tag{3.69}$$

利用三角恒等式可得

$$x(t) = R(t) \cos (\omega_c t + \theta(t)) \tag{3.70}$$

式中,有

$$R(t) = \{(A + m(t))^2 + J^2(t) + 2(A + m(t)) J(t) \cos [(\omega_j - \omega_c) t + \varphi_j(t)] \}^{\frac{1}{2}} \tag{3.71}$$

$$\theta(t) = \arctan \frac{J(t) \sin [(\omega_j - \omega_c) t + \varphi_j(t)]}{A + m(t) + J(t) \cos [(\omega_j - \omega_c) t + \varphi_j(t)]} \tag{3.72}$$

瞬时振幅 $R(t)$ 相对于 ω_c 做缓慢变化,则理想包络检波器的输出与 $R(t)$ 成比例,设检波器系数为 1,此时理想包络检波器的输出 $x_0(t)$ 为

$$x_0(t) = (A + m(t)) \left\{ 1 + 2 \frac{J(t)}{A + m(t)} \cos \left[(\omega_j - \omega_c) t + \varphi_j(t) \right] + \frac{J(t)^2}{A + m(t)^2} \right\}^{\frac{1}{2}} \tag{3.73}$$

3. 对 FM 通信信号的干扰

设 FM 信号表示为

$$\begin{cases} s(t) = A\cos(\omega_0 t + \varphi_s(t)) \\ \varphi_s(t) = k_{fs} \displaystyle\int_{-\infty}^{t} m(\tau) \, d\tau \end{cases} \tag{3.74}$$

式中,A 是信号幅度;ω_0 是信号的载波频率;k_{fs} 是最大角频偏;s 是基带调制信号。

干扰信号为

$$\begin{cases} j(t) = J(t)\cos(\omega_j t + \varphi_j(t)) \\ \varphi_j(t) = k_{fj} \displaystyle\int_{-\infty}^{t} m_j(\tau) \, d\tau \end{cases} \tag{3.75}$$

式中,$J(t)$ 是干扰信号的包络;ω_j 是中心频率;$\varphi_j(t)$ 是相位函数;k_{fj} 是干扰的最大角频偏。为分析方便,假设干扰信号可以通过接收机通带而不被抑制。不考虑噪声的影响,则进入接收机的合成信号为

$$x(t) = s(t) + j(t) = A\cos(\omega_0 t + \varphi_s(t)) + J(t)\cos(\omega_j t + \varphi_j(t)) \tag{3.76}$$

利用三角恒等式,可以将式子重新写为

$$x(t) = R(t)\cos(\omega_0 t + \theta(t)) \tag{3.77}$$

式中,$R(t)$ 是合成信号的瞬时包络;$\theta(t)$ 是瞬时相位。$R(t)$ 和 $\theta(t)$ 分别为

$$R(t) = A \left\{ 1 + 2 \frac{J(t)}{A} \cos \left[(\omega_j - \omega_o) t + \varphi_j(t) - \varphi_s(t) \right] + \frac{J^2(t)}{A^2} \right\}^{\frac{1}{2}} \tag{3.78}$$

$$\theta(t) = \varphi_s(t) + \arctan \left\{ \frac{J(t)\sin\left[(\omega_j - \omega_o) t + \varphi_j(t) - \varphi_s(t) \right]}{A + J(t)\cos\left[(\omega_j - \omega_o) t + \varphi_j(t) - \varphi_s(t) \right]} \right\} \tag{3.79}$$

FM 信号通常使用鉴频器进行解调。FM 信号解调器模型如图 3.16 所示。

图 3.16 FM 信号解调器模型

鉴频解调器输出正比于合成信号的瞬时频率,其输出与干扰和信号的相对幅度比有关。

4. 对 SSB 通信信号的干扰

AM 信号经常使用单边带(SSB)形式,SSB 形式为

$$s(t) = m(t)\cos\omega_0 t \mp \hat{m}(t)\sin\omega_0 t \tag{3.80}$$

式中,ω_0 是信号的载波频率;$m(t)$ 是基带调制信号;$\hat{m}(t)$ 是 $m(t)$ 的 Hilbert 变换。在式中取"$-$"号对应上边带,取"$+$"号对应下边带。

干扰信号为

$$j(t) = J(t)\cos\left[\omega_j t + \varphi_j(t) \right] \tag{3.81}$$

式中，$J(t)$ 是干扰信号的包络；ω_j 是中心频率；$\varphi_j(t)$ 是相位函数。通信接收机输入端的合成信号为

$$x(t) = s(t) + j(t) = m(t)\cos \omega_0 t \mp \hat{m}(t)\sin \omega_0 t + J(t)\cos(\omega_j t + \varphi_j(t)) \quad (3.82)$$

SSB 信号通常采用相干解调器解调，用本地载波与式(3.85)相乘并滤除高频分量后，得到相干解调器的输出为

$$x_0(t) = x(t)\cos \omega_0 t = \frac{1}{2}m(t) + \frac{1}{2}J(t)\cos[(\omega_j - \omega_0)t + \varphi_j(t)] \quad (3.83)$$

式中，第一项为信号分量，第二项为干扰分量。因此，解调器输出的音频干信比为

$$\mathrm{JSR}_0 = \frac{P_{j0}}{P_{s0}} = \frac{\overline{\left\{\frac{1}{2}J(t)\cos[(\omega_j - \omega_0)t + \varphi_j(t)]\right\}^2}}{\overline{\left(\frac{1}{2}m(t)\right)^2}} = \frac{1}{2}\frac{\overline{J^2(t)}}{\overline{m^2(t)}} \quad (3.84)$$

解调器输入的音频干信比为

$$\mathrm{JSR}_i = \frac{1}{2}\frac{\overline{J^2(t)}}{\overline{s^2(t)}} = \frac{\frac{1}{2}\overline{J^2(t)}}{\frac{1}{2}\overline{m^2(t)} + \frac{1}{2}\overline{\hat{m}^2(t)}} = \frac{1}{2}\frac{\overline{J^2(t)}}{\overline{m^2(t)}} \quad (3.85)$$

可见，解调器输入干信比与输出干信比相同。

注意：在上述分析中，假设了音频干扰信号可以全部通过解调器之前的滤波器。SSB 解调器在解调之前可能还设有上边带或者下边带滤波器，干扰信号通过这样的边带滤波器后，其干扰能量会发生变化。

5. 对 2ASK 通信信号的干扰

2ASK 信号可以表示为

$$s(t) = \begin{cases} A\cos \omega_c t, & \text{发送"1"时} \\ 0, & \text{发送"0"时} \end{cases} \quad (3.86)$$

设干扰信号为

$$j(t) = J(t)\cos(\omega_j t + \varphi_j) \quad (3.87)$$

到达目标通信接收机输入端的信号、干扰和噪声的合成信号为

$$x(t) = \begin{cases} A\cos \omega_c t + J(t)\cos(\omega_j t + \varphi_j) + n(t), & \text{发送"1"时} \\ J(t)\cos(\omega_j t + \varphi_j) + n(t), & \text{发送"0"时} \end{cases} \quad (3.88)$$

式中，$n(t)$ 为信道的窄带高斯噪声，假定它的均值为 0，方差为 σ_n^2。窄带高斯噪声可以表示为

$$n(t) = n_c(t)\cos \omega_c t - n_s(t)\sin \omega_c t \quad (3.89)$$

6. 对 2FSK 通信信号的干扰

2FSK 信号在一个码元持续时间内可以表示为

$$s(t) = \begin{cases} A\cos \omega_1 t, & \text{发送"1"时} \\ A\cos \omega_2 t, & \text{发送"0"时} \end{cases} \quad (3.90)$$

设目标通信接收机采用非相干解调器（即包络解调器）解调信号。该解调器有两个独立的通道：使频率 ω_1 通过的通道称为"传号"通道；使频率 ω_2 通过的通道称为"空号"通道。

2FSK 信号的包络解调器模型如图 3.17 所示。

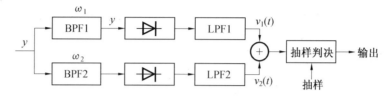

图 3.17　2FSK 信号的包络解调器模型

设单音干扰信号与目标信号的频率完全重合，则它可以表示为

$$j(t) = A_{j1}\cos(\omega_1 t + \varphi_{j1}) + A_{j2}\cos(\omega_2 t + \varphi_{j2}) \tag{3.91}$$

发"1"时，传号通道和空号通道输出的合成信号分别为

$$x_{11}(t) = A\cos(\omega_1 t) + A_{j1}\cos(\omega_1 t + \varphi_{j1}) + n_1(t)$$
$$= B_1\cos(\omega_1 t + \varphi_1) + n_1(t) \tag{3.92}$$

$$x_{12}(t) = A_{j2}\cos(\omega_2 t + \varphi_{j2}) + n_2(t) \tag{3.93}$$

式（3.92）中，有

$$B_1^2 = A^2 + 2AA_{j1}\cos\varphi_{j1} + A_{j1}^2 \tag{3.94}$$

$$\varphi_1 = \arctan\frac{A_{j1}\sin\varphi_{j1}}{A + A_{j1}\cos\varphi_{j1}} \tag{3.95}$$

分别为合成信号的包络和相位。$n_1(t)$ 和 $n_2(t)$ 分别是传号通道和空号通道输出的窄带高斯噪声，它包括两个部分：一部分是接收机内部噪声 N_t，另一部分是有意干扰噪声 N_j。设其平均功率（方差）为

$$\begin{cases} N_1 = N_t + N_{j1} \\ N_2 = N_t + N_{j2} \end{cases} \tag{3.96}$$

同理，发"0"时，传号通道和空号通道输出的合成信号分别为

$$x_{01}(t) = A_{j1}\cos(\omega_1 t + \varphi_{j1}) + n_1(t) \tag{3.97}$$

$$x_{02}(t) = A\cos(\omega_2 t) + A_{j2}\cos(\omega_2 t + \varphi_{j2}) + n_2(t) = B_2\cos(\omega_2 t + \varphi_2) + n_2(t) \tag{3.98}$$

式中

$$B_2^2 = A^2 + 2AA_{j2}\cos\varphi_{j2} + A_{j2}^2 \tag{3.99}$$

$$\varphi_2 = \arctan\frac{A_{j2}\sin\varphi_{j2}}{A + A_{j2}\cos\varphi_{j2}} \tag{3.100}$$

发"1"或"0"时，传号通道和空号通道输出的合成信号是个随机过程，当采用包络检波器检测时，输出包络均服从广义瑞利分布。检测器对传号通道和空号通道进行判决。当传号通道输出大于空号通道输出时，判决为"1"；否则，判决为"0"。可以证明，发"1"或"0"时的错误概率分别为

$$P_{e1} = Q\left(\frac{A_{j2}}{\sqrt{N_0}}, \frac{B_1}{\sqrt{N_0}}\right) - \frac{N_1}{N_0}e^{-\frac{B_1^2 + A_{j2}^2}{2N_0}}I_0\left(\frac{B_1 A_{j2}}{N_0}\right) \tag{3.101}$$

$$P_{e0} = Q\left(\frac{A_{j1}}{\sqrt{N_0}}, \frac{B_2}{\sqrt{N_0}}\right) - \frac{N_2}{N_0} e^{-\frac{B_2^2+A_{j1}^2}{2N_0}} I_0\left(\frac{B_2 A_{j1}}{N_0}\right) \tag{3.102}$$

式中，$I_0(\cdot)$ 是零阶贝赛尔函数，$N_0 = N_1 + N_2$。当发"1"和发"0"等概率时，总的误码率为

$$P_e = \frac{1}{2}(P_{e1} + P_{e0}) \tag{3.103}$$

式 (3.101) 是在单音干扰初始相位已知的条件下的误码率的表达式。一般情况下，单音干扰的初始相位是 $[0,2\pi]$ 内均匀分布的随机变量，此时总误码率为

$$P_e = \frac{1}{4\pi}\int_0^{2\pi}(P_{e1} + P_{e0})\mathrm{d}\varphi \tag{3.104}$$

7. 对 2PSK 通信信号的干扰

2PSK 信号在一个码元持续时间内可以表示为

$$s(t) = \begin{cases} A\cos \omega_0 t, & \text{发送"1"时} \\ -A\cos \omega_0 t, & \text{发送"0"时} \end{cases} \tag{3.105}$$

设干扰为单音信号和噪声，当单音干扰载波相位 $\varphi_{j,k}$ 是 $[0,2\pi]$ 内均匀分布的随机变量时，合成信号为

$$\begin{cases} x(t) = s(t) + j(t) + n(t) \\ x_1(t) = A\cos \omega_0 t + A_{j1}\cos(\omega_j t + \varphi_{j1}) + n_1(t), & \text{发送"1"时} \\ x_0(t) = -A\cos \omega_0 t + A_{j0}\cos(\omega_j t + \varphi_{j0}) + n_0(t), & \text{发送"0"时} \end{cases} \tag{3.106}$$

式中，$n_1(t)$ 和 $n_0(t)$ 是窄带高斯噪声，其均值为 0，方差（平均功率）分别为 N_1 和 N_0，它包括信道噪声和人为干扰噪声两部分，二者是统计独立的，并且满足 $N_1 = N_t + N_{j1}$，$N_0 = N_t + N_{j0}$。

设目标通信接收机采用相干解调器解调 2PSK 信号。该解调器有一个通道，它将本地载波与信号相乘后，经过低通滤波，然后进行判决，恢复信息码元。2PSK 信号的相干解调器模型如图 3.18 所示。

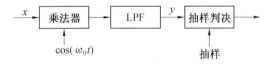

图 3.18 2PSK 信号的相干解调器模型

当单音干扰频率与目标信号的频率完全重合时，低通滤波器实际上是在一个码元持续时间 T 内对输入信号的积分，其输出在发"1"和发"0"时分别为

$$\begin{cases} v_1(t) = \frac{A^2}{2}T + \frac{AA_{j1}\cos \varphi_{j1}}{2}T + \frac{A}{2}\int_{nT}^{(n+1)T} n_{c1}(t)\mathrm{d}t \\ v_0(t) = -\frac{A^2}{2}T + \frac{AA_{j0}\cos \varphi_{j0}}{2}T + \frac{A}{2}\int_{nT}^{(n+1)T} n_{c0}(t)\mathrm{d}t \end{cases} \tag{3.107}$$

式中，$n_{c0}(t)$ 和 $n_{c1}(t)$ 是噪声的同相分量，它仍然是窄带高斯噪声，其均值分别为

$$\begin{cases} \mu_1 = E\{v_1(t)\} = \dfrac{A^2}{2}T + \dfrac{AA_{j1}\cos\varphi_{j1}}{2}T \\ \mu_0 = E\{v_0(t)\} = -\dfrac{A^2}{2}T + \dfrac{AA_{j0}\cos\varphi_{j0}}{2}T \end{cases} \tag{3.108}$$

其方差分别为

$$\begin{aligned} \sigma_1^2 &= E\big[(v_1(t)-\mu_1)^2\big] = E\left[\left(\frac{A}{2}\int_{nT}^{(n+1)T} n_{c1}(t)\mathrm{d}t\right)^2\right] \\ &= \frac{A^2}{4}\int_{nT}^{(n+1)T}\int_{nT}^{(n+1)T} E\big[n_{c1}(\tau)n_{c1}(t)\big]\mathrm{d}\tau\mathrm{d}t \\ &= \frac{A^2}{4}n_{10}T \end{aligned} \tag{3.109}$$

$$\sigma_0^2 = E\{(v_0(t)-\mu_0)^2\} = \frac{A^2}{4}n_{00}T \tag{3.110}$$

式中，n_{10} 和 n_{00} 分别为噪声 $n_{c1}(t)$ 和 $n_{c0}(t)$ 的单边带功率谱密度。

因此，在发"1"和发"0"时，低通滤波器输出的抽样值 $v_1 = v_1(t_0)$ 和 $v_0 = v_0(t_0)$ 分别是 $N(\mu_1,\sigma_{12})$ 和 $N(\mu_0,\sigma_{02})$ 的高斯变量，其概率密度函数为

$$p_{vk}(x) = \frac{1}{\sqrt{2\pi}\sigma_k}\mathrm{e}^{-\frac{(x-\mu_k)^2}{2\sigma_k^2}},\quad k=0,1 \tag{3.111}$$

发"1"的错误概率为

$$P_{e1} = \int_{-\infty}^{0} p_{v1}(x)\mathrm{d}x = 1 - \int_{0}^{\infty} p_{v1}(x)\mathrm{d}x = 1 - Q\left(-\frac{\mu_1}{\sigma_1}\right) = Q\left(\frac{\mu_1}{\sigma_1}\right) \tag{3.112}$$

发"0"的错误概率为

$$P_{e0} = \int_{0}^{\infty} p_{v0}(x)\mathrm{d}x = Q\left(-\frac{\mu_0}{\sigma_0}\right) = 1 - Q\left(\frac{\mu_0}{\sigma_0}\right) \tag{3.113}$$

当发"1"和发"0"等概率时，总的误码率为

$$P'_e = \frac{1}{2}(p_{e0} + p_{e1}) = \frac{1}{2}\left(1 + Q\left(\frac{\mu_1}{\sigma_1}\right) - Q\left(\frac{\mu_0}{\sigma_0}\right)\right) \tag{3.114}$$

把均值和方差及 $n_{10} = \dfrac{N_1}{\frac{B}{2}}$，$n_{00} = \dfrac{N_0}{\frac{B}{2}}$ 代入式(3.120)，得到

$$P'_e = \frac{1}{2}\left(1 + Q\left(\sqrt{\frac{A^2TB}{2N_1}} + \sqrt{\frac{A_{j1}^2TB}{2N_1}}\cos\varphi_{j1}\right)\right) - \frac{1}{2}Q\left(-\sqrt{\frac{A^2TB}{2N_0}} + \sqrt{\frac{A_{j0}^2TB}{2N_0}}\cos\varphi_{j0}\right) \tag{3.115}$$

式中，B 为积分带宽，并且 $BT \approx 1$。这样，式(3.115)可简化为

$$P'_e = \frac{1}{2}\left(1 + Q\left(\sqrt{\frac{A^2}{2N_1}} + \sqrt{\frac{A_{j1}^2}{2N_1}}\cos\varphi_{j1}\right)\right) - \frac{1}{2}Q\left(-\sqrt{\frac{A^2}{2N_0}} + \sqrt{\frac{A_{j0}^2}{2N_0}}\cos\varphi_{j0}\right) \tag{3.116}$$

或者

$$P'_e = \frac{1}{2}\left(Q\left(\sqrt{\frac{A^2}{2N_1}} + \sqrt{\frac{A_{j1}^2}{2N_1}}\cos\varphi_{j1}\right)\right) + \frac{1}{2}Q\left(\sqrt{\frac{A^2}{2N_0}} - \sqrt{\frac{A_{j0}^2}{2N_0}}\cos\varphi_{j0}\right) \tag{3.117}$$

考虑到单音干扰的初始相位是随机变量,总误码率应该修正为

$$P'_e = \frac{1}{4\pi}\int_0^{2\pi} Q\left(\sqrt{\frac{A^2}{2N_1}} + \sqrt{\frac{A_{j1}^2}{2N_1}} \cos \varphi_{j1}\right) \mathrm{d}\varphi_{j1} + \frac{1}{4\pi}\int_0^{2\pi} Q\left(\sqrt{\frac{A^2}{2N_0}} + \sqrt{\frac{A_{j0}^2}{2N_0}} \cos \varphi_{j0}\right) \mathrm{d}\varphi_{j0}$$

$$(3.118)$$

3.3.3 通信干扰的基本原理

1. 通信干扰方法

(1)瞄准式干扰。

瞄准式干扰是一种窄带干扰。当干扰频谱与信号频谱的带宽相等或近似相等,在频率轴上的位置以及出现的时间完全重合或近似于完全重合时,这种干扰称为准确瞄准式通信干扰,简称瞄准式干扰。瞄准式干扰的频率关系示意图如图 3.19 所示。

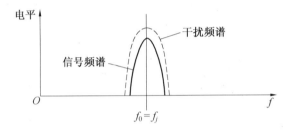

图 3.19 瞄准式干扰的频率关系示意图

瞄准式干扰的功率集中,干扰频带较窄,干扰能量几乎全部用于压制被干扰的通信信号,干扰功率利用率高,干扰效果好。其缺点是一部干扰机只能干扰一个信号,并且需要精确的干扰频率引导,对干扰发射机的频率稳定度要求高。

(2)半瞄准式干扰。

半瞄准式干扰也是窄带干扰。干扰频谱的宽度稍大于信号带宽,干扰频谱在频率轴上的位置完全覆盖信号,其出现的时间与信号近似于重合的干扰称为半瞄准式干扰。其干扰信号的中心频率与通信信号频率不一定重合,并且干扰带宽与通信信号可能会部分重合。半瞄准式干扰的频率关系示意图如图 3.20 所示。

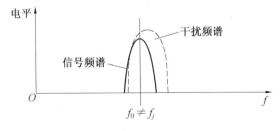

图 3.20 半瞄准式干扰的频率关系示意图

半瞄准式干扰的特点与瞄准式干扰基本相同,但是其干扰功率利用率比瞄准式低。它通常作为一种备用形式,当不能即时得到引导时可以发挥作用。

（3）拦阻式干扰。

拦阻式干扰属于宽带干扰。干扰频谱宽度远大于信号带宽，甚至一个干扰信号可覆盖多个通信信道，且干扰存在时间大于信号存在时间，也就是说在频谱上和时间上都可以同时干扰多个通信信号的干扰称为拦阻式干扰。

拦阻式干扰依其频谱形式可分为连续频谱拦阻式干扰、部分频带拦阻式干扰和梳状谱拦阻干扰。连续频谱拦阻式干扰的频率关系示意图如图 3.21 所示。

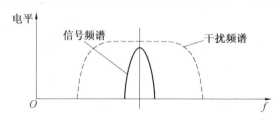

图 3.21   连续频谱拦阻式干扰的频率关系示意图

拦阻式干扰不需要精确的频率引导，设备相对简单，可以同时对付多个通信电台。其缺点是干扰功率分散且效率不高。

在很多情况下，通信干扰机同时具有瞄准干扰和拦阻干扰能力，以适应各种干扰任务的要求。

2. 有效干扰准则和干扰能力

（1）有效干扰的基本准则。

通信系统作为一种信息传输载体，有一个传输能力问题，它通常用信道容量描述。在通信系统中，信道容量有三个基本要素，即信道的作用时间 T、信道频带宽带 B 和信道功率裕量 P。因此，通常用 $V = T \times B \times P$ 表示通信信道空间中的一个体积，这个体积表明了信道能够包容的最大容量，它就是信道容量。任何在这个信道中无失真传输的信号都应该包容在这个体积中。信道中传输信号的时间、带宽和功率构成的信号体积 $V_s = T_s \times B_s \times P_s$ 不能大于信道体积 V，才能实现信号的有效传输。

类似地，一个有效的通信干扰信号也可以用干扰三要素表示，即干扰的作用时间 T_j、干扰带宽 B_j 和干扰功率 P_j。有效干扰的空间体积 $V_j = T_j \times B_j \times P_j$ 不能小于信号体积 V_s，同时又不能大于信道体积 V。下面分别对有效干扰的几个基本准则进行说明。

① 时域准则。

a.时域重合性。对于通信侦察系统而言，它对所截获的通信信号缺乏先验知识，也就是说对信号的出现时间和所携带的信息都缺乏先验知识。因此，为了获得有效干扰，就必须采取尽可能有效的措施保证干扰与通信信号在时间上重合。如果时域跟踪不上、重合不了，就会导致在敌方通信时没有发出干扰，通信方受不到干扰；而在通信停止时又发出干扰，既浪费干扰能量又暴露了自己。

b.时域特征的一致性。时域准则的另一方面是指干扰信号和通信信号在时域特征上的一致性。通信信号和干扰信号都是时间的函数，二者的时域特征不一致时，有利于通信接收机从干扰背景中提取有用信号。因此，为了保证干扰有效，就需要尽可能减小二者在时域特征上的差异。一般而言,最佳干扰样式是时域特征最类似的干扰样式。

② 频域准则。

通信系统传输的信息都是对通信载频信号进行某种调制形成的。调制之后,已调波的带宽展宽了,信息便存在于信号的带宽之中。通信接收系统为了保证通信的可靠性,必须保证信号频谱无失真地通过通信接收系统天线和前端选择电路;通信干扰若想有效,也必须保证干扰与信号有相近似的频域特性,这样才可进入通信接收系统天线和前端选择电路。

频域特性的一致性包含两方面的含义:一是干扰信号与通信信号的载频要重合;二是干扰信号与通信信号的带宽要一致。当然,频域特性的载频重合和带宽一致实际上是难以做到的,只能做到"近似"重合和一致。至于近似到什么程度才可以,对不同的信号类型要求也不一样。例如,对于手工电报,载频重合误差一般不能大于 $5 \sim 10$ Hz;对于调幅话音通信,载频重合误差一般不能大于 350 Hz;而对于调频话音通信,载频重合误差可以取 $1 \sim 2$ kHz。

通信接收系统的带宽通常总比信号的频谱宽度要大些。因此,最佳干扰的干扰带宽也可以稍大于通信信号频谱宽度,但必须保证不大于通信接收系统的带宽,否则将无法保证干扰信号的全部能量进入通信接收系统的输入端。

③ 空域准则。

空域准则是不言而喻的,即干扰功率的辐射空域应覆盖被干扰的通信接收方。当然,辐射干扰功率的天线主瓣方向对准通信接收系统的天线主瓣方向是最理想的。

④ 功率准则。

由于通信接收系统的非线性和有限的动态范围,因此随着干扰功率的增加,通信信道的传输速率降低,信息损失或误码率增加。无论何种干扰样式的干扰,只要有足够大的干扰功率,即使其时、频、空域的重合度差一些,最终也将导致通信接收系统无法正常工作而使干扰奏效。因此,干扰功率是影响干扰有效性的一个关键因素。

当信息损失或误码率增加到规定的量值(这个量值通常是根据战术运用准则预先确定的)时,就认为这时通信已经被压制了。在这种情况下,通信接收系统输入端的干扰功率与信号功率之比就是压制系数 K_j。对于给定的信号形式、通信接收系统设备的特性和干扰样式,所得到的压制系数也只是一个近似值,近似的程度与所采用的"有效干扰"决策准则有关。这些准则在实践中有其客观的真理性,但是运用这些准则在具体事件的判决中也有其主观的随意性。虽然如此,仍然可以把压制系数 K_j 作为有效干扰功率准则的重要特征参数。只有在通信接收系统输入端的干信比达到 K_j,信道传输能力降低所造成的信息损失才能增加到"干扰有效"的地步。

⑤ 样式准则。

通信信号除了作用时间、信号频谱宽度和信号功率电平三项主要表征参数之外,还必须考虑的一个表征参数就是干扰样式。

干扰样式是干扰的时域和频域的统计特性,常见的干扰样式有白噪声、噪声调频、单频连续波、蛙鸣、脉冲和随机键控等调制方法。由于干扰对接收不同的信号形式的作用原理和特性不同,因此即使具有同样的功率和时、频、空域重合度,不同干扰样式的压制系数或者说干扰效果也是截然不同的。对干扰方来说,取得最好干扰效果的原则就是选择需要压制系数最小的干扰样式(即最佳干扰),这就是干扰样式准则。

(2) 通信干扰能力。

通信干扰能力包括以下几个方面。

① 支援侦察能力。

通信干扰系统进入工作状态之后,其所属的侦察设备就必须在所覆盖的频率范围内进行不间断地搜索,发现并记录通信信号的活动情况。对干扰的支援侦察能力包括以下几种。

a. 对常规信号的侦察。在工作频率范围内任意给定的频段上对目标的常规定频信号进行搜索、截获、分析和记录。

b. 对特殊信号的侦察。对各种低截获概率的通信信号,如跳频、直扩和猝发等非常规通信信号提供相应的搜索、截获、网(台)分选和频率集入库。

c. 显示。对电磁环境和目标活动等战场态势提供实时或综合显示。

d. 数据融合处理。对所截获的信号进行变换、识别、分选与测量的功能,并将所得结果与输入数据(如目标方位等)进行融合处理,给出干扰决策的建议方案。

e. 存储与记忆。将侦察结果写入数据库或记录设备,并送往指定数据输出口。

② 干扰引导能力。

支援侦察的目的是为了引导干扰。干扰引导能力包括实时截获目标信号,利用定频守候、重点搜索、连续搜索、跳频跟踪瞄准等方式引导干扰。

③ 干扰控制能力。

通信干扰系统具有各种不同情况下的干扰控制方式,如间断观察式自动干扰、人工随机干扰、人工定时干扰、有优先级排序的多目标干扰及信道与频段保护等。

④ 系统管理能力。

通信干扰系统的控制设备对整个通信干扰系统的各组成部分提供必要的管理能力,如自检与故障诊断、交连接口管理、功率等级设置和干扰样式选择等。

3. 通信干扰方程

(1) 干信比方程。

通信接收机输入端的干信比大小基本上能够决定干扰的有效性,所以通信接收机输入端干信比的计算是非常重要的。下面分自由空间传播和平地传播两种情况来介绍干信比方程。由自由空间传播公式可得在通信接收机输入端的通信信号功率为

$$P_{\text{sr1}} = \frac{P_{\text{t}} G_{\text{tr}} G_{\text{rt}}}{[4\pi(d_{\text{c}}/\lambda)]^2} \tag{3.119}$$

式中,P_{t} 为通信发射机输出功率;G_{tr} 为通信发射天线在通信接收天线方向上的天线增益;G_{rt} 为通信接收天线在通信发射天线方向上的天线增益;d_{c} 为通信距离;λ 为通信信号工作波长。同样,在通信接收机输入端的干扰信号功率为

$$P_{jr1} = \frac{P_j G_{jr} G_{rj}}{\left[4\pi(d_j/\lambda)\right]^2} \tag{3.120}$$

式中,P_j 为于扰发射机输出功率;G_{jr} 为干扰天线在通信接收天线方向上的天线增益;G_{rj} 为通信接收天线在干扰天线方向上的天线增益;d_j 为干扰距离。因此,在通信接收机输入端的干信比为

$$\mathrm{JSR}_1 = \frac{P_{jr1}}{P_{sr1}} = \frac{P_j G_{jr} G_{rj}}{P_t G_{tr} G_{rt}} \cdot \left(\frac{d_c}{d_j}\right)^2 \tag{3.121}$$

由此可见,自由空间传播条件下的干信比与干通比($r = d_j/d_c$)的平方成反比。

同理可得平地传播时的通信信号接收功率为(注意该公式的使用条件是 30 MHz < f < 1 GHz,d < 50 km)

$$P_{sr2} \approx P_t G_{tr} G_{rt} \left(\frac{h_r h_t}{d_c^2}\right)^2 \tag{3.122}$$

式中,h_r 为通信接收天线的高度;h_t 为通信发射天线的高度。接收的干扰信号功率为

$$P_{jr2} \approx P_j G_{jr} G_{rj} \left(\frac{h_r h_j}{d_j^2}\right)^2 \tag{3.123}$$

式中,h_j 为干扰天线的高度。因此,平地传播条件下的干信比为

$$\mathrm{JSR}_2 = \frac{P_{jr2}}{P_{sr2}} = \frac{P_j G_{jr} G_{rj}}{P_t G_{tr} G_{rt}} \cdot \left(\frac{d_c}{d_j}\right)^2 \left(\frac{h_j}{h_t}\right)^2 \tag{3.124}$$

由此可见,平地传播条件下的干信比不仅与干通比($r = d_j/d_c$)的四次方成反比,而且还与干扰天线与通信发射天线的高度比的平方成正比。这样,干扰天线高度每升高 1 倍,干信比就增加 6 dB。因此,对于基于平地传播模式的干扰系统,升高干扰天线高度可以较大幅度地提高干信比,有利于提高干扰效果。

以上两种情况均假定通信信号传播模式是一样的,但在实际中有时往往并非如此。例如,当采用升空平台对地面目标进行干扰时,通信信号传播模式为平地传播,而干扰信号传播模式为自由空间传播,这时的干信比为

$$\mathrm{JSR}_3 = \frac{P_{jr1}}{P_{sr2}} = \frac{P_j G_{jr} G_{rj}}{P_t G_{tr} G_{rt}} \cdot \left(\frac{d_c^2}{d_j}\right)^2 \cdot \left(\frac{1}{h_r h_t}\right)^2 \cdot \left(\frac{\lambda}{4\pi}\right)^2 \tag{3.125}$$

同理,如果通信信号传播模式为自由空间传播(如空 — 地通信),而干扰信号传播模式为平地传播,这时的干信比为

$$\mathrm{JSR}_4 = \frac{P_{jr2}}{P_{sr1}} = \frac{P_j G_{jr} G_{rj}}{P_t G_{tr} G_{rt}} \cdot \left(\frac{d_c}{d_j^2}\right)^2 \cdot (h_r h_j)^2 \cdot \left(\frac{4\pi}{\lambda}\right)^2 \tag{3.126}$$

上面的讨论中实际上都隐含地假定干扰信号与通信接收机是相匹配的,即干扰信号的所有能量都能进入接收机。但实际情况并不可能这样,也就是说通信接收机在接受干扰信号时是有匹配损耗的。这些匹配损耗主要由两方面引起:一是干扰天线与通信接收天线因极化不同而引起的极化损耗;二是因干扰信号带宽与通信接收机带宽不匹配(一般大于接收机带宽)而引起的带宽失配损耗。因此,在实际干信比计算时,还需要把天线极化损耗 L_a 和带宽失配损耗 L_b 考虑在内。如果接收机(中频)带宽为 B_r,而干扰信号带宽为 B_j,则带宽失配损耗为

$$L_b = B_r / B_j \tag{3.127}$$

它是一个小于1的数。在通信频率范围的低端，极化损耗表现得并不突出，所以在实际中可以不考虑极化损耗（即假设 $L_b = 1$），但在频率高端（UHF以上），极化损耗的影响就不能随意忽略不计了。

考虑匹配损耗时的干信比公式只需在以上各式的基础上再乘以 $(L_a L_b)$ 就可以了。例如，考虑匹配损耗时的自由空间传播干信比公式为

$$\mathrm{JSR}_1 = \frac{P_j G_{jr} G_{rj}}{P_t G_{tr} G_{rt}} \cdot \left(\frac{d_c}{d_j}\right)^2 \cdot L_a \cdot L_b \tag{3.128}$$

其他传播模式下考虑匹配损耗时的干信比公式就不再一一列出了。如果假设通信接收天线是水平全向的（一般的战术电台都是如此），则有 $G_{rj} = G_{rt}$，这时式(3.128)可简化为

$$\mathrm{JSR}_1 = \frac{P_j G_{jr}}{P_t G_{tr}} \cdot \left(\frac{d_c}{d_j}\right)^2 \cdot L_a \cdot L_b \tag{3.129}$$

通常把发射机输出功率 P 与发射天线增益 G 的乘积 PG 称为发射机有效辐射功率。并用 ERP_j 来表示，则上式也可表示为

$$\mathrm{JSR}_1 = \frac{\mathrm{ERP}_j}{\mathrm{ERP}_t} \cdot \left(\frac{d_c}{d_j}\right)^2 \cdot L_a \cdot L_b \tag{3.130}$$

式中，ERP_j 表示干扰机的有效辐射功率；ERP_t 表示通信发射机的有效辐射功率。用有效辐射功率来表示的其他干信比公式可以依此类推。

上面讨论的各种传播模式下的干信比计算公式就是通常所说的通信干扰方程。当以上计算的干信比超过前面提到的干扰压制系数时，对应的干扰就可能有效。通信干扰方程是一个很重要的方程式，无论是干扰功率的计算还是干扰压制区的计算，都将以通信干扰为基础。

（2）干扰功率的计算。

干扰功率是通信干扰系统设计的最重要的参数，它是依据干扰系统的战术使用要求，如系统作用距离、干扰对象等通过分析计算和计算机仿真模拟后确定的。根据前面给出的干信比公式，可以得到自由空间传播模式下所需的干扰功率（有效辐射功率）为

$$\mathrm{ERP}_{1j} = P_j G_{jr} = \mathrm{JSR}_1 \cdot \mathrm{ERP}_t \cdot \left(\frac{d_j}{d_c}\right)^2 \cdot L_a \cdot L_b \tag{3.131}$$

显然，在给定干扰目标对象、给定干扰设备及其配置关系的情况下，干扰功率将由有效干扰该目标所必需的干信比即JSR确定。在干扰目标给定、干扰样式确定的情况下，该干信比也是确定的量，这就是在前面提到的压制系数，用 k_j 表示。将式(3.134)中干信比用压制系数 k_j 来代替，并将干通比 $r = d_j / d_c$ 代入可得

$$\mathrm{ERP}_{1j} = k_j \cdot \mathrm{ERP}_t \cdot r^2 \cdot L_a \cdot L_b \tag{3.132}$$

平地传播模式下所需的干扰有效辐射功率为

$$\mathrm{ERP}_{2j} = k_j \cdot \mathrm{ERP}_t \cdot r^4 \cdot \left(\frac{h_t}{h_j}\right)^2 \cdot L_a \cdot L_b \tag{3.133}$$

同样可得其他两种传播模式下的干扰有效辐射功率为

$$\mathrm{ERP}_{3j} = k_j \cdot \mathrm{ERP}_t \cdot r^4 \cdot \left(\frac{h_r h_t}{\lambda h_j}\right)^2 \cdot (4\pi)^2 \cdot L_a \cdot L_b \tag{3.134}$$

$$\mathrm{ERP}_{4j} = k_j \cdot \mathrm{ERP}_t \cdot r^4 \cdot \left(\frac{\lambda d_c}{h_r h_j}\right)^2 \cdot \left(\frac{1}{4\pi}\right)^2 \cdot L_a \cdot L_b \tag{3.135}$$

在上述各式中,通信发射机有效辐射功率 ERP_t、通信收/发天线高度 h_r/h_t 和信号波长 λ 等取决于干扰对象,干扰距离 d_j、通信距离 d_c 等参数(包括干通比 r)则由战术使用要求决定,干扰天线高度 h_j 是可以通过设计来选取的,最后只剩下干扰压制系数 k_j 的选取。压制系数的选取涉及最佳干扰问题,理论上应该针对特定的干扰对象选择 k_j 最小干扰样式,使所需的干扰功率达到最小化。有关 k_j 的取值将在下一节讨论,对于不同的通信体制,k_j 的取值是不一样的。

下面举例说明通信干扰功率的计算方法与步骤。

设计一个车载 VHF(30~100 MHz)战术干扰系统用于干扰空一地、地一空、地一地通信链路,最远干扰距离为 30 km,实施干扰后允许敌方最大通信距离为 3 km(干通比 $r=10$),通信电台最大有效辐射功率为 100 W,计算该干扰系统所需的干扰有效辐射功率。

首先考虑对空一地通信链路的干扰问题。由于通信方为空一地通信,发信台在空中,收信台在地面,因此可以认为是自由空间传播模式。而干扰方是车载系统对地面目标实施干扰,电波传播应为平地传播模式。如果配置条件允许,干扰天线升空高度高、通视条件好,即满足

$$30 \leqslant 4.12\left(\sqrt{h_j} + \sqrt{h_r}\right) \tag{3.136}$$

式中,h_j 为干扰天线高度;h_r 为通信接收天线高度。当 $h_j \gg h_r$ 时,式(3.136)即为

$$h_j \geqslant \left(\frac{30}{4.12}\right)^2 = 53(\mathrm{m}) \tag{3.137}$$

即当干扰天线高度大于 53 m 以上时,干扰信号传播模式才能按自由空间传播模式来计算(注意:当在其传播路径上有障碍物时,还需满足第一菲涅耳区条件)。这时,$\mathrm{ERP}_t = 100$ W,$r = 30/3 = 10$,取 $L_a = 1$,$L_b = 1$,并设 $k_j = 2$(表示为达到有效干扰,到达通信接收机输入端的干扰信号功率要比通信信号功率大 2 倍即 3 dB),代入自由空间传播模式下的干扰有效辐射功率计算公式,可得

$$\mathrm{ERP}_{1j} = k_j \cdot \mathrm{ERP}_t \cdot r^2 \cdot L_a \cdot L_b = 2 \times 100 \times 10^2 \times 1 \times 1 = 20(\mathrm{kW}) \tag{3.138}$$

但是,在通常配置情况下,要将天线升高至 53 m 几乎是不可能的。如果干扰天线最多只能升高至 20 m,这样干扰信号传播模型只能按照平地传播模型来考虑,此时干扰空一地通信链路所需的干扰功率将大大上升,即

$$\mathrm{ERP}_{4j} = k_j \cdot \mathrm{ERP}_t \cdot r^4 \cdot \left(\frac{\lambda d_c}{h_r h_j}\right)^2 \cdot \left(\frac{1}{4\pi}\right)^2 \cdot L_a \cdot L_b$$

$$= 2 \times 100 \times 10^4 \times \left(\frac{10 \times 3\,000}{2 \times 20}\right)^2 \times \left(\frac{1}{4\pi}\right)^2 \times 1 \times 1$$

$$= 7\,131\,374.5(\mathrm{kW}) \tag{3.139}$$

可见,用车载平台对空一地链路进行干扰是不可能的(计算中取 $\lambda = 10$ m 即 30 MHz,$h_r = 2$ m),必须采用升空平台才能实现对空一地链路的有效干扰。

下面再考虑对地－空链路的干扰问题。车载平台对地－空链路是可以进行干扰的，因为这时的干扰对象为空中目标，其干扰信号传播模式仍可以采用自由空间传播模型，计算得到的干扰有效辐射功率仍为 20 kW。实现对地－空链路干扰的前提是能对地面通信电台发射的通信信号进行可靠侦收和分选识别，根据平地传播模型，即

$$P_s \approx P_t G_{tj} G_{jt} \left(\frac{h_r h_j}{d_j^2}\right)^2 \tag{3.140}$$

代入 $P_t G_{tj} = 100$ W，$h_r = 2$ m，$h_j = 20$ m，$d_j = 30$ km，假设干扰机侦收天线增益 $G_{jt} = 4(6\ \text{dB})$，则可得通信信号到达干扰引导接收机的信号功率为

$$P_s \approx 100 \times 4 \times \left(\frac{2 \times 20}{30\ 000^2}\right)^2 = 7.9 \times 10^{-13}\,(\text{W}) = -91\,(\text{dBm}) \tag{3.141}$$

一般侦察接收机的灵敏度都在 -100 dBm 以上，所以用 20 m 高的侦收天线是可以侦收到敌方地面电台发射的通信信号的，从而可以引导地面干扰机对空中目标进行有效干扰。

最后考虑对地－地通信链路的干扰问题，这时无论是通信信号传播模型还是干扰信号传播模型，都采用平地传播模型，所需的干扰功率为

$$
\begin{aligned}
\text{ERP}_{2j} &= k_j \cdot \text{ERP}_t \cdot r^4 \cdot \left(\frac{h_t}{h_j}\right)^2 \cdot L_a \cdot L_b \\
&= 2 \times 100 \times \left(\frac{30}{3}\right)^4 \times \left(\frac{2}{20}\right)^2 \times 1 \times 1 \\
&= 20\,(\text{kW})
\end{aligned}
\tag{3.142}
$$

根据以上分析计算，该干扰系统的有效辐射功率最终确定为 20 kW。但要注意的是，用有效辐射功率为 20 kW 的干扰机是无法对空－地通信链路进行有效干扰的，只能通过干扰其反向链路即地－空链路来达到干扰空－地链路的目的。

在干扰功率计算中，干通比的确定是关键，而干通比为干扰距离与通信距离的比值。干扰距离根据战术使用要求还是比较容易确定的（一般由军方使用论证部门给出），但通信距离就不是那么好确定了。如果仅从战术使用的观点来提要求，显然通信距离越小越好，以使敌方能进行有效通信的距离尽可能小。但这是要付出代价的，因为通信距离越小，所需的干扰功率就越要增加，干扰机的组成就越复杂，成本也就越高。因此，无论是使用部门还是研制部门，都需要在通信距离与成本之间进行折中，并通过不断的协商加以确定，最后作为干扰系统的重要设计依据。

4. 通信有效干扰压制区分析

以上在讨论了干信比的基础上，给出了给定干通比条件下的干扰功率计算公式。在干扰系统的干扰功率确定以后，该干扰系统对某一具体目标（即通信发射功率已知，配置关系已定）的干扰能力也就基本上确定了。到目前为止，用来衡量干扰机干扰能力的最重要的指标是该干扰机所能达到的干通比。但是，用干通比来衡量干扰机的干扰能力似乎还不是非常直观，特别容易让人感觉通信与通信干扰是静态的，是与对抗双方对抗态势（对抗布局）无关的。但实际上干扰是否有效，在很大程度上取决于对抗双方的布局。下面有关干扰压制区的讨论将会很好地说明这一问题，而且对干扰机的战术使用也会有很

大的帮助。

根据前面的讨论可知,在自由空间传播方式下,一旦干扰功率确定,则该干扰机所能达到的干通比为

$$\left(\frac{d_j}{d_c}\right)^2 = r^2 = \frac{\text{ERP}_{1j}}{\text{ERP}_t} \cdot \frac{1}{k_j} \cdot \frac{1}{L_a L_b} \tag{3.143}$$

同样在平地传播模式下,干扰机所能达到的干通比为

$$\left(\frac{d_j}{d_c}\right)^4 = r^4 = \frac{\text{ERP}_{1j}}{\text{ERP}_t} \cdot \frac{1}{k_j} \cdot \frac{1}{L_a L_b}\left(\frac{h_j}{h_t}\right) \tag{3.144}$$

一旦干扰对象确定(即 ERP_t、h_t 一定)、干扰机性能也确定(即 ERP_t、h_t、k_j 一定)以后,以上两式的右边实际上为一常数,如果将该常数分别设为 c_1 和 c_2,则上述两式可以表示为

$$\left(\frac{d_j}{d_c}\right)^2 = c_1 \text{ 或 } \left(\frac{d_j}{d_c}\right)^2 = c_2 \tag{3.145}$$

不失一般性,把 c_1 和 c_2 统一用 c 来表示,则有

$$\left(\frac{d_j}{d_c}\right)^2 = c \tag{3.146}$$

注意:常数 c 只取决于干扰机和干扰对象(通信电台)及其传播路径。显然,该干扰机所能达到的干通比为 $\sqrt{c}$。当干扰距离与通信距离之比小于 $\sqrt{c}$ 时,干扰有效;当干扰距离与通信距离之比大于 $\sqrt{c}$ 时,干扰无效。

干扰机、通信发射机和通信接收机的对阵态势(布局)如图 3.22 所示,即以干扰机为坐标原点(O),以干扰机与通信发射机(B)的连线为工轴,以通信接收机(A)为动点,其坐标为(x,y)。设干扰机与通信发射机之间的距离 d_{jt} 为 d,则由图 3.22 可得

$$d_j = \sqrt{x^2 + y^2} \tag{3.147}$$

$$d_c = \sqrt{(x-d) + y^2} \tag{3.148}$$

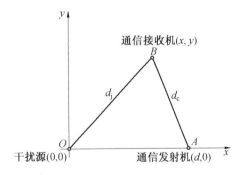

图 3.22　干扰机、通信发射机和通信接收机的对阵态势(布局)

由于 $\left(\frac{d_j}{d_c}\right)^2 = c$,即

$$x^2 + y^2 = c\left[(x-d)^2 + y^2\right] \tag{3.149}$$

当 $c=1$ 时,则有

$$x = \frac{1}{2}d \tag{3.150}$$

即当 $c=1$ 时,干扰有效区的边界为一直线,该直线位于干扰机与通信发射机连线的中线位置上, $c=1$ 时干扰有效区如图 3.23 所示。这样在该直线的左侧(干扰机一侧)均为干扰有效区,因为在该区域干扰距离与通信距离之比均小于 1(干扰距离与通信距离之比小于干通比的区域均为干扰有效区)。

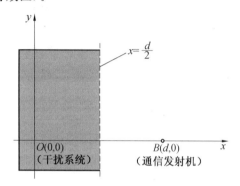

图 3.23 $c=1$ 时干扰有效区

当 $c \neq 1$ 时,经简单的数学运算后可得

$$\left(x - \frac{c \cdot d}{c-1}\right)^2 + y^2 = \left(d \cdot \frac{\sqrt{c}}{c-1}\right)^2 \tag{3.151}$$

即干扰有效区边界为一圆,该圆的圆心位于 x 轴上,离坐标原点的距离为 $\frac{c \cdot d}{c-1}$,圆的半径

为 $d \cdot \frac{\sqrt{c}}{c-1}$。下面分 $c>1$ 和 $c<1$ 两种情况来讨论。

(1) 当 $c>1$ 时,边界圆的圆心位于 x 轴正方向上,而且当 $c>1$ 时,由于 $\frac{c \cdot d}{c-1}$ 大于 d,因此该网的圆心位于通信发射机的右侧, $c>1$ 时干扰有效区如图 3.24 所示(注意:该边界圆始终覆盖通信发射机,这是因为圆心离原点的距离与圆半径的差始终小于 d,即小于通信发射机离原点的距离,但边界圆始终不可能超过图中虚线所示的中线)。由于在圆内干扰距离与通信距离之比大于 $\sqrt{c}$ 区,因此为干扰无效区,而在圆外干扰距离与通信距离之比小于 $\sqrt{c}$,为干扰有效区。 c 越大,边界圆的圆心越靠近通信发射机,而且圆的半径也逐渐减小。当 $c \to \infty$ 时,圆心与通信发射机重合,圆心半径 $\to 0$,这时整个区域均为干扰有效区。

(2) 当 $c<1$ 时,由于 $\frac{c \cdot d}{c-1} < 0$,因此边界圆的圆心位于负工轴上, $c<1$ 时干扰有效区如图 3.25 所示(该边界圆始终覆盖干扰机,这是因为当 $c<1$ 时,圆的半径与圆心离原点的距离的差始终大于 0)。由于在圆内干扰距离与通信距离之比小于 $\sqrt{c}$,因此为干扰有效区,而在圆外干扰距离与通信距离之比大于 $\sqrt{c}$,为干扰无效区。 c 越小,边界圆的圆心越靠近干扰机(原点),而且圆的半径也逐渐减小(注意:边界圆不会超过图中虚线所示的中

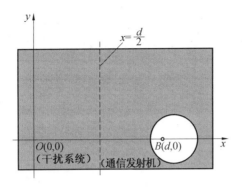

图 3.24　$c > 1$ 时干扰有效区

线)。当 $c \to 0$ 时,圆心与干扰机重合,圆心半径 $\to 0$,这时整个区域均为干扰无效区($c \to 0$ 表示干扰功率 $\to 0$,或者干扰对象采用了很强的抗干扰措施,使得所需的压制系数 $k_j \to \infty$,再大的功率也难以对其进行有效干扰)。

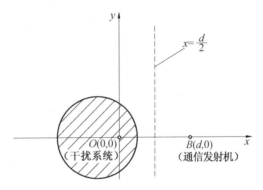

图 3.25　$c < 1$ 时干扰有效区

　　从以上对干扰有效压制区的分析可以看出,不同的 c 值所对应的压制区的形状是完全不一样的。$c = 1$ 时的干扰压制区为一半平面;$c > 1$ 时的干扰压制区为扣除边界圆后的整个区域;而 $c < 1$ 时的干扰压制区则为边界圆的内部区域。显然,$c > 1$ 时的干扰压制区最大,$c < 1$ 时的干扰压制区最小。因此,在干扰机设计时,应尽可能地提高 c 值,以获得尽可能大的干扰压制区。特别需要指出的是,$c \leqslant 1$ 的干扰机只能用作防御作战,因为这种干扰机只能干扰干扰机周边地(空)域的通信接收机,而无法干扰靠近敌方地域的通信接收机。这一点从上面给出的图 3.24 和图 3.25 中很容易看得出来。不过,随着远程分布式干扰技术的发展,$c < 1$ 的干扰机将在未来战场上获得广泛应用。这种干扰机的主要特点是微型化、网络化,它把分布在广阔地域或空域中大量的"灵巧"干扰机通过自组织网络使其协同工作,通过形成合力来共同对付给定的目标。因此,$c < 1$ 的干扰压制区对于研究分布式干扰系统的干扰效果是非常有用的,它对如何正确设计和使用分布式干扰机会很有帮助。

3.4 通信抗干扰

3.4.1 香农公式及其意义

香农公式是一个被广泛公认的通信理论基础和研究依据,也是近代信息论的基础。

1. 香农公式定义

扩谱通信的理论基础是由香农(C. E. Shannon)用信道容量表示的著名香农公式,即对于高斯白噪声信道,有

$$C = W\log_2(1 + S/N_0) \tag{3.152}$$

式中,C 为信道容量,单位为 bit/s;W 为传输信息所用的带宽,单位为 Hz;N_0 为噪声平均功率;S 为信号平均功率;S/N_0 为信号与噪声的功率之比。

式(3.155)中,W 是指在信道传输过程中的信号带宽以及与之相匹配的系统带宽。式(3.155)表明,信道容量取决于传输带宽 W 和信噪比 S/N_0,与窄带宽、低功率的信号相比,宽带宽、高功率的信号具有更大的信道容量 C。而信道容量又反映了在一定信道条件下通信系统无差错传输信息的能力。更具体地说,式(3.152)表明当给定信号平均功率与噪声平均功率时,在具有一定频带宽度 W 的信道上,单位时间内可能传输的信息量的极限值。值得指出,这是一个理论上的极限值,与调制类型和其他信道参数无关。

如果能采取一定的措施,则可在信道条件一定的前提下,使信道容量增大,也就是通信能力增强;或者说在保持信道容量一定的前提下,能容忍更大的噪声功率,也就是抗干扰能力增强。可见,信道容量实际上表明了通信系统的通信能力,而保证一定误码率条件下通信容量的能力就表明了抗干扰能力。因此,香农公式表明了系统的通信能力和抗干扰能力与传输信息所用带宽以及信噪比之间的关系。下面基于香农公式在以信道噪声为高斯白噪声的前提下进行一些概念性的讨论,以明确一些有益的结论。

2. 信道容量的三要素

由于噪声平均功率 N_0 与系统带宽 W 有关,假设单边噪声功率谱密度为 n_0,则噪声平均功率 $N_0 = n_0 \cdot w$,因此香农公式的另一种表达形式为

$$C = W\log_2[1 + S/(n_0 w)] \tag{3.153}$$

由式(3.153)可见,信道容量 C 与"三要素"W、S、n_0 有关,只要这三个要素确定,信道容量 C 也就随之确定了。

3. 信道容量的极限及其所需的最小信噪比

人们都希望信道容量越大越好,即由信源产生的信息能以尽可能高的传输速率通过信道。那么信道容量能否无限增加呢?从式(3.153)可以看出,在带宽 W 一定的情况下,增大 S 或减小 n_0 都可提高信道容量 C,这也是一个理论依据。极限情况下,当 $n_0 \to 0$ 或 $S \to \infty$ 时,均可使 $C \to \infty$。n_0 为 0 意味着无噪声,S 为无穷大意味着发射功率为无穷大,然而这都是物理不可实现的。当无限增大带宽 W 时,由于噪声功率 $N_0 = n_0 w$,N_0 也趋向

无穷大,因此将不能使信道容量 C 趋向无穷大。经理论证明,结果为

$$\lim_{W\to\infty} C = (S/n_0)\log_2 e \approx 1.44(S/n_0) \tag{3.154}$$

可见,当带宽 $W \to \infty$ 时,信道容量 C 是有固定极限值的,也就是系统在带宽无穷大条件下具有任意小差错率的信息传输速率的最高极限值。

现在的问题是,假设系统达到了极限信息传输速率,每比特信号能量 E_b 与噪声功率谱密度 n_0 之比至少需要多大呢?经理论证明,结果为

$$E_b/n_0 \approx -1.6\ \text{dB} \tag{3.155}$$

式(3.154)和式(3.155)是香农公式给出的理想系统的性能极限,为通信系统设计指明了努力的方向,人们只能尽力逼近它,但很难达到它,因为任何一个实际的通信系统都不可能实现无穷大的带宽。

4. 带宽与功率的互换性

从以上分析和香农公式中可以看出,在单边噪声功率谱密度 n_0 为一定的条件下,一个给定的信道容量可以通过增加带宽而减小信号功率 S 的办法实现,也可以通过增加信号功率而减小带宽的办法实现。这就是说,信道容量可以通过带宽与信号功率或信噪比的互换而保持不变。也可以说,分别通过增加功率 S 和带宽 W 都可以提高信道容量 C。但是,哪种方式的效果更好呢?由式(3.152)并参照对数函数关系,在大信噪比条件下(即 $S/n_0 \gg 1$),式(3.152)可近似写成

$$C \approx W\log_2(S/N_0) \tag{3.156}$$

此时,若信号功率 S 不变,信道容量 C 与带宽 W 近似成线性关系,随着 W 的增加,C 上升速度较快;若带宽 W 不变,信道容量 C 与信号功率 S 近似成对数关系,随着 S 的增加,C 上升速度较缓慢。

同样,由式(3.152)及对数特性,在小信噪比条件下(即 $S/n_0 \ll 1$),信道容量 C 与带宽 W 仍近似成线性关系,而信道容量 C 与信号功率 S 虽然仍成对数关系,但此时变化的斜率较大,也近似于直线的变化斜率。

由此可见,在大信噪比条件下,若采用增加带宽去换取功率的减小,只要增加较小的带宽就可以节省较大的功率,或者说以带宽换功率的效果更好;而在小信噪比条件下,两种方式的效果相当,理论分析和工程实践可以证明这一点。

理论上还可以证明,在具有极限信息传输速率的理想系统中,输出信噪比随着带宽的增加而按指数规律增加。也就是说,增加带宽可以明显地改善输出信噪比。

根据带宽与功率互换的这一原理,应该尽可能扩展信号的传输带宽,以提高系统的输出信噪比,这就是扩展频谱通信。例如,跳频通信射频覆盖的带宽比信号的原始带宽大得多,直扩后的信号带宽比直扩前的信号带宽大得多。

3.4.2 通信抗干扰的需求与作用

分析通信抗干扰的作战需求,关键在于如何认识军用通信与民用通信的根本区别以及通信抗干扰的作用地位。

1. 军用通信与民用通信的根本区别

从一般意义上讲,军用通信与民用通信的根本区别在于军用通信必须具有顽强的战时生存能力,尤其是在复杂电磁环境下的生存能力。除此之外,良好的快速机动性能和协同互通能力也是军用通信必不可少的。

一个便于理解的典型例子是民用移动通信手机。众所周知,手机极大地方便了人们的生活,那为何军队不使用手机作为通信工具而要研发复杂的军用通信装备呢?原因便是手机不具有以下几方面的战时通信能力。

(1)民用手机没有抗人为干扰的措施,且采用固定频率,一旦遭受干扰,通信就随之中断。

(2)民用手机依赖于小区体制的基站,各基站间靠光缆连接,抗毁性没有保证。除此之外,军队作战机动性强属于大区制通信,不能保证作战区域都有基站。

(3)手机信号没有加密措施,信号单一,特征透明,易被侦察截获。

在没有人为对抗性或人为对抗性较弱的场合,在解决一些必要性问题后,军队可以使用民用通信设施。但是根据军队的核心军事任务,应坚持以军用通信装备为主、民用通信设备为辅的原则。

2. 通信抗干扰的作用地位

在现代信息作战中,面对作战指挥和通信电子战的需求,军用通信的内涵主要表现在两个方面:一是从传输上升到信息服务;二是从保障上升到防御作战。

在军用通信装备的众多需求中,抗干扰能力是最基本的要求。这是因此通信电子战是决定现代战争胜负的重要因素,已发展成为异常激烈的第四维空间的战争,并且是一种无声的战场。我们清醒地看到,外军在通信侦察、通信截获、通信干扰和新概念武器等方面同步发展,技术水平和快速反应能力不断提高。近些年来,新型作战理论和作战平台不断出现,电子进攻武器已覆盖几乎所有军用通信频段,尤其是全时空全天候的侦察技术、新的灵巧干扰技术和高功率电磁脉冲攻击技术等,形成了新的电子进攻"软""硬"杀伤态势(广义干扰),拥有、使用和隐蔽通信电磁频谱信号变得十分困难,对军用通信装备在未来信息化战争中正常工作形成了严重的威胁,必然出现争夺制电磁频谱权的殊死斗争。可见,在现代战争条件下,通信抗干扰已从一种保障手段或战斗力的倍增器发展到电磁频谱作战空间的一种主要防御作战手段,也是一种实实在在的战斗力,其装备已成为电子对抗战场的主战武器之一。由于电磁频谱空间的开放性,因此军用通信如何在这一开放的空间中生存并发挥应有的作用是各国军事家关心的一个问题。

目前,国内外都在大力推进新军事变革和军队信息化建设。通信抗干扰在军队信息化建设中占有十分重要的地位。因为战时任何信息的传输以及信息系统与武器平台之间的链接都离不开无线通信,它必然成为战争双方软硬杀伤的重点目标。如果无线通信不能在恶劣的电磁环境中生存,那就意味着军队的信息系统在战时不能有效的运行,所以通信抗干扰已成为信息作战关注的焦点和难点问题。无论是主战通信装备,还是各种平台与信息系统之间以及不同的信息系统之间的连接,都应采取相应的抗干扰手段。因此,加强通信抗干扰理论和实践的研究既是军用通信技术发展的需要和军事斗争准备迫切的要求,也是军队信息化建设和信息作战的一个重要方面。

另外,频谱的需求是无限的,而频谱资源是有限的。随着通信技术的发展,民用无线电用户迅速增加,无线电频谱越来越紧张和拥挤,不少民用无线电通信占用的频谱进入了军用频段,给军用无线通信装备造成了严重的干扰,在城市和郊区尤为严重。这是军用无线通信在新的历史时期需要考虑的一个新的问题,不能说一种通信装备可以抗敌方干扰而不能抗来自民用通信的干扰,或只能在边远地区使用而不能在城市和郊区使用,即通信装备不仅要考虑的抗敌方的认为有意干扰,还要考虑抗人为无意干扰、工业干扰和自然干扰。

经过几十年的艰苦努力,我国通信抗干扰技术和装备取得了较大的发展。但是,通信抗干扰是一个无止境的研究课题,涉及基础理论、技术体制、关键技术、性能评估、战场掌控和组织运用等一系列问题,并随着"矛"的发展而发展。

3.4.3　通信抗干扰覆盖范围的扩展

随着战争形态和信息技术的发展,通信抗干扰覆盖范围大大扩展了,主要表现在装备范围扩展和空间范围扩展两个方面。

1. 通信抗干扰装备范围的扩展

通信抗干扰的历史可以追溯到第一次世界大战,典型的战例是 1914 年英、德两国在地中海一场海战中的通信电子战行动,德舰向英舰发射了与英舰无线电通信频率相同的噪声干扰,英舰多次人工改变通信频率企图避开干扰,从此拉开了人类历史上通信抗干扰的序幕。

在很长的一段时间内,军用通信主要采用战术抗干扰技术,即利用干扰空隙进行手动改频、按协议换频或加大功率硬抗等。后来逐步出现了技术抗干扰手段,尤其是自 20 世纪 60 年代至 20 世纪 70 年代人们正式认识扩展频谱通信的概念以后,加上数字通信、新型器件和自适应等现代技术的逐步应用,通信抗干扰技术及其装备发展迅速,至今已基本完成了以下几个方式的转变。

(1)从模拟通信抗干扰发展到数字通信抗干扰。所谓模拟通信和数字通信是针对信道而言的,分别对应于信道中传输的是模拟信号和数字信号。模拟通信和数字通信采用的抗干扰手段是不尽相同的,一般来说,模拟通信采取的抗干扰手段受到较大的限制,而适应于数字通信的抗干扰手段较多,工程实现也较方便。

(2)从语音通信抗干扰发展到语音通信和数据通信抗干扰并列。语音通信和数据通信是针对终端和通信业务而言的,基于信道的模拟通信和数字通信都可以实现语音通信和数据通信。信息化战争对数据通信的要求越来越高,但仍少不了语音通信。在工程中,要根据信道传输体制和通信业务需求,对通信抗干扰采用合理的设计,包括抗干扰技术体制的选择和新技术的应用。

(3)从战术通信抗干扰发展到战术、战役和战略无线通信抗干扰并举。基于以前的常规作战样式,人们一般认为战役、战略通信的重点问题是信息保密和安全,战术无线通信的重点问题是反侦察和抗干扰。然而,随着精确制导、远程打击和"非接触"作战样式的出现,通信干扰已由战术型装备发展到战役、战略型装备,并且战役、战略通信的信号覆盖范围广,对其侦察和干扰更容易,通信抗干扰必须向战役、战略无线通信装备扩展。由于协同通信的需要,因此相同频段的不同类型的无线通信装备需要采取相同的通信技术体制和抗干扰技术体制,以实现互联互通。

(4)从通信链路(信道)抗干扰发展到网络、网系抗干扰。一般意义上的通信抗干扰是指通信设备传输信道的抗干扰,或称通信链路抗干扰,而现代战争需要追求和实现网络及网系层次上的抗干扰,以提高无线通信网络和网系的整体抗干扰能力。

(5)从无线电台抗干扰发展到更大范围的机动通信抗干扰。在信息作战背景下,机动通信的内涵及范围已由传统的"车载非动中通"通信扩展到无线电台、微波接力、移动通信、数据链、空中转信、卫星通信以及一些特殊无线通信手段等,同时也包括由这些设备或系统组成的网络及网系,如战术互联网、野战地域通信网、野战综合业务数字网等,并与国防网、军用电话网等互联互通,有些还与移动武器平台直接连接。

实际上,当今机动通信的概念可以理解为是传统野战通信概念的扩展,装备形势和承载平台也已扩展到陆基(手持背负车载固定台站)、海基(舰载水下平台)、空基(机载无人机载平流层平台系留气球平台)、星载(卫星平台深空飞行器平台)以及武器平台的嵌入式,已包含了所有战术、战役和战略等不同层次的、不同承载平台的战场信息传输。对于第二次世界大战时期出现的野战通信概念,由于其具有"大陆军"地域作战色彩,覆盖范围受限,因此已不太适应信息化战场多军兵种联合作战的需要了。可见,现代通信抗干扰装备的覆盖范围极为广泛,涉及通信电子防御的各个方面。

值得关注的一个动态是,在军用通信中,虽然通信抗干扰的重点是无线通信,但有线通信也存在抗干扰、抗截获和抗高功率电磁脉冲武器攻击等防御问题。由于光纤具有通信容量大、体积小、质量轻、保密性好、抗干扰能力强等突出优点,它已代替传统的有线电缆,成为各国固定通信网的主要传输手段和军事信息技术网络的核心之一。然而,尽管光纤通信具备很多天生的优点,针对光纤网络的攻击技术还是逐渐增多,作为军用和国防光纤通信网,同样存在着诸多不安全因素。例如,通过注入强大的光功率来损坏光纤链路及光器件,通过注入一定功率的光信号、光噪声或延时转注来干扰光纤通信、截获光纤传输的信息和人为切断等。这些恶意攻击手段不仅已经存在,而且有的已经实际运用,因此需要研究相应的防御措施。

2. 通信抗干扰空间范围的扩展

在信息作战条件下,制信息权的实质是制电磁频谱权,集中表现在通信电子战。所谓通信电子战,是指为削弱敌方通信装备进行的电磁斗争。通信电子战主要包括三大功能要素,即通信电子进攻、通信电子防御和电子支援措施,其中,通信电子进攻和通信电子防御是通信电子战一对矛盾的双方:通信电子进攻目前主要包括侦察、截获、干扰和高功率电磁脉冲硬攻击等;通信电子防御目前主要包括反侦察、抗截获、抗干扰和抗高功率电磁脉冲硬攻击等。通信电子进攻与通信电子防御均需要电子支援,否则都会无的放矢。

值得指出,通信电子战与通信对抗在概念上是基本等同的,只是不同国家的习惯提法不同而已。西方多数国家习惯上称之为通信电子战,俄罗斯习惯称之为无线电电子斗争,我国则习惯上称之为通信对抗。从通信电子战的体系组成及其内涵可见,通信电子进攻不等于通信对抗,通信对抗不单纯等于干扰与抗干扰,也不仅仅是通信电子进攻需要电子支援。目前,随着现代技术的发展和作战样式的变化,通信电子战各分支的内涵也都大大扩展了。

　　然而,以前研究的重点在于围绕频率域、功率域和时间域三维空间信号体积的常规意义上的干扰和抗干扰,虽然取得了不少实用性的研究成果,但研究思路有限,通信方没有高度重视反侦察、抗截获和电子支援等问题。

　　随着电子进攻技术的发展和作战样式的变化,需要思考通信抗干扰研究今后该如何向深层次发展。面对广义抗干扰,应站在更高的层次上,用广阔的视野看待现代通信抗干扰空间范围的扩展,把握好发展趋势,可能主要涉及以下几个方面观念的变化。

　　(1)要从抗固定干扰向抗复杂的动态干扰的观念转变。因为军用通信装备面临的电磁环境越来越恶劣,特别是敌我双方激烈的电磁对抗行动,加上大量军、民用电子设备的电磁辐射和自然干扰、工业干扰,将形成多种类型、起伏多变、错综复杂的高密度动态电磁环境态势,而不仅仅是有限个固定不变的干扰信号。

　　(2)要从抗压制式干扰向抗压制式干扰和抗灵巧式干扰相结合的观念转变。因为通信电子进攻方在发展基于频率域、时间域和功率域压制式干扰的同时,又在发展灵巧式干扰,希望从功率战发展到比特战,以较小的功率代价实现通信干扰。

　　(3)要从常规的频率域、时间域和功率域抗干扰向扩展通信抗干扰空间的观念转变。因为信号处理技术和芯片技术发展迅速,为研究和实现一些通信抗干扰新思路、新技术带来了可能,如基于盲源信号分离的通信抗干扰技术、基于变换域的通信抗干扰技术等。

　　(4)要从单纯抗软攻击向抗软攻击和抗硬攻击相结合的观念转变。因为除了常规干扰的软攻击以外,目前已经出现了基于无线信道的计算机病毒软攻击和基于电磁脉冲炸弹和微波武器的高功率电磁攻击。

　　(5)要从点对点单台设备信道抗干扰向单台设备抗干扰、网络抗干扰、网系抗干扰相结合的观念转变。因为通信方和干扰方都形成了网络或网系运用,干扰威胁不仅来自通信的射频信道,所以应从不同的层次对信息的完整性提供保护。当然,单台设备及射频信道的抗干扰是通信抗干扰的基础,涉及频率域、时间域、空间域、功率域、速度域和变换域等。

　　(6)要从单纯抗干扰向抗干扰、反侦察、抗截获和抗硬攻击综合电子防御的观念转变。因为抗干扰与反侦察、抗截获和抗硬攻击紧密相关,有时需要联合设计和综合运用,并且反侦察、抗截获有利于抗干扰。

　　(7)要从单纯通信防御向通信电子防御与战场管控相结合的观念转变。这是充分发挥通信装备作战效能和网系运用的必要条件,跳频通信装备必需的战场管控就是一个很好的例证。

　　(8)要从通信电子防御没有电子支援措施向通信电子防御与电子支援相结合的观念转变。电子支援的作用主要是提供战场电磁环境的变化,而与此相关的电磁频谱管理以前往往与通信装备相分离,很难使通信电子防御做到有的放矢,或实时性不强,通信电子防御与电子支援相结合能使通信装备具备更良好的战场感知能力。

（9）要从通信电子防御是保障手段向通信电子防御是战斗力的观念转变。海湾战争结束后，军事强国曾声称不允许其敌人拥有电磁频谱空间。可见，通信电子防御已成为电磁频谱空间的一种主要作战手段和实实在在的战斗力。

总之，随着通信电子进攻的空间范围不断扩大，军用通信的内涵扩展了，通信抗干扰的空间范围也在不断延伸，已扩展到频率域、时间域、空间域、功率域、速度域、网络域、变换域、病毒域、支援域和决策域等全域通信电子防御，已不仅是传统的基于单台通信设备信道意义上的狭义抗干扰了。现代通信抗干扰应是指基于全域通信电子防御意义上的广义抗干扰。

第4章

光 电 对 抗

光电对抗是指利用光电对抗装备,对敌方光电观瞄器材、光电制导武器等装备进行侦察、干扰或摧毁,以削弱或破坏其作战效能,同时保护己方光电器材和武器的有效使用。光电对抗是现代电子战的一个分支,在未来战争中占有重要的地位。光电对抗包括光电对抗侦察、光电干扰和光电电子防御三个基本内容,习惯上分为可见光对抗、红外对抗、紫外对抗、夜视对抗和激光对抗等领域。

光电对抗的重要作用主要体现在以下几个方面。

(1)光电对抗是电子战的重要组成部分。

电子战是指运用电子对抗手段进行的作战,包括雷达对抗、光电对抗、计算机对抗和指挥控制系统的对抗等,其核心是争夺电磁频谱的控制权。光电对抗是电子战的重要方面,是信息战的重要组成部分,也是极为重要的电子对抗手段之一。有军事专家分析和预言:未来信息化战争中,谁失去制谱权,就必将失去制空权、制海权,处于被动挨打、任人宰割的悲惨境地;谁先夺取光电权,谁就将夺取制空权、制海权、制夜权,从而产生重大影响。

(2)光电对抗是实施精确制导打击的关键因素。

现代战争的作战模式基本上都是首先采用光电对抗技术分析,用精确制导武器攻击对方的首脑指挥设施以及与其相关的指挥控制系统和通信等信息系统,使其指挥控制、预警探测和情报系统瘫痪,从而赢得战争的主动权。伊拉克战争中,美军使用了 800 余枚"战斧"式巡航导弹和 2 万余枚精确制导炸弹,占总弹药量的 80% 以上,而担当此重任的主要是光电对抗技术,以精确定位实现打击。

(3)光电对抗是夺取战争主动权的重要保证。

信息化战争实践表明,没有制电磁权,便没有制空权、制海权,也没有陆上作战的主动权。在进攻时,精确的光电对抗装备能使敌指挥系统混乱、防空系统瘫痪,以保证己方攻击力量有效突防,加快战争进程;在防御时,有效的光电对抗能大大降低敌攻击武器的杀伤力,延缓战争进程。光电对抗整体装备力量的优势将为夺取战争的主动权提供强有力的保证。

4.1 光电探测的基本原理

4.1.1 光电探测的物理效应

对光电侦察系统来说,能否迅速、准确、灵敏地探测并截获系统周围的光辐射是判断其性能是否优良的关键,也是它能否完成作战任务的关键。光辐射的探测/截获实际上就是通过探测器将携带待测目标信息的光辐射转换为电信号,供电子系统进一步处理。

当光入射到某些半导体上时,光子(或者说电磁波)与物质中的微粒产生相互作用,引起物质的光电效应和光热效应,在这种效应里实现了能量的转换,把光辐射的能量变成了其他形式的能量,光辐射所带的信息也变成了其他能量形式(电、热等)的信息。通过对这些信息(如电信息、热信息等)进行检测,也就实现了对光辐射的探测。

凡是能把光辐射能量转换成一种便于测量的物理量的器件都称为光探测器。从近代测量技术看,电量是测量最方便、最精确的物理量,因此大多数光探测器都是直接或者间接地把光辐射能量转换成电量来实现对光辐射的探测。这种把光辐射能量转换为电量(电流或电压)来测量的探测器称为光电探测器。

光电探测的物理效应可以分为三大类:光电效应、光热效应和波相互作用效应,以光电效应应用最广泛。

光电效应是入射光的光子与物质中的电子相互作用并产生载流子的效应。而此处所指的光电效应是一种光子效应,即单个光子的性质对产生的光电子直接作用的一类光电效应。根据效应发生的部位和性质,习惯上又将其分为外光电效应和内光电效应。光电效应类探测器吸收光子后,直接引起原子或分子的内部电子状态发生改变,即光子能量的大小直接影响内部电子状态改变的大小,因此这类探测器受到波长限制,存在"红限"—— 截止波长 λ_c,其表达式为

$$\lambda_c = \frac{hc}{E} \tag{4.1}$$

式中,c 为真空中的光速;E 在外光电效应中为表面逸出功,在内光电效应中为半导体禁带宽度;h 为普朗克常量,$h = 6.6 \times 10^{-34} \text{J} \cdot \text{s}$。

光热效应是物体吸收光,引起温度升高的一种效应。探测元件吸收光辐射能量后,并不直接引起内部电子状态的改变,而是把吸收的光能变为晶格的热运动能量,引起探测元件温度的上升,并进一步使探测元件的电学性质或其他物理性质发生变化。探测体常用 Pt、Ni 和 Au 等金属,还可用热敏电阻、热释电器件、超导体等。光热效应与单光子能量 $h\nu$ 的大小没有直接关系。原则上,光热效应对光波波长没有选择性,但由于材料在红外波段的热效应更强,因此光热效应广泛用于对红外辐射,特别是长波长的红外线的测量。由于温升是热累积的作用,因此光热效应的速度一般较慢,而且易受环境温度变化的影响。

波相互作用效应是指激光与某些敏感材料相互作用过程中产生的一些参量效应,包括非线性光学效应和超导量子效应等。

光电探测器在实际应用时接收入射的光辐射能量,输出光电流。这种把光辐射能量转换为光电流的过程称为光电转换。如果入射光辐射的单色光功率为 $P(t)$,频率为 ν,即单光子的能量为 $h\nu$,光电流 $i(t)$ 是光生电荷 Q 的变量,则有

$$P(t) = \frac{\mathrm{d}E}{\mathrm{d}t} = h\nu \cdot \frac{\mathrm{d}n_1}{\mathrm{d}t} \tag{4.2}$$

$$i(t) = \frac{\mathrm{d}Q}{\mathrm{d}t} = e \cdot \frac{\mathrm{d}n_e}{\mathrm{d}t} \tag{4.3}$$

式中, n_1 和 n_e 分别表示光子数和电子数; E 表示入射光能量。式中所有变量都应理解为统计平均值。 $i(t)$ 与 $P(t)$ 的基本关系为

$$i(t) = DP(t) \qquad (4.4)$$

式中, D 是一个比例因子,称为光电探测器的光电转换因子。把式(4.2)和式(4.3)代入式(4.4)中可得到

$$D = \frac{e}{h\nu}\eta \qquad (4.5)$$

式中

$$\eta = \frac{\dfrac{\mathrm{d}n_e}{\mathrm{d}t}}{\dfrac{\mathrm{d}n_1}{\mathrm{d}t}} \qquad (4.6)$$

式中, η 称为光电探测器的量子效率,它表示探测器吸收的光子数和激发的电子数之比,是探测其物理性质的函数。由式(4.5)和式(4.6)可以得到

$$i(t) = \frac{e\eta}{h\nu}P(t) \qquad (4.7)$$

这就是基本的光电转换定律,它告诉我们:光电探测器对入射光功率有响应,响应量是光电流,因此一个光电探测器可视为一个电流源;因为光功率 P 正比于光电场的平方,所以常常把光电探测器称为平方率探测器,因此光电探测器是一个非线性器件。

4.1.2　光电探测方式

光辐射的探测是将光波中的信息提取出来的过程。这里,光是信息的载体。把信号加载于光波的方法有多种,如强度调制、幅度调制、频率调制、相位调制和偏振调制。从原理上来说,强度调制、幅度调制和偏振调制(可以很容易的转化为强度调制)可以直接由光电探测器解调,称为直接探测方式;频率调制和相位调制则必须采用光外差(相干)探测的方法解调。

在直接探测方式中,光波直接辐射到光电探测器的光敏面上,光电探测器响应于光辐射强度而输出相应的电流或电压,然后送入信号处理系统,就可以再现原信息。直接探测是一种简单又实用的方法,但是它只能探测光辐射的强度及其变化,会丢失光辐射的频率和相位信息。

光外差探测的原理与无线电外差接收的原理完全一样,其中必须有两束满足相干条件的光束。在光外差探测方式中,光电探测器起着光学混频器的作用,它响应信号光与本振光的差频分量,输出一个中频光电流。由于探测量是利用信号光和本振光在光探测光敏面上干涉得出的,因此外差探测又称相干探测。外差探测利用光场的相干性可实现对光辐射的振幅、强度、相位和频率的测量。

1.直接探测

光电探测器的基本功能就是把入射到探测器上的光功率转换为相应的光电流,即

$$i(t) = \frac{e\eta}{h\nu} P(t) \tag{4.8}$$

因此,只要待传递的信息表现为光功率的变化,利用光电探测器这种直接光电转换功能就能实现信息的解调。这种探测方式通常称为直接探测,直接探测系统如图 4.1 所示。光辐射信号通过光学透镜天线、光学带通滤波器入射到光电探测器表面;光电探测将入射的光电子流变化为电子流,其大小正比于光子流的瞬时强度,然后经过前置放大器对信号进行处理。由于光电探测器只响应光波功率的包络变化,而不响应光波的频率和相位变化,因此直接探测方式也被称为光包络探测或非相干探测。

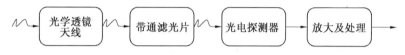

图 4.1　直接探测系统

(1) 光电探测器的平方率特性。

假定入射信号光场为 $e_c = A_c \cos \omega_c t$,这里 A_c 是信号光场振幅,ω_c 是信号光频率,则平均光功率为

$$P = \overline{e_c^2(t)} = \frac{A_c^2}{2} \tag{4.9}$$

光电探测器的输出光电流为

$$i_p = \alpha \cdot P = \frac{e\eta}{h\nu} \overline{e_c^2(t)} = \frac{e\eta A_c^2}{2h\nu} \tag{4.10}$$

式中,$\overline{e_c^2(t)}$ 表示光场的时间平均值,α 为光电变换系数,即

$$\alpha = \frac{e\eta}{h\nu} \tag{4.11}$$

式中,η 为量子效率。

若光电探测器的负载为 R_L,则光电探测器的输出功率为

$$S_p = i_p^2 R_L = \left(\frac{e\eta}{h\nu}\right)^2 P^2 R_L \tag{4.12}$$

式(4.12)表明,光电探测器的平方率特性包含两个方面:一是光电流正比于光场振幅的平方;二是光电探测器的电输出功率正比于入射光功率的平方。

如果入射光是调幅波,即

$$E_c(t) = A_c(1 + d(t)) \cos \omega_c t \tag{4.13}$$

式中,$d(t)$ 为调制信号。则探测器输出光电流为

$$i_p = \frac{1}{2} a A_c^2 + \frac{1}{2} a A_c^2 d(t) = \frac{e\eta}{h\nu} P(1 + d(t)) \tag{4.14}$$

式(4.14)表明,光电流表达式中的第一项代表直流项,第二项为信号的包络波形。

(2) 直接探测系统的信噪比。

一个直接探测系统的探测性能好坏要根据信噪比判断。设输入光电探测器的信号光功率为 s_i,噪声功率为 n_i,光电探测器的电输出功率为 s_o,输出噪声功率为 n_o,则总的输入

功率为 $s_i + n_i$，总的输出电功率为 $s_o + n_o$。根据光电探测器的平方率特性，有

$$s_o + n_o = k(s_i + n_i)^2 = k(s_i^2 + 2s_i n_i + n_i^2) \tag{4.15}$$

式中，$k = \left(\dfrac{e\eta}{h\nu}\right)^2 R_L$，为常数。考虑到信号和噪声的独立性，应有

$$s_o = k s_i^2 \tag{4.16}$$

$$n_o = k(2s_i n_i + n_i^2) \tag{4.17}$$

根据信噪比的定义，光电探测器的输出信噪比为

$$\frac{s_o}{n_o} = \frac{s_i^2}{2s_i n_i + n_i^2} = \frac{(s_i/n_i)^2}{1 + 2s_i/n_i} \tag{4.18}$$

由此可见，输出噪声包括两项：n_i^2 是噪声分量之间的差拍结果；$2s_i n_i$ 是信号和噪声之间的差拍结果。

若输入信噪比 $\dfrac{s_i}{n_i} \ll 1$，则有 $\dfrac{s_o}{n_o} \approx \left(\dfrac{s_i}{n_i}\right)^2$。此式说明，当输入信噪比小于 1 时，输出信噪比更小于 1，而且下降得更明显。因此，直接探测方式不适合于输出信噪比小于 1 或者微弱光信号探测。

若输入信噪比 $\dfrac{s_i}{n_i} \gg 1$，则有 $\dfrac{s_o}{n_o} \approx \dfrac{1}{2} \cdot \dfrac{s_i}{n_i}$。此式说明，当输入信噪比大于 1 时，输出信噪比等于输入信噪比的一半，光电转换后信噪比损失不大，在实际应用中完全可以接受。因此，直接探测方式最适合于强光探测。

2. 外差探测

激光的高度相干性、单色性和方向性使光频段的外差探测成为现实。光外差探测与无线电波外差接收方式的原理相同，所以同样具有无线电波外差接收方式的选择性好、灵敏度高等一系列优点。就探测而言，只要波长能匹配，则外差和直接探测所用探测器原则上可通用。光外差探测的主要问题是系统复杂，而且波长越短，实现外差就越困难。

(1) 光外差探测系统如图 4.2 所示。与直接探测系统相比，多了一个本振激光器。其工作过程如下：待探测的频率为 ω_c 的光信号和由本振激光器输出的频率为 ω_d 的参考光都经有选择性的分束器入射到光探测器表面而相干叠加（混频），因为探测器仅对其差频（$\omega_{IF} = \omega_c - \omega_d$）分量响应，故只有频率为 ω_{IF} 的射频电信号（包括直流分量）输出，再经过放大器放大，由射频检波器进行解调，最后得到有用的信号信息。

假定相同方向、相同偏振的信号光束和本振激光垂直照射到探测器表面，它们的电场分量可分别表示为

$$E_c(t) = A_c \cos(\omega_c t + \varphi_c) \tag{4.19}$$

$$E_d(t) = A_d \cos(\omega_d t + \varphi_d) \tag{4.20}$$

根据光电探测器的平方律特性，其输出光电流为

$$i_p = a \overline{(E_c(t) + E_d(t))^2} \tag{4.21}$$

式中，a 为一常数；括号上的横线表示在几个光频周期内的时间平均，这是因为光电探测器的响应时间有限，光电转换过程实际上是一个时间平均过程。将式(4.19)和式(4.20)

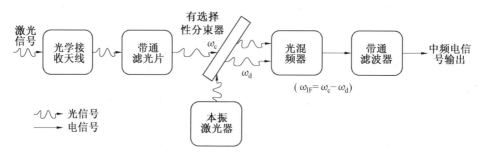

图 4.2　光外差探测系统

代入式(4.21),并经展开后得到

$$i_p = a\{A_c^2 \overline{\cos^2(\omega_c t + \varphi_c)} + A_d^2 \overline{\cos^2(\omega_d t + \varphi_d)} +$$
$$A_c A_d \overline{\cos[(\omega_c - \omega_d)t + (\varphi_c - \varphi_d)]} +$$
$$A_c A_d \overline{\cos[(\omega_c + \omega_d)t + (\varphi_c + \varphi_d)]}\} \qquad (4.22)$$

式中,前两项表示直流分量;第三项表示差频项;最后一项是和频项。由于其频率 $\omega_c + \omega_d$ 太高,因此光电探测器根本不响应,也就是说这部分光波成分与探测器不发生相互作用。而差频项 $\omega_{IF} = \omega_c - \omega_d$ 相对光场变化要缓慢得多,只要 $\omega_{IF} = 2\pi f_{IF}$ 小于光电探测器的截止响应频率 f_c,探测器就有相应的光电流输出,故式(4.22)可变为

$$i_p = a\left\{\frac{A_c^2}{2} + \frac{A_d^2}{2} + A_c A_d \cos[\omega_{IF} t + (\varphi_c - \varphi_d)]\right\} \qquad (4.23)$$

这个光电流经过有限带宽的中频($\omega_{IF} = \omega_c - \omega_d$)放大器,滤去直流项,最后只剩下中频交流分量,即

$$i_p = a A_c A_d \cos[\omega_{IF} t + (\varphi_c - \varphi_d)] \qquad (4.24)$$

这个结果表明,光外差探测是一种全息探测技术。在直接探测中,只响应光功率的时变信息;而在光外差探测中,光频电场的振幅 A_c、频率 $\omega_c = \omega_d + \omega_{IF}$($\omega_d$ 是已知的,ω_{IF} 是可以测量的)、相位 φ_c 所携带的信息均可探测出来。也就是说,一个振幅调制、频率调制以及相位调制的光波所携带的信息通过光外差探测方式均可实现解调。这无疑是直接探测方式不能比拟的,但它比直接探测的方式的实现要困难和复杂得多。

若 $\omega_c = \omega_d$,即待测光频率与本振光频率相等,则式(4.24)变为

$$i_p = a A_c A_d \cos(\varphi_c - \varphi_d) \qquad (4.25)$$

这是外差探测的一种特殊形式,称为零拍探测。探测器此时的输出电流与待测光的振幅和相位成比例变化。若待测光是振幅调制(即信息包含在 A_c 中),则要求本振光波与待测光波相位锁定,即 $\varphi_d = \varphi_c$,此时输出信号电流最大。若待测光波是相位调制(即信息包含在 φ_c 中),则要求本振光波 φ_d =常数。实际上,无论是差拍光外差探测还是零拍光外差探测,要实现某一信息解调,保证本振光束的频率和相位的高度稳定是十分重要的。激光信号已经能比较好地保证这一条件,因此激光外差探测得到了迅速发展。

(2) 光外差探测的基本特性。

从光外差探测的基本公式即式(4.24)还可以看出,光外差探测具有以下优良特性。

① 高的转换效益。探测器的电输出功率为

$$P_{IF} = i_{IF}^2 R_L = 2\alpha^2 P_c P_d P_L \tag{4.26}$$

式中，$P_c = A_c^2/2$，$P_d = A_d^2/2$ 分别为信号光和本振光的平均功率。如果以直接探测时的电输出功率为基准，那么外差探测时所能够提供的功率转换增益 $G = 2P_d/P_c$。通常 $P_d > P_c$，因此外差探测能提供足够高的增益。有效的外差探测要求有足够高的本振光功率，这也说明外差探测方式对弱信号探测特别有效。

② 良好的滤波性能。在外差探测中，只有那些在中频频带内的杂散光才可能进入系统，而其他杂散光所形成的噪声均被中频放大器滤除。因此，在光外差探测中，不加滤光片也比加滤光片的直接探测系统有更窄的接收带宽，这说明光外差探测对背景光具有良好的滤波性能。

③ 良好的空间和偏振鉴别能力。由光外差的基本公式即式(4.24)可以看出，为使光电探测器的输出中频电流达到最大，要求信号光束与本振光束的波前在整个探测器的灵敏面上必须保持相同的相位关系。因为光波波长比光电探测器光混频面积小得多，所以光电探测器输出的中频光电流等于混频面上的每一微分面元所产生的中频微分电流之和。显然，只有当这些中频微分电流保持相同的相位关系时，总的中频电流才达到最大，这说明光外差探测具有良好的空间和偏振鉴别能力。

④ 光外差探测的信噪比。假定入射到光电探测器的灵敏面上的信号光束中的信号和噪声分别为 s_i 和 n_i，本振光束中的本振信号和噪声分别为 s_L 和 n_L，光电探测器输出为 $s_o + n_o$，s_o 为信号，n_o 为噪声，根据探测器的平方律特性有

$$s_o + n_o = k(s_i + n_i + s_L + n_L)^2 \tag{4.27}$$

式中，$k = \left(\dfrac{e\eta}{h\nu}\right)^2 R_L$，为常数。展开上式并略去 n_L^2、$n_L n_i$、n_i、n_i^2、$s_i s_L$ 和 $s_i n_i$ 各项，中频放大器又滤掉 s_L^2 和 s_i^2 直流项，最后有

$$s_o + n_o = 2k(s_i s_L + s_L n_L + s_L n_i) \tag{4.28}$$

由信噪比定义可知

$$\frac{s_o}{n_o} = \frac{s_i}{n_i + n_L} \tag{4.29}$$

如果本振光不含噪声，即 $n_L = 0$，则

$$\frac{s_o}{n_o} = \frac{s_i}{n_i} \tag{4.30}$$

该式说明在外差探测中输入信号和噪声同时被放大，输出信噪比等于输入信噪比，没有信噪比损失。在 $\dfrac{s_i}{n_i} \ll 1$ 时，外差探测较直接探测有高得多的输出信噪比，即在弱信号条件下，外差探测比直接探测有高得多的灵敏度；在 $\dfrac{s_i}{n_i} \gg 1$ 时，即在强信号条件下，外差探测比直接探测信噪比仅提高一倍，考虑到系统的复杂性，在这种情况下采用直接探测更有利。

如果本振光含有噪声，即 $n_L \neq 0$，则输出信噪比就要降低。因此，利用较低噪声的本振激光才能体现出光外差探测的优越性。

4.2 光电对抗侦察

光电侦察告警是实施有效光电干扰的前提。顾名思义,光电侦察告警技术包括光电侦察和告警两方面。侦察是前提和基础,在准确、快速侦察的基础上,才能及时给出可靠的告警信息。

光电侦察通常分为两类:光电情报侦察和光电技术侦察。光电情报侦察的主要任务是通过定位、分析、识别光辐射来获得敌方武器与光电设备的类型、用途、数量、方位或位置、编成、部署、武器系统的配置、行动企图等,由此来判断敌方的作战状态,为告警提供准确可靠的情报信息。而光电技术侦察主要用来查明敌方光电装备的战术、技术性能,如发射的光功率、波长、调制频率与调制方式、光信号特征(光脉冲宽度、脉冲频率、编码)等技术参数,为制定光电对抗措施提供依据。

光电侦察告警的实质就是对敌方光电设备发出的各种光辐射的有效探测和截获。本书根据工作波段属性的不同,分别介绍激光侦察告警、红外侦察告警和紫外侦察告警,以及低照度下的微光夜视技术。

4.2.1 激光侦察告警技术

激光侦察告警是对敌方激光辐射或散射信号进行探测、截获、分析和处理,以获取敌方激光源的技术参数、功能、类型、方位,并判明威胁程度等情报的一种光电对抗侦察。

相对于其他告警方式,激光侦察告警具有许多优点:接收视场大,能覆盖整个警戒空域;频带宽,能测定敌方所有可能的军用激光波长;低虚警、高探测概率、低动态范围;有效的方向识别能力;反应时间短;体积小、质量轻、价格便宜。

激光告警设备组成示意图如图 4.3 所示。

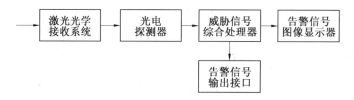

图 4.3 激光告警设备组成示意图

图 4.3 中,激光光学接收系统收集来自远方激光威胁源的信号,并将其会聚到光电探测器上。光电探测器对接收到的信号进行光电转换,送到威胁信号综合处理器,得到入射激光波长、脉宽等一系列参数的检测和判别。检测参数一路送告警信号/图像显示器显示,另一路经告警信号输出接口送给需要此信息引导的光电干扰设备。

通过激光告警设备,可以获得威胁源所在方位、到达时间、激光波长、脉冲宽度、重复频率、编码码型、功率(能量)等级,以及目标运动速度和激光图像。激光告警设备的战术技术性能包括告警距离(或作用距离)、探测概率、虚警与虚警率、覆盖空域(或场视角)、角分辨率等。

激光侦察告警技术可分为主动方式和被动方式。

主动式激光侦察告警技术主要用于对战场光学设备的侦察和定位,通过对所要侦察的战场区域发射高重频脉冲激光束,照射目标区并逐点扫描。当扫描到对方带有望远镜系统的光学设备时,照射激光进入对方的接收系统,到达位于焦平面附近的分划板或探测器上,一部分入射激光将由其表面反射并沿原路返回,由此造成光学系统比周围地物强几个数量级的反射回波,通过对强回波信号的处理与识别,从复杂背景中将光学设备检测出来,进行精确定位。

在主动式激光侦察系统中,运用到很重要的一个原理就是"猫眼"效应,光学系统"猫眼"效应原理图如图 4.4 所示,即光学设备的光学系统在受到激光束辐照下,由于光学"准直"作用,因此其产生的"反射"回波强度比其他漫反射目标(或背景)的回波高好几个数量级,就像黑暗中的"猫眼"。

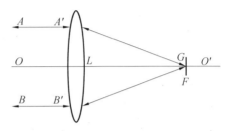

图 4.4　光学系统"猫眼"效应原理图

目前,主动式激光侦察主要适用于 $1.06~\mu m$ 和 $10.6~\mu m$ 两个波长,系统一般包括高重复频率激光器、激光发射 / 接收系统、光束扫描系统、信号处理器、转动机构、声光电示警单元、数据库、软件系统。

被动式激光侦察告警技术包括光谱探测型激光告警器、成像探测型激光告警器、相关探测型激光告警器、全息探测型激光告警器、光纤激光告警器和扫描探测与凝视方位编码复合的告警器。

光谱探测型激光告警器是所有激光探测器中最简单、最常用的一种,可以检测激光信号的有无、大致方向,以及脉宽、重频、编码等威胁源参数,但受传感器数量限制,角分辨率不高。5 个探测单元的告警器如图 4.5 所示,告警器由 5 个通道组成,其中一个通道的光轴指向天顶,另外 4 个沿水平面对称分布,每相邻两路的光轴正交,每路探测器的视场角均为 $135°$,从而使得每相邻传感器都有 $45°$ 的重叠空域,即系统的角分辨力为 $45°$。当威胁激光源位于某单个传感器的视场时,该传感器便接收到敌激光,而其余传感器没有信号;若某

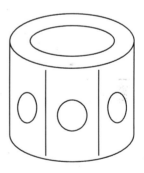

图 4.5　5 个探测单元的告警器

两相邻传感器同时收到激光威胁信号,则敌激光必在这二者的视场重叠区。

成像探测型激光告警器是基于广角凝视成像体制而工作的,一般包含摄像探测头、显示 / 控制器两大部分。由于利用鱼眼透镜(或超广角镜头)的超大空域覆盖特性,因此此类告警器角分辨力比前者高一个数量级。

普通的光学系统的理想成像时无穷远的物体所对应的像高尺寸满足

$$y_0' = f \tan \omega \qquad\qquad (4.31)$$

式中,y_0' 是理想像高度,f 是系统的物距方程,ω 是左方无穷远物体所对应的视场半角。

对于鱼眼透镜,需要视场半角满足

$$|\omega| \geqslant \pi/2 \tag{4.32}$$

当 $|\omega| = \pi$ 时，$|y_0'| \to \infty$，即此时高斯光学公式完全失效。因此，需重新定义鱼眼透镜的成像公式，如等距投影和等立体角投影公式，即

$$y_0' = kf\omega \tag{4.33}$$

$$y_0' = 2f\sin\frac{\omega}{2} \tag{4.34}$$

4.2.2　红外侦察告警技术

红外侦察告警设备主要用于截获、测量和识别敌方来袭武器的红外信号，并对其实施告警。自然界中凡是温度高于绝对零度的物体都有红外辐射，即所有目标都是红外辐射源，所以从理论上讲，战场上几乎所有目标都是红外辐射源。

目前绝大多数红外侦察告警设备是被动式工作体制，较为安全、隐蔽。红外侦察告警设备按工作原理分为点源探测、成像探测；按光谱分为近红外、中红外、长波红外。按光学系统分为光机扫描型、凝视成像型；按系统功能分为告警、告警／定位。红外侦察告警技术具有许多优点：准确判断目标角方位，较方便处理多个目标；除告警外，还能监视、跟踪、搜索，可与火控系统连用。

红外侦察告警设备组成示意图如图 4.6 所示。图 4.6 中，红外光学接收系统收集来自远方威胁源的红外辐射信号，并将其会聚到红外探测器上。探测器对接收到的信号进行光电转换，送到威胁信号综合处理器，得到威胁源所在方位、辐射强度、红外图像等信息。所侦察到的信息一路送告警信号／图像显示器显示，另一路经告警信号输出接口送给需要此信息引导的光电干扰设备。

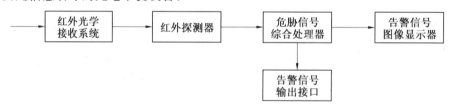

图 4.6　红外侦察告警设备组成示意图

红外侦察告警系统必须从背景中把目标检测出来，依据的提取机理包括目标的瞬时光谱特性、目标辐射的时间特性、多光谱特性和图像特征，主要的技术性能参数包括探测灵敏度、探测概率、虚警概率、探测视场、角度分辨率、反应时间、显示方式等。

红外侦察告警器的探测距离是红外探测系统的一个重要指标，下面简单推导理想情况（无背景辐射、目标为点源、目标辐射为黑体辐射）下的距离方程。

设目标的光谱辐射强度为 I_λ，大气的光谱透过率为 $\tau_{a\lambda}$，目标离红外探测系统的距离为 R，则目标照在红外探测系统上的光谱照度为

$$H_\lambda = \frac{I_\lambda \tau_{a\lambda}}{R^2} \tag{4.35}$$

探测系统中的光学系统的入射瞳面积为 A_0，$\tau_{0\lambda}$ 是光学系统的光学透过率，则会聚在

焦点探测器上光谱的辐射功率为

$$P_\lambda = H_\lambda A_0 \tau_{0\lambda} \tag{4.36}$$

在 $\mathrm{d}\lambda$ 一小段波长内,在探测器上接收到 $\mathrm{d}P$ 功率为

$$\mathrm{d}P = P_\lambda \mathrm{d}\lambda \tag{4.37}$$

这一功率产生的信噪比 V_s/V_n 与在该波长单色辐射探测率 $D^*(\lambda)$ 的关系为

$$D^*(\lambda) = \left[\left(\frac{V_s}{V_n} \right) (A_d \Delta f)^{\frac{1}{2}} \right] / \left[H(\lambda) A_0 \mathrm{d}\lambda \right] \tag{4.38}$$

式中,A_d 为探测器面积,Δf 为电子电路带宽。

结合上述公式得

$$\mathrm{d}\left(\frac{V_s}{V_n} \right) = \frac{D^*(\lambda) P_\lambda \mathrm{d}\lambda}{(A_d \Delta f)^{\frac{1}{2}}} = \frac{D^*(\lambda)(I_\lambda A_0 \tau_{0\lambda}) \mathrm{d}\lambda}{(A_d \Delta f)^{\frac{1}{2}} R^2} \tag{4.39}$$

积分可得

$$\frac{V_s}{V_n} = \frac{A_0}{R^2 (A_d \Delta f)^{\frac{1}{2}}} \int_{\lambda_1}^{\lambda_2} I_\lambda \tau_{0\lambda} \tau_{a\lambda} D^*(\lambda) \mathrm{d}\lambda \tag{4.40}$$

假设在波段 $\lambda_1 \sim \lambda_2$ 范围内,辐射大气传输透过率用平均透过率 τ_a 代替;光谱辐射强度 I_λ 用平均值 I 代替;$D^*(\lambda)$ 用波段范围内平均值 D^* 代替;$\tau_{0\lambda}$ 用 τ_0 代替。由于 $A_d = \omega f^2$,$A_0 = \frac{\pi}{4} D_0^2$,$(NA) = D_0/f$,因此由上式可得出

$$R = \left[\frac{\pi D_0 (NA) D^* I \tau_a \tau_0}{2 (\omega \Delta f)^{\frac{1}{2}} V_s/V_n} \right]^{\frac{1}{2}} \tag{4.41}$$

式中,ω 为系统瞬时视场;D_0 为接收系统光学口径;f 为系统焦距;NA 为光学系统 F 数;V_s/V_n 表示系统工作在离目标距离 R 处所必需的信噪比。

将上式改写为

$$R = I^{\frac{1}{2}} \tau_a^{\frac{1}{2}} \left[\frac{\pi}{2} D_0 (NA) \tau_0 \right]^{\frac{1}{2}} (D^*)^{\frac{1}{2}} \left[\frac{1}{(\omega \Delta f)^{\frac{1}{2}} \dfrac{V_s}{V_n}} \right]^{\frac{1}{2}} \tag{4.42}$$

式中,第一项为目标的辐射强度,由目标自身确定;第二项为辐射大气传播系数;第三项是光学系统参数;第四项由探测器性能决定;最后一项是设计者必须认真选择的参数,即减小视场和压缩带宽是增加系统作用距离的重要途径。

4.2.3　紫外侦察告警技术

紫外告警是利用工作在紫外波段上的专门设备,接收、处理目标发出的紫外辐射或目标反射太阳光中的紫外光,进行探测和识别,指示目标方位角并发出警报。

根据原子物理的原子能级跃迁原理,目标须具有很高的工作温度(大于 2 000 K 左右)才能发出紫外辐射,故紫外告警目前主要针对以火箭发动机为动力的导弹。其次,紫外辐射在大气中衰减很大,所以告警作用距离较短,一般为 3 ~ 5 km。高度越接近地面,告警距离就越短,在高空作用距离可延长一倍甚至更多。

紫外告警系统工作在中紫外波段($0.2 \sim 0.29 \ \mu m$)。由于臭氧层的吸收等原因,因此该波段内的太阳紫外辐射被阻隔而不能到达低空,于是形成"日盲"区,从而使该波段的紫外探测系统有效地避开了日光这一最棘手的干扰源。

紫外告警系统具有许多优势:虚警率极低,测角精度高,空域覆盖范围大,无电磁辐射,与其他告警器能很好兼容;对太阳、外来电磁辐射、载体发动机等具有优异的抗干扰能力,不用制冷、预热时间,成本低,体积小。当然,它也有致命的缺陷,就是一旦导弹发射机熄火,没有紫外源就不能告警。

4.2.4　微光夜视

微光夜视技术致力于探索夜间和其他低光照度时目标图像信息的获取、转换、增强、记录和显示,使人眼视觉的时域、空域和频域有效扩展。就时域而言,它克服"夜盲"障碍,使人们在夜晚行动自如;就空域而言,它使人眼在低光照空间,如地下室、山洞等仍能实现正常视觉;就频域而言,它把视觉频段向长波区延伸,使人眼视觉在近红外区仍然有效。

微光夜视的核心任务就是将微弱光辐射增强至正常视觉所要求的程度。

即使在漆黑的夜晚,天空中仍然充满了光线,这就是所谓的"夜天辐射"。它是所有自然源辐射的总和,其光谱具有以下特点:夜天辐射除可见光之外,还包含有丰富的近红外辐射,而且无月星空的近红外辐射急剧增加,甚至远超可见光辐射;夜天辐射的光谱分布在有月和无月时差异很大。

微光夜视系统分为微光夜视仪(直接观察型)和微光电视(间接观察型)。微光夜视仪就是以像增强器为核心部件,使人类能在极低照度($10^{-5} \ lx$)条件下有效获取景物图像信息,主要由光学系统、像增强器、机械结构和电子系统组成;而微光电视是工作在微弱照度条件下的电视摄像和显示设备,也称低光照度电视。

4.3　光　电　干　扰

光电干扰是光电对抗的一个重要组成部分,分为光电有源干扰和光电无源干扰,它们共同构成一个完整的光电干扰体系。光电干扰技术由一系列通过辐射、转发、发射和吸收光波能量而达到削弱和破坏对方光电设备使用性能的技术措施构成。

4.3.1　光电有源干扰

光电有源干扰是光电对抗的重要组成部分,包括激光有源干扰、红外有源干扰、可见光有源干扰和微光有源干扰。

激光有源干扰主要用于干扰不同波段的军用设备、制导武器、探测器,以及致眩作战人员眼睛。激光欺骗干扰机、激光致盲武器、激光对抗武器、战术激光武器都属于激光有源干扰范畴。红外有源干扰主要用于机动平台的自卫,红外干扰机和红外诱饵是当前最典型的两类红外有源干扰设备。可见光、微光的波长范围为 $0.4 \sim 1 \ \mu m$,它们利用此波段工作的设备核心器件的灵敏度高及动态范围有限的特点,用强光作为干扰光源,致盲其至烧毁敌方传感器。

1. 激光欺骗干扰

激光欺骗干扰技术包括角度欺骗与距离欺骗两种,欺骗干扰机的作战对象是敌方的军用激光系统,通常用于保卫固定或机动目标。

(1) 激光角度欺骗干扰。

激光角度干扰机的主要作战对象是半主动激光制导武器与激光跟踪设备。如图 4.7 所示为激光角度欺骗干扰系统组成框图,如图 4.8 所示为激光角度欺骗干扰机的干扰示意图,它根据所侦察到的敌方激光照射信息,复制或转发一个与之具有相同波长和码型的激光干扰信号,将其投射到预先设置在被攻击目标附近的一些假目标上,经过假目标漫反射产生代表假目标角方位的激光信号,把敌方导弹导向假目标。

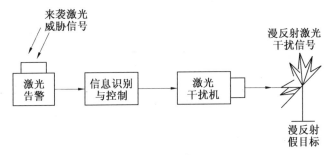

图 4.7　激光角度欺骗干扰系统组成框图

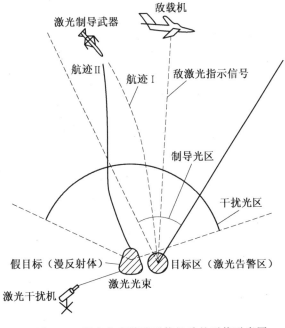

图 4.8　激光角度欺骗干扰机动的干扰示意图

（2）激光距离欺骗干扰。

由脉冲激光测距原理可知，在已知激光速度的前提下，目标距离的测量实际上是通过检测发射脉冲和由目标反射回波之间的时间差来确定的，测速方程为

$$L = \frac{1}{2}ct$$

式中，L 为目标距离；c 为光速；t 为发射信号与回波信号之间的时间差。

① 延时欺骗。

延时欺骗用时间滞后的激光信号取代正确的激光回波信号，使敌方激光测距机的实测距离数值比真实距离大，目前用光纤延迟线等结构或采用延时发射干扰机来实现延时。

② 高重频脉冲激光欺骗。

高频脉冲激光欺骗的原理是在对方接收视场内发射一个与激光测距信号具有相同波长、脉宽和更高重复频率的激光信号，确保在其距离选通波门的限定时间内至少有一个激光脉冲信号被接收，并且还要比来自目标的真实反射回波提前被接收。

高频激光距离欺骗干扰机通常由激光告警接收机、激光信号综合处理器、激光干扰信号发射机等设备组成，激光距离欺骗干扰机系统框图如图 4.9 所示。

图 4.9　激光距离欺骗干扰机系统框图

设测距机测距范围为 $R_1 \sim R_2 (R_2 \gg R_1)$。根据测距公式，测量时间 $t_1 = \frac{2R_1}{c}$，$t_2 = \frac{2R_2}{c}$。

干扰机发出的干扰脉冲至少在测距机波门内有 $2 \sim 3$ 个脉冲。由于敌方测距机的波门宽度并不知道，因此取系数 3，这样干扰频率为 $f \geqslant \frac{3c}{2R_1}$。

最小干扰功率为

$$P_{\min} = \frac{\pi P_s \theta^2 R^2 \mathrm{e}^{\sigma R}}{4A\tau_0}$$

式中，P_s 为激光测距机最小可探测功率；θ 为干扰激光光束发散角；σ 为传输路径激光大气平均衰减系数；A 为激光测距机光学有效接收口径；τ_0 为激光测距机光学系统透过率；R 为最远干扰距离。

2. 激光致盲武器技术

激光致盲武器以战场作战人员的眼睛或可见光观瞄设备为主要作战对象，以致眩、致盲或压制其正常观察为主要作战目的，分为对人眼损伤和对传感器损伤。激光致盲的特点与使用约束条件如下。

（1）采用人眼敏感的可见光波段实施致盲干扰。

（2）重频脉冲光对眼睛和光电探测器的致盲效果更好。

（3）对激光器输出功率与跟观瞄精度的要求更低。

（4）禁止"专门设计造成永久失明"。

3. 激光对抗武器

激光对抗武器属于激光武器的一种，以干扰、致盲光电传感器或光学系统为主要作战目标，具有以下几个特点。

（1）对目标的破坏能力介于激光武器与激光致盲武器之间。

（2）激光器的输出功率与跟瞄精度比硬杀伤激光武器略低。

（3）通常采用与对方光电探测器工作波段相近的重频脉冲实施干扰。

4. 红外干扰机

（1）红外点源制导原理。

红外点源制导的跟踪系统框图如图 4.10 所示，它由位标器、信号处理和跟踪控制构成。

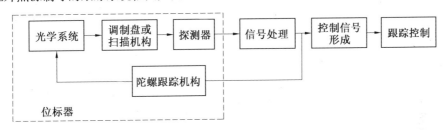

图 4.10　红外点源制导的跟踪系统框图

对运动目标跟踪的工作原理图如图 4.11 所示，目标与位标器的连线称为视线，视线、光轴与基准线之间的夹角分别为 α_t 和 α_M。当目标位于光轴上时，$\alpha_t = \alpha_M$，方位探测系统无误差信号输出。由于目标会移动，目标会偏离光轴，因此系统通过控制执行机构自动调整位置，实现动态跟踪目标的目的。

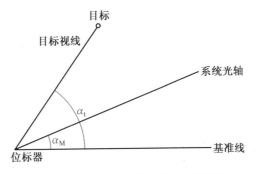

图 4.11　对运动目标跟踪的工作原理图

（2）红外干扰机的组成。

红外干扰机由红外光源、发射调制器、控制器等组成，如图 4.12 所示为电调制放电光源红外干扰机组成框图。

（3）红外干扰机干扰原理。

红外干扰机发出的红外辐射可以表示为

$$P_d(t) = (A + P_j(t))m_\tau(t)$$

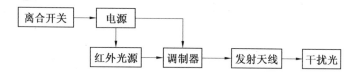

图 4.12　电调制放电光源红外干扰机组成框图

式中，$P_d(t)$ 为引导头调制盘后辐射功率；A 为寻的引导头调制盘收到的飞机辐射功率；$P_j(t)$ 为引导头的调制盘收到随时间调制的红外有源干扰机辐射功率；$m_\tau(t)$ 为引导头调制盘的调制函数。

$m_\tau(t)$ 是角频率为 ω_m 的周期函数，用傅里叶展开式表示为

$$m_\tau(t) = \sum_{n=-\infty}^{\infty} C_n \mathrm{e}^{j_n \omega_m t} \tag{4.43}$$

其中

$$C_n = \frac{1}{T_m} \int_0^{T_m} m_\tau(t) \mathrm{e}^{-j_n \omega_m t} \mathrm{d}t$$

式中，$T_m = \dfrac{2\pi}{\omega_m}$。

因为红外有源干扰的角频率为 ω_j，所以 $P_j(t)$ 可表示为

$$P_j(t) = \sum_{k=-\infty}^{\infty} d_k \mathrm{e}^{j_k \omega_j t} \tag{4.44}$$

其中

$$d_k = \frac{1}{T_1} \int_0^{\tau_j} P_j(t) \mathrm{e}^{-j_k \omega_j t} \mathrm{d}t$$

式中，$T_j = \dfrac{2\pi}{\omega_j}$。

因此，代入辐射表示式得

$$P_d(t) = \left(A + \sum_{k=-\infty}^{\infty} d_k \mathrm{e}^{j_k \omega_j t}\right) \sum_{n=-\infty}^{\infty} C_n \mathrm{e}^{j \omega_m t} \tag{4.45}$$

假定红外有源干扰机的 $P_j(t)$ 以 ω_c 为载频，以 ω_j 为门限值进行调制，则有

$$P_j(t) = \frac{B}{2} m_j(t)(1 + \sin \omega_c t) \tag{4.46}$$

式中，B 是红外有源干扰机的峰值功率。

$m_j(t)$ 的傅里叶展开式为

$$m_j(t) = \frac{1}{2} + \frac{2}{\pi} \sum_{k=0}^{\infty} \frac{(-1)^k}{(2k+1)} \sin\left[(2k+1)\omega_j t + \varphi_j(t)\right] \tag{4.47}$$

式中，φ_j 为 $m_j(t)$ 的一个随机相位角。此时，辐射表示式为

$$P_d(t) = \frac{1}{2}\left[A + \frac{1}{2}B m_j(t)(1 + \sin \omega_c t)\right](1 + a m_\tau(t)\sin \omega_c t) \tag{4.48}$$

没有干扰信号时，有

$$P_{d_0}(t) = \frac{A}{2}(1 + a m_\tau(t)\sin \omega_c t) \tag{4.49}$$

5. 红外诱饵弹技术

(1)红外诱饵弹干扰原理。

红外诱饵弹干扰示意图如图 4.13 所示,当在其导引头视场内出现多个目标时,它将跟踪等效辐射中心,当红外诱饵和真目标同时出现在导引头视场内时,导引头跟踪二者的等效辐射中心。

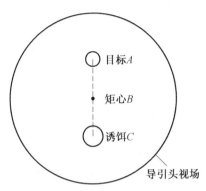

图 4.13 红外诱饵弹干扰示意图

(2)红外诱饵弹的技术要求。

①辐射光谱特性与目标相近。

②光谱辐射强度应大于目标对应的光谱辐射强度。

③点燃时间短。

④足够长的燃料持续时间。

4.3.2 光电无源干扰

光电无源干扰也是光电对抗的重要组成部分。光电无源干扰主要是利用一些本身不产生光波辐射的干扰材料或器材,散射、反射或吸收对方光电设备发射或我方目标辐射或反射的光波能量,达到迷惑、遮蔽或阻塞对方光电设备或武器正常工作的目的。

光电无源干扰技术主要是将烟幕、气溶胶或水幕等人工制造的物质释放在被保卫目标与干扰目标之间的传输通道上,将被保卫目标在烟幕等无源干扰物所形成的屏障中隐蔽或遮掩起来,从而使对方的光电观瞄、制导或侦察系统难以察觉物体的存在,或降低对其探测或识别的能力。

1. 烟幕

烟幕按战术用途分为三类:迷盲催泪烟幕、欺骗迷惑烟幕和遮蔽烟幕。

(1)烟幕的干扰机理。

烟幕的干扰机理有三种:吸收、散射和扰乱跟踪。

前两种的定量计算可参照辐射在大气中传输的有关内容,为了避免各种因素的影响,可以通过实验测得烟幕综合干扰效果。

（2）影响烟幕遮蔽性能的因素。

①入射波长。

②粒径大小与分布。

③粒子的形状与空间统计取向。

④粒子的表面性质。

⑤组成粒子材料的折射率。

⑥粒子密度。

2. 水幕、水雾

（1）水幕。

水幕对红外辐射的所有波长是一道屏障，几乎不可穿透。地面固定目标和水面舰艇很容易被卫星、机载红外遥感或热像仪侦察到，如果在军舰甲板和甲板以上的建筑和地面目标四周不时地用水浇，使其保持湿表面，不仅可以使原来红外辐射辐射不出去，而且由于水改变了物体表面的特性，整个"热像"彻底改变，红外成像制导弹不再能辨认其本来特性，这样就达到对抗红外成像制导导弹的目的。

（2）水雾。

水雾除了它本身对红外辐射有较大衰减外，由于水的汽化潜热很大，因此水雾变为水汽过程中伴随着吸热降温过程。水面舰艇利用得天独厚的海水和空气作为干扰材料，可使其红外辐射下降几十倍。

3. 气溶胶

气溶胶是以人工方法造成的雾云，它是靠悬浮于空气中的小液滴反射和折射光线产生干扰效果的。

气溶胶属于液体烟幕的一种，它是一种非烟火型的宽波段干扰材料。气溶胶材料的质量轻、悬浮能力好、留空时间长，并且具有吸收电磁波的特性。液体烟幕干扰效果通常与材料本身性能和喷射装置的形状设计及压力等参数密切相关。

4. 光箔条

光箔条是在一些纤细、轻型材料上涂覆宽波段光波反射涂层制成的，靠反射和散射光达到干扰的效果。

光箔条通常可由火箭弹或迫击炮弹发射，也可直接由飞机抛洒，到达指定空域后，光箔条与弹分离。如果将光箔条分撒在敌方激光目标指示器的照射光路上，则由光箔条散射的回波将被攻击目标反射的激光回波淹没，使得目标被掩盖在由光箔条散射而形成的激光斑点噪声的干扰信号之中，从而导致敌方武器丢失目标。

5. 光谱转换

任何一种物体在平衡温度下都会辐射出该物体的特征光谱，如果采取一定的技术如在钢板上涂一层漆，使它的辐射光谱不是钢板的辐射光谱，而是表面漆的特征光谱，这种技术称为光谱转换技术。如果光谱向短波长方向移动，称为光谱上转换；反之，则称为光谱下转换。

选取光谱转换材料有以下几个主要指标。

(1)与对抗的波段相匹配。

(2)波段辐射率差异越大越好。

(3)材料的辐射率随温度变化而变化,要注意原辐射体工作温度下的辐射率曲线。

(4)材料强度应符合使用要求。

(5)材料的附着力要强。

(6)效费比尽量高。

4.4　光电电子防御

光电电子防御指根据光电侦察与光电干扰的基本原理和使用手段,防御敌方对已方光电装备的发现、探测和干扰,其主要措施有以下几个方面。

1. 采用红外成像探测和跟踪

由于红外点源探测系统较易受到敌方的各种有源或无源干扰,因此为增强抗干扰能力,应发展各种红外成像探测和跟踪系统。如前所述,红外成像技术将整个目标及干扰背景的红外图像录取下来,再按照目标和干扰背景的红外辐射特征的不同,将目标从干扰背景中提取出来。由于目前所使用的红外干扰系统和各种红外无源干扰手段(如红外干扰弹等)均不能模拟整个目标的红外图像,因此无法对红外成像探测和跟踪系统产生干扰效果。

2. 采用编码激光脉冲

将激光测距机和激光雷达等发射的激光脉冲进行随机相位编码,可以增加敌方激光探测设备对所截获信号的分析处理难度,使敌方不易发射欺骗性有源干扰。

3. 抗激光致盲式干扰的方法

如前所述,激光致盲式干扰所使用的设备是激光致盲武器,它对各种光电设备构成了严重的威胁。对抗激光致盲武器的技术又称抗激光加固技术,具体方法有以下几种。

(1)改进滤光片。

滤光片可以滤除系统工作波长以外的各种干扰光波,是保证光电系统获取高信噪比的重要部件,如有损伤将直接影响系统的正常工作。加固的主要方法有:采用双层膜机制(适当牺牲一点光透过率),一层膜被破坏后,还有一层膜可以工作;采用强度高的材料制造滤光片,可以减少在强激光脉冲作用下发生断裂或破碎;使滤光片旋转,不让人射激光停留在某一区域上的时间过长,以免因局部过热而烧毁,等等。

(2)改进光电传感器。

光电传感器在光电系统中占有极其重要的地位,必须作为重点予以防护。加固的主要方法有:在响应速度允许的条件下选用大光敏面积的光电传感器,光敏面越大,光学系统汇聚的光直径就越大,光功率密度也就相应降低;采用高熔点焊剂或特殊方法焊接各接头,以免稍有温升即脱焊,造成整套系统无法正常工作;在条件许可时设置备份传感器,以便必要时接替失效的传感器,维持正常工作。

(3)采用防护外罩。

在某些光电设备的透光窗口外,可加装适当形式的不透光防护罩,在光电设备尚未工作时自动罩上,以防干扰激光进入,需要工作时自动打开。当激光制导武器处于惯性或指令飞行段时,就可以将其罩上,这样可以减少干扰的有效作用时间。也可以考虑采用在透光窗口上涂敷光致变色涂料,它可以随入射光强而改变透过率,防止较强激光的进入。

(4)采用变视场光学系统。

例如,红外制导武器在对目标进行搜索时用大视场,而锁定目标进行跟踪时转为小视场,这样可以有效地防止干扰激光能量从侧面进入。

(5)采用多元探测系统。

多元探测系统由众多的单元探测系统组合而成,因此其中少量单元被激光干扰压制,也不致对整套系统的工作能力造成太大影响。

(6)采用新型光学元件。

现有光学系统大多采用玻璃材料,在强激光照射下常发生炸裂、发毛等现象。若改用一些新型材料(如塑料等),则碎裂的可能性变小。目前国外已在一些光学系统中成功地采用了塑料透镜,对这些材料的要求是透明度高、耐高温、抗腐蚀等。

第 5 章

导 航 对 抗

导航对抗是指在战场环境下,用电子办法对抗敌方导航系统的工作,以及针对敌方对己方导航系统的干扰开展反干扰。导航对抗有两个基本因素:保护和阻止。保护,即为了更好地保护军队及盟军的使用,发展军码和强化军码的保密性能,加强抗干扰能力,确保战场上的导航优势,确保全球定位系统正常运行,使美军和盟军不受干扰地使用该系统。阻止,即阻扰敌对方的使用,施加干扰,施加选择可用性(Selective Availability,SA)、反电子欺骗(Anti－Spoofing,AS)。

导航星全球定位系统(Navstar Global Positioning System,GPS)是美国建造的、基于导航卫星星座的全天候、全球定位系统,它提供覆盖全球表面的三维定位和时间信号。通过接收这些信号,用户接收机能够为用户确定其所处的位置及运行速度和当前(格林威治或当地)时间。GPS 由以下三个独立部分组成。

(1)空间部分。21 颗工作卫星,3 颗备用卫星。

(2)地面监控网。由主控站和全球范围设置的多个监测站组成。

(3)用户设备部分。接收 GPS 卫星发射信号,以获得必要的导航和定位信息,经数据处理,完成导航和定位工作。

超稳定度的原子钟是全球定位系统的核心,每颗卫星自身直接产生超稳定度的导航同步信号,卫星上铯频标的长期稳定度预期可达每 3 万年差不到 1 s。

5.1　GPS 系统的定位原理

GPS 系统用户接收机的定位过程可描述为:根据已知的卫星位置和测出的用户与数颗卫星之间的相对伪距离,用导航算法(最小二乘法或卡尔曼滤波法)解算得到用户的最可信位置。为此,系统首先要让用户掌握卫星的位置,并测出距卫星的伪距。

5.1.1　系统如何向用户描述卫星位置

在 GPS 系统中,卫星位置是作为已知值,由卫星电文广播给用户的。在卫星广播的电文中,卫星在空间的位置用卫星位置的轨道参数或开普勒参数来描述。实质上,GPS 电文中是用动态的开普勒椭圆去逼近卫星运动实际轨道的。

作用在卫星上的力主要是地球的引力,当地球是一个理想球体时,地球对卫星的引力是指向地心的。按开普勒三条定律,卫星是在一个通过地球中心的固定平面上运动的,这个平面称为卫星运动的轨道平面。卫星在其轨道平面上的运动轨迹是一个椭圆,地球中心处于椭圆的一个焦点上。

于是,要描述卫星的位置,便首先描述卫星运动的轨道平面在空间的位置;其次,必须描述卫星在轨道平面上作椭圆运动的大小、形状和取向;最后,必须描述卫星在椭圆轨道上的瞬时位置。

要确定卫星轨道平面在空间的位置,首先要找到一个可认为固定不变的参考系。地球虽在自转,但地球的赤道平面在空间的取向可视为基本不变,可用作参考平面。同样,地球绕太阳公转的轨道(黄道)平面在空间的取向也可认为基本不变,也可作为一个参考平面。赤道和黄道平面都通过地球质心。现在,假设整个宇宙空间是一个以地心为中心,半径为无穷大的球,称为天球;再假设把地球的赤道平面无限延展,使它和天球相交,其交线称为天球赤道;再假设黄道平面也无限延伸,与天球的交线称为天球黄道。天球、天球赤道和天球黄道如图 5.1 所示。天球赤道和天球黄道相交于两点,一点称为春分点,另一点称为秋分点。由于天球赤道面和天球黄道面在空间的取向基本不变,春分点和秋分点在天球上的位置也基本不变,因此这两点可作为参考点。现在以春分点和天球赤道面作为确定卫星轨道平面在空间位置的参考系。

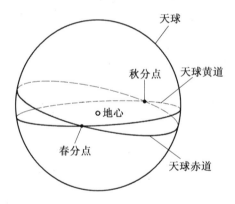

图 5.1　天球、天球赤道和天球黄道

基本轨道参数如图 5.2 所示,卫星轨道平面在空间的位置就可由两个轨道参数 Ω 和 i 确定。Ω 是卫星轨道面与赤道面的交线 OR 和地心与春分点连线 Or 之间的夹角。卫星自南向北运动时,其轨道面和赤道面的交点称为升交点,而 Ω 可用 Or 和 OR 之间所隔的天球的经度来量度,因此称 Ω 为升交点赤经。升交点赤经 Ω 决定了卫星轨道在什么位置和赤道面相交。i 则是卫星轨道平面和地球赤道平面之间的夹角,称为轨道平面倾角。轨道平面倾角 i 决定了卫星轨道平面和地球赤道平面之间的相对取向。因此,给定了升交点赤经 Ω 和轨道面倾角 i 这两个轨道参数,便给出了卫星轨道平面在空间的位置。

卫星在轨道平面上的运动轨迹是椭圆。同是椭圆,却有大有小、有扁有胖,椭圆的长短轴也可对着不同的方向,因此用三个轨道参数来确定卫星在轨道面上的轨道,它们是 ω、a 和 e。ω 是近地点角,卫星轨道最靠近地球质量中心的那一个点称为近地点 P,P 和地

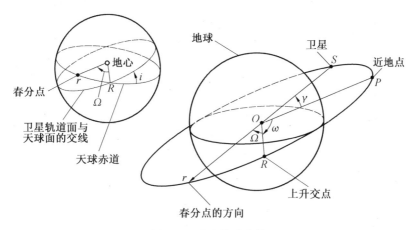

图 5.2　基本轨道参数

心的连线 OP 与 OR 之间的夹角称作近地点角。近地点角 ω 决定了卫星运行椭圆轨道长轴的方向。长轴方向确定后,再加上表征椭圆大小和胖瘦的半长轴 a 和偏心率 e,在轨道平面上椭圆的取向、大小和形状也就完全确定了。

确定卫星在椭圆轨道上的瞬时位置要用到真近点角 γ,它是卫星与地心连线 SO 和近地点与地心连线 PO 之间的夹角。但 GPS 卫星发射给用户的电文中并不是 γ,而是平近点角 M,M 取决于卫星通过近地点的时间 t_p 和卫星在轨道上运行的平均角速率。平近点角 M 是一种数学概念,只作为定义参数使用,由 M 可以求出偏近点角 E,由 E 又可求出 γ。偏近点角 E 和真近点角 γ 之间则是几何扩展的结果,M、E 和 γ 之间的关系为

$$M = n(t - t_p) \tag{5.1}$$

$$M = E - e\sin E \tag{5.2}$$

$$\tan \frac{\gamma}{2} = \sqrt{\frac{1+e}{1-e}} \tan \frac{E}{2} \tag{5.3}$$

可见,要得到卫星在椭圆轨道上的瞬时位置 γ,需要求解上述方程,这是个迭代过程。

总结起来,描述卫星在空间位置需 6 个轨道参数,通常把它们称为开普勒参数。开普勒轨道参数见表 5.1,这些参数由卫星广播给用户。

表 5.1　开普勒轨道参数

参数	意义	在决定卫星空间位置中的作用
Ω i	升交点赤经 轨道平面倾角	确定卫星轨道平面在空间的位置
ω a e	近地点角 椭圆轨道的半长轴 椭圆的偏心率	确定卫星轨道的取向、大小和形状
M	平近点角	确定卫星在椭圆轨道上的瞬时位置

但是,作用在卫星上的力除了理想地球的引力之外,还有其他一些虽然次要但不可忽

略的力,正是这些力造成卫星的轨道平面,卫星轨道和卫星在轨道上的运动都在逐渐变化。为精确地描述卫星在不同时间的位置,要用时间分段法。在每个不同的时间段中用不同轨道参数所决定的不同椭圆曲线去拟合卫星的实际轨道。进一步,为了使每一时间段内的椭圆曲线更准确地接近于实际轨道,还有一些另外的参数用以描述椭圆曲线在这一时间段内的变动。这些参数共 9 个,加上原来的 6 个参数,共 15 个。这 9 个参数中,Ω' 是升交点赤经的漂移率;di/dt 是轨道平面倾角的变化率;C_{ie} 和 C_{is} 分别是对倾角余弦与正弦的校正量。上述这 4 个参数描述了在这一段中轨道平面的变化。另外还有 4 个参数用以描述拟合时段中轨道大小和取向的变化,它们是 C_{rc}、C_{rs} 和 C_{uc}、C_{us}。而 Δn 是对卫星在轨道中运动时的平均速度的校正量。

这 15 个轨道参数由卫星广播电文传送至用户。

5.1.2 卫星与用户之间的相对伪距计算

从前面的叙述可见,知道卫星的位置之后,如果又知道用户对卫星的伪距,便可以解算出用户的位置。伪距是用什么方法测量的呢? GPS 中伪距是借助于由卫星信号中发射的 PRN 码来测量的,PRN 码简称伪码,由此测定的伪距称为码伪距。

为说明伪码的概念,先简单介绍二进制随机序列的概念和特性。

取一枚硬币,规定有花朵的面为 1,有数字的面为 0,以一定方式抛掷硬币,并将每次掷出的结果(0 或 1)排列起来,如 01011011100101100…。这就是一个二进制随机序列,序列中每一位称作一个码元。这种二进制随机序列的主要特点如下。

序列是事先不能确定的非周期序列,不能事先知道和事先做出一套与之相同的序列。

序列中,码元 1 和 0 出现的概率(机会)各为 1/2。

当有了序列之后,在时间上将它移动一个 τ,形成一个新序列,然后把这个新序列与原序列在时间轴上对比着排列起来,逐一码元比对。序列的自相关函数 $R(\tau)$ 定义为

$$R(\tau) = \frac{\text{相同码元个数} - \text{相异码元个数}}{\text{相同和相异码元的总数}} \tag{5.4}$$

式中,τ 表示该序列与移位序列之间的相对移位量;t_0 是码元的宽度。当 $\tau = 0$ 时,$R(\tau) = 1$;当 $|\tau| > t_0$ 时,$R(\tau) = 0$;当 $-t_0 < \tau < t_0$ 时,$R(\tau)$ 与 τ 成线性关系。

可见,二进制随机序列具有优良的自相关特性,但无周期性,不能预选复制,故不实用。如果能找到既有良好的自相关特性又具有周期性,同时能预先确定也能复制的序列,那是最好的。把这种具有随机序列特性的非随机序列称为伪随机序列,而把由二进制码元 0 和 1 组成的伪随机序列称为二进制伪随机码,简称伪码。

伪码具有优良的自相关特性,所以可对它进行相关(相乘)积累接收;伪码具有周期性,所以可用来作为测量电波传播时延的尺子;伪码具有事先可确定性,所以伪码的相位可以识别,这种可识别的伪码相位就是尺子上更细的刻度(标记)。

GPS 卫星信号中使用两种伪码:C/A 码和 P(Y) 码。C/A 码的速率为 1.023 Mbit/s,码长为 1 023 位,重复周期为 1 ms,1 个码位的时间大约为 1 μs,相当于 300 m 的距离;P(Y) 码速率为 10.23 Mbit/s,由 P 码与 W 码叠加而成,其中 P 码码长为 $1.534\ 5 \times 10^7$ 位,重复周

期 266.4 d,不过每颗卫星只用其中特定的一段,长度(即周期)为 7 d,W 码是一个专门用来加密的码,P(Y) 码的码位宽度与 P 码相同,一个码位的时间为 0.1 μs,对应于 30 m 的距离。

实际上,用作测量电波传播时间尺子的是 1 ms(C/A 码周期)、20 ms(数据位的宽度)、6 s(数据子帧)和 Z 计数以及总的星期数 WN。一周中,子帧的数目从周六子夜开始,到下一周六子夜又重新开始。其中,每个计数值与子帧时刻对应,子帧时刻出现在下一个子帧的前沿。

现在以 C/A 码测距来说明伪码测距的原理,GPS 伪码测距原理如图 5.3 所示。GPS 中的伪码测距是通过比较接收机本地产生的 C/A 码与从接收到的卫星信号再现(恢复)的卫星 C/A 码对应的标记(刻度)来实现的。

图 5.3 中,假设用户钟和卫星钟精确同步,t_R 是卫星发射的信号在传播路径上的时延,它是通过移动本地 C/A 码,使之与用户设备中恢复出来的卫星信号 C/A 码相重合,由本地码的移动时间测得的。两码重合时相关函数为 1,偏差太大时相关函数为 0。从图 5.3 中可以直观看出,卫星钟和用户钟均从 0 ms 启动,经过时延 t_R=1 017.4 个 C/A 码码位后传到用户,时延乘光速 c 就是测量距离。

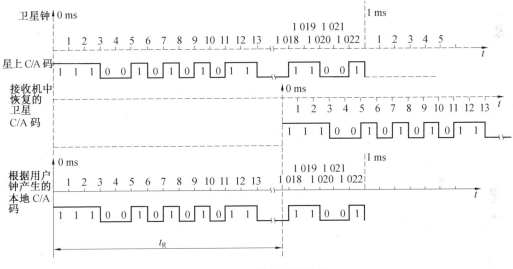

图 5.3 GPS 伪码测距原理

当用户钟和卫星钟不同步时,本地钟的 0 ms 时间便与卫星钟的 0 ms 时间差一个 Δt,此时仍然用移动本地伪码使之与接收到的信号中的伪码相重合的方法测出的就是伪距。

5.1.3 GPS 接收机的位置解算

从本章的叙述可知,GPS 接收机只要能观测到 4 颗卫星并测出相应的伪距,便可以通过联立解 4 个方程,以解算出自己的位置。这里面有几个问题需要说明:一是仰角太低的卫星一般不用,这是因为仰角太低时,卫星信号穿过接近地面的大气层的距离很长,那里不确定因素太多,引起电波强度变化和时延变化,此外多径反射也难以控制,因此一般

选用仰角 $8°$ 以上的卫星;二是几何精度因子的问题,就是在相同的星历与时间精度、相同的伪距测量精度的条件下,当相对于接收机来说,各卫星在天上的分布不同时,得到的位置和时间测量精度是不同的,这可用如图 5.4 所示的几何精度因子的影响做示意性说明。由图 5.4 可见,当距离测量误差范围相同时,若定位位置线的交角不一样,则所产生的位置误差范围的面积不同。

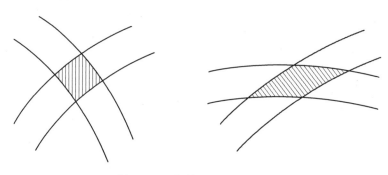

图 5.4　几何精度因子的影响

因此,早期的 GPS 接收机都是从视界内所有的卫星中选择几何分布最好的 4 颗卫星用作定位。当 1 颗卫星在天顶,其余 3 颗在 GPS 接收机四周低仰角上均匀分布,使围成的四面体体积最大时分布最好。此时,几何精度因子最小,定位和测时精度最高。后来,首先是民用 GPS 接收机设计改变了策略,它们除了要用这 4 颗卫星之外,还要把视界内的其余卫星和测得的相应的伪距都用上,用其余的卫星加入最小二乘方算法,以减小定位误差。

现在 GPS 军用接收机也开始用这种方法以提高精度了。

几何精度因子有多种:一种是位置几何精度因子(PDOP),只与定位精度有关;另一种是水平位置几何精度因子(HDOP),只与水平定位精度有关;再有一种是垂直几何精度因子(VDOP),只与测高精度有关,而且 $PDOP^2 = HDOP^2 + VDOP^2$;还有一种是时间精度因子(TDOP),只与时间精度有关,而且 $GDOP^2 = PDOP^2 + TDOP^2$,GDOP 就称为几何精度因子,与 GPS 总的位置和时间精度有关。

5.2　GPS 的信号结构和导航电文

5.2.1　GPS 卫星信号的组成

卫星星历和时间校正参数都是以卫星信号电文的形式广播给用户的,那么卫星信号是怎样的信号呢? 原来卫星上有日稳定度为 10^{-13} 以上的原子钟,其振荡器与频率合成器产生 $f_0 = 10.23$ MHz 的基本频率。卫星工作在 L 波段,民用信号只有一个载频 L1,而军用为校正电离层折射引入的附加传播时延,采用双载频,即用了 L 波段的两个载频信号,分别为 L1 和 L2。L1 和 L2 都是基率频率 f_0 的整数倍,关系为

$$f_{L1} = 154 f_0 = 1\ 575.42 \text{(MHz)} \tag{5.5}$$

$$f_{L2} = 120f_0 = 1\ 227.6 (\text{MHz}) \tag{5.6}$$

卫星向用户广播的导航电文(数据)中包括如下内容。

(1)卫星星历及星钟校正参数。

(2)测距时间标记。

(3)大气附加延迟校正参数。

(4)与导航有关的其他信息。

这些统称为导航信息或导航数据,由电文传送,电文是以不归零二进制编码脉冲的数码形式传送给用户的。电文数据位的速率为 50 bit/s,每个码位占时 20 ms。这种码由状态 +1 或 −1 的序列构成,+1 或 −1 分别与二进制 0 或 1 对应。不归零二进制波形如图 5.5 所示。

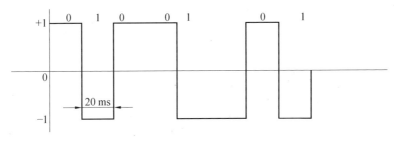

图 5.5　不归零二进制波形

为了实现单程精密测距、获得抗干扰能力、实现卫星识别,要先将这些数据编码脉冲和伪码(C/A 码和 P(Y)码)做模 2 相加(模 2 加法规则为 0+0=1+1=0;1+0=0+1=1),以将数据调制到速率远高于 50 bit/s 的伪随机码上(这就是所谓扩频),再将扩频后的码对载频进行二进制移相键控(BPSK)或双相调制,最后由卫星天线广播给用户。

载波双相调制时载波的波形变化如图 5.6 所示。由图可见,当码状态发生改变时,载波相位会发生 180° 相移,这就是 BPSK。图中只是示意。在 GPS 中,由于载频远高于伪码速率,因此一个伪码宽度内包含许多载频周期。

在 GPS 中,导航电文是以二进制表示的,二进制码的速率为 50 bit/s。所用的伪随机码有两种:一种为民用公开的粗/截获码,即 C/A 码,速率为 1.023 Mbit/s,周期为 1 ms;另一种是军用的保密的 P(Y)码,而 P(Y)码是由 P 码和加密码(W 码)模 2 加而成的。P 码的速率为 10.23 Mbit/s,比 C/A 码高 10 倍,P 码的周期为 266.4 d,这 266.4 d 分成许多段,每段长 1 个星期,每段分配到 1 颗特定的卫星;W 码是专门做保密用的,码速率大约是 0.511 5 Mbit/s,周期很长,有可能是无限长。P 码和 W 码模 2 加后成为保密的 Y 码,由于 Y 码的速率仍与 P 码的相同,因此又称 P(Y)码。

在 GPS 卫星中,所有电文、载频和伪码都由同一频率源(原子钟—频率合成器)产生,频率源的基本频率为 10.23 MHz,所有频率和速率均为其倍数,为了看清它们的关系,卫星信号的组成见表 5.2。

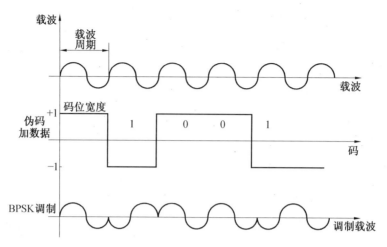

图 5.6 载波双相调制时载波的波形变化

表 5.2 卫星信号的组成

构成	频率/MHz	构成	频率/MHz
基准频率	$f_0 = 10.23$	C/A 码速率	$f_0/10 = 1.023$
载波 L1	$154f_0 = 1\ 575.42$	W 码速率	$\approx f_0/20 = 0.511\ 5$
载波 L2	$120f_0 = 1\ 227.60$	导航电文速率	$f_0/204\ 600 = 50 \times 10^{-6}$
P 码速率	$f_0 = 10.23$		

L1 和 L2 载波均被 P(Y) 码调制，C/A 码只调制在载波 L1 上，其相位与 P(Y) 码正交（即移相 $90°$）。如果 $L_i(t) = \dfrac{1}{\sqrt{2}} a_i \cos (f_i t)$，$i=1,2$ 表示未调制载波，而 P(Y) 码、C/A 码和导航电文的二进制状态序列分别用 $P(t)$、$C/A(t)$ 和 $D(t)$ 表示，则调制载波表示为

$$L_1(t) = \frac{1}{\sqrt{2}} a_1 P(t) D(t) \cos (f_1 t) + a_1 C/A(t) D(t) \sin(f_1 t) \tag{5.7}$$

$$L_2(t) = a_2 P(t) D(t) \cos (f_2 t) \tag{5.8}$$

由不归零二进制编码脉冲组成的导航电文 $D(t)$ 的码速率为 50 bit/s，码元宽度 $T = 20$ ms，因此电文编码脉冲的带宽 $\Delta F = 1/T = 50$ Hz，而 C/A 码和 P(Y) 码的码速率分别为 $f_0/10 = 1.023$ Mbit/s 和 $f_0 = 10.23$ Mbit/s，码元宽度分别为 $1/(1.023 \times 10^6)$ s 和 $1/(10.23 \times 10^6)$ s。将 $D(t)$ 调制到 $P(t)$ 上，就是将二者相乘或模 2 相加，乘积码为 $D(t) \cdot P(t)$，其带宽 Δf 成为 1.023 MHz 或 10.23 MHz。可见，调制信号 $D(t)$ 的频带从 50 Hz 展宽到 1.023 MHz 或 10.23 MHz，这就是扩频。

利用伪码优良的自相关特性和可重复特性，可以对扩频信号进行相关（相乘）接收，可极大地改善接收信号的信噪比，相关接收电路输出、输入功率信噪比之间的关系为

$$(S/N)_o = (S/N)_i \cdot \Delta f / \Delta F \tag{5.9}$$

可见，采用扩频信号，尤其是伪码速率很高时，可以大幅度地改善 S/N，对 C/A 码和 P(Y) 码而言，$\Delta f = 1.023$ MHz 或 10.23 MHz，$\Delta F = 50$ Hz，其改善程度可达 40 dB 或

50 dB 左右。扩频信号相关接收原理如图 5.7 所示,图中只示出了 P(Y)码,C/A 码原理与之相同。

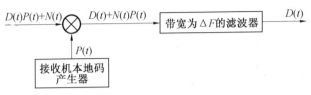

图 5.7 扩频信号的相关接收原理

假设输入端除了经由 C/A 码和 P(Y)码扩频的信号,分别记为 $D(t)\cdot C/A$ 和 $D(t)\cdot P(t)$ 之外,还有干扰噪声 $N(t)$。当本地产生的伪码 $C/A(t+\tau)$ 或 $P(t+\tau)$ 和收到的扩频信号相乘,且本地伪码与接收的伪码相对移位 $\tau=0$ 时,乘法器的输出为 $D(t)C/A(t)C/A(t)=D(t)$ 或 $D(t)P(t)P(t)=D(t)$,而本地码与干扰信号相乘后为 $N(t)C/A(t+\tau)$ 或 $N(t)P(t+\tau)$,其带宽被扩展为 1.023 MHz 或 10.23 MHz,干扰信号的能量被分布在很宽的 Δf 中,经过带宽 $\Delta f=50$ Hz 的滤波器后,通过的干扰噪声能量仅剩下加到乘法器输入端干扰噪声能量的 $\Delta F/\Delta f$ 倍,从而有效地抑制了噪声干扰。因此,在 GPS 信号中使用伪码的第一个作用是提高抗干扰能力。

5.2.2 区分星座中的卫星

GPS 的卫星是由 24 颗卫星组成的星座,每颗卫星的信号采用相同的载频频率和相同的 BPSK 调制方式。那么,用户接收机怎样知道接收的是哪颗卫星的信号呢?原来,卫星虽多,但每颗卫星所用的伪码却是唯一的,不同的卫星所用的伪码是不一样的。也就是说,GPS 系统采用的是码分多址体制。于是,在接收机中用不同的本地伪码便可以识别出不同卫星。伪码是一种周期性的、可复制的、具有良好自相关特性的二进制伪随机序列,它是用抽头反馈移位寄存器产生的。移位寄存器的每个单元中含有一位二进制位,当移位脉冲加到移位端时,每出现一个移位脉冲,便将移位寄存器中的内容右移一位,最右边单元的内容便是输出的伪码,而最左边单元内容的新值取决于抽头两个确定单元内容的二进制数的和(二进制加法遵循 1+0=0+1=1,1+1=0+0=0),这两个确定单元的选择决定了最终得到的伪码的特征。

现以 4 个单元组成的移位寄存器来说明伪码产生的原理,m 序列产生器如图 5.8 所示。

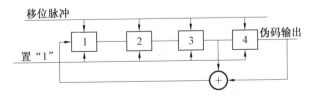

图 5.8 m 序列产生器

四级抽头移位寄存器在移位脉冲作用下顺序产生各种状态的状态表见表 5.8。开始时,在置"1"脉冲作用下,将移位寄存器各单元均置成"1",称全"1"状态。在移位脉冲作用下,各单元内界逐位右移,第 4 级寄存器的内存便是输出的伪码 111100010011010。当第 16 个移位脉冲到来时,各状态开始重复,呈现周期性,其周期等于 $15t_0$(t_0 是移位脉冲的周期)。抽头不同,所产生的 m 序列的结构也不相同,所以 m 序列的结构仅仅取决于抽头级的选择。

表 5.3 四级抽头移位寄存器在移位脉冲作用下顺序产生各种状态的状态表

状态序号	各寄存器状态	模 2 加法器输出	状态序号	各寄存器状态	模 2 加法器输出
	4321		8	1001	1
1	1111	0	9	0011	0
2	1110	0	10	0110	1
3	1100	0	11	1101	0
4	1000	1	12	1010	1
5	0001	0	13	0101	1
6	0010	0	14	1011	1
7	0100	1	15	0111	1

实际上,C/A 码是由两个 10 级的移位寄存器的输出模 2 加而形成的,第二个移位寄存器的输出称为 $G_2(x)$。对于不同卫星,第二个移位寄存器的抽头不一样,所以 $G_2(x)$ 不一样,模 2 加后产生的 PRN 码也不一样。P 码由四个移位寄存器产生,每个为 12 级,第 1 和第 2 移位寄存器的输出叠加,第 3 和第 4 寄存器的输出叠加,然后将两个叠加结果再相互叠加而形成。因此,GPS 的 C/A 码和 P 码的产生原理与此类似,只是码长、码速率、移位寄存器的抽头、截短和移位叠加不同而已。由上可见,GPS 利用伪码的原因是:为了识别卫星(各卫星的伪码是唯一的);通过比较本地产生的伪码和接收的来自卫星的伪码之间的时延完成伪距(时延)测量;为了用相关接收以提高抗噪声和干扰的能力。此外,正如前面叙述过的,还可以对伪码加密,产生反利用和抗欺骗的作用。在卫星导航中除了用抽头反馈移位寄存器产生伪码外,还可以用查表编码法产生伪码。这时,将所需的不同伪码存储在 EPROM 存储器中,通过查表实现伪码的产生。C/A 码前 10 位的十六进制和十进制表示见表 5.4,表中的"+"均表示模 2 加 $\oplus$。

表 5.4 C/A 码前 10 位的十六进制和十进制表示

GPS PRN	$G_2(x)$ 选择 S1、S2 的相位反馈抽头	C/A 码前 10 位十六进制	C/A 码前 10 位十进制	GRS PRN	$G_2(x)$ 选择 S1、S2 的相位反馈抽头	C/A 码前 10 位十进制	C/A 码前 10 位十进制
1	2+6	320	800	5	1+9	25B	603
2	3+7	390	912	6	2+10	32D	813
3	4+8	3C8	968	7	1+8	259	601
4	5+9	3E4	996	8	2+9	32C	812
9	3+10	396	918	21	5+8	3K6	998

续表 5.4

GPS PRN	$G_2(x)$选择S1、S2 的相位反馈抽头	C/A 码前10 位十六进制	C/A 码前10 位十进制	GRS PRN	$G_2(x)$选择S1、S2 的相位反馈抽头	C/A 码前10 位十进制	C/A 码前10 位十进制
10	2+3	344	836	22	6+9	3F3	1011
11	3+4	3A2	930	23	1+3	233	563
12	5+6	3E8	1000	24	4+6	3C6	966
13	6+7	3F4	1020	25	5+7	3E3	995
14	7+8	3FA	1018	26	6+8	3Fl	1009
15	8+9	3FD	1021	27	7+9	3F8	1016
16	9+10	3FE	1022	28	8+10	3FC	1020
17	1+4	26E	622	29	1+6	257	599
18	2+5	337	823	30	2+7	328	811
19	3+6	39B	923	31	3+8	395	917
20	4+7	3CD	973	32	4+9	3CA	970

5.3　GPS 信号接收原理

GPS 用户设备(接收机)的功能是:接收 GPS 卫星发送的导航信号,恢复载波信号频率和卫星钟解调出卫星星历、卫星钟校正参数等数据;通过测量本地时钟与恢复的卫星钟之间的时延来测量接收天线至卫星的距离(伪距);通过测量恢复的载波频率变化(多普勒频率)来测量伪距变化率;根据获得的这些数据,计算出用户所在的测地经度、纬度、高度、速度、准确的时间等导航信息,并将这些结果显示在显示屏幕上或通过输出端口输出。

GPS 接收机按用途分类,可分为授时型、精密大地测量型、导航型 GPS 接收机;按性能分类,可分为高动态、中低动态和固定接收机。按所接收的卫星信号分类为:①L1 C/A 码伪距接收机;②L1 载波相位、C/A 码接收机;③L1 P(Y)码接收机(含 L1 C/A 码接收机功能);④L1/L2 P(Y)码接收机(含 L1 C/A 码接收机功能)。其中,①、②两类用于标准定位服务,③、④两类用于精密定位服务,只有美国军方和特许的非军方用户才能享受精密定位服务。我国应用的主要是前两类 GPS 标准定位服务接收机。下面介绍这几种类型的 GPS 接收机。

5.3.1　GPS 接收机的基本组成

GPS 标准定位服务接收机的种类也很多,但其基本结构是相同的,都由天线/低噪声前置放大器、连接电缆、接收机主机组成。标准定位鼓舞 GPS 接收机组成如图 5.9 所示。接收机天线的方向图类似于向上的半球,接收其视界内空中所有 GPS 卫星辐射的

L1(1 575.42 MHz)信号,经在天线中的低噪声前置放大器滤波放大。设置前置放大器是为抑制接在其后的传送电缆及接收机后级产生的噪声,以改善信噪比。多颗卫星的信号被同时放大后经电缆馈送到接收机主机。

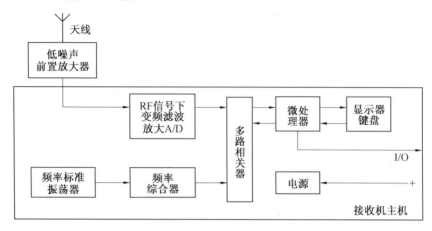

图 5.9 标准定位鼓舞 GPS 接收机组成

天线/前置放大器送来的 GPS 卫星信号在接收机主机中经下变频、滤波放大、A/D 转换后成为数字中频信号送至多路相关器。多路相关器包含许多路相关通道,究竟多少路须根据应用需要和设计考虑而定。接收机具有多少路相关通道,便可同时并行跟踪多少颗卫星信号。每个相关通道由码延迟锁定环路和载波锁定环路组成。码延迟锁定环(DLL)是将本地伪随机码(本地 C/A 码)与卫星伪码(接收到的 C/A 码)对齐,实现对卫星信号的捕获、跟踪、解扩、识别、时间恢复和伪距测量;载波锁定环是一个惯性环,它使本机载波与收到的卫星信号载波同步,以解调出卫星星历数据等,并可进行载波相位测量。相关通道的工作完全是在微处理器的程序控制下进行的,所测得的伪距、载波相位及解调出的卫星星历数据被实时录入微处理器的存储器中。微处理器根据收集到的卫星星历、伪距观测值解算出用户的位置坐标及其他导航信息,并将解算出的用户位置和相应时间显示在显示器上或通过 I/O 端口输出。键盘用于人机对话,完成用户对接收机的操作和导航功能。频率标准振荡器为接收机提供参考频率信号和时间基准信号。频率综合器产生接收机 RF 信号作为下变频所需的本地参考信号和相关器的参考时钟频率信号。另外,还有接收机各部件工作所需的供电电源部件。

5.3.2 GPS 接收机的工作原理

1. 接收天线

GPS 接收机天线的主要功能是接收来自 GPS 卫星的信号。GPS 接收机天线曾经有许多种类,如螺旋天线、微带天线、框形天线、缝隙天线、偶极子天线等,其中前两种现在用得较普遍。螺旋天线具有较好的特性,但是这种天线具有一定高度,制造相对较复杂。大多数应用场合采用微带天线,该天线体积小、质量轻、工艺简单、价格低,因此在 GPS 接收机中广为应用。微带天线由两层平行的导电层中间隔以绝缘介质层而组成,下面的金属导电层接地,而上层是辐射器。GPS 接收机天线的主要技术要求是:接收频率为 L_1,即 1 575.42 MHz 的信号;天线辐射方向图应能保证全向接收来自空中的右旋圆极化电波;天线馈线的阻抗应为 50 Ω,其驻波比应小于或等于 1.5。

2. 低噪声前置放大器

为了保证接收机的灵敏度,通常将 GPS 接收天线与低噪声前置放大器做成一体,使天线输出端至低噪声放大器输入端之间连线尽量短,以降低馈线损耗。低噪声前置放大器组成框图如图 5.10 所示。

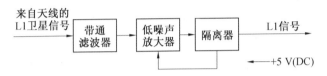

图 5.10　低噪声前置放大器组成框图

前置放大器输入端的带通滤波器起着选择信号频率和阻抗匹配的作用,它让天线接收到的 GPS 卫星 L1 信号顺利通过,到达低噪声放大器,阻止通带外的其他信号或干扰信号通过;输入端与天线输出阻抗匹配,滤波器输出与低噪声放大器输入端阻抗匹配。带通滤波器常用谐振腔滤波器或微带滤波器,主要技术指标是:通频带宽约为 1%中心工作频率;带内插入损耗小于 1 dB。

低噪声放大器一般是宽带放大器,其第一级放大器采用低噪声微波晶体管,以保证低噪声放大器的噪声系数不大于 2 dB。

低噪声放大器的增益一般在 30 dB 左右,输出阻抗为 50 Ω,和特性阻抗为 50 Ω 的电缆匹配。因为低噪声放大器的直流工作电压(一般+5 V 或+12 V)也是由同一电缆从接收主机送来,隔离器的作用就是把直流电压与放大器输出的射频 L1 卫星信号分离。天线/前置放大器至接收主机间的连接电缆可长达 50 m,一般为 15 m 左右。

3. 接收机高频信道

接收机高频信道包括图 5.9 中 RF 信号下变频、滤波、放大、A/D 及频率综合器。GPS 接收机高频信道电路方框图如图 5.11 所示,下面用单片微波集成电路构成高频信道的某 GPS 接收机为例,说明 GPS 接收机高频信道工作原理。

由天线/前置放大器送来的 GPS 卫星 L1 C/A 码信号经后置放大器滤波、放大,以补偿电缆传输对信号的损耗,保证接收机的射频选择性和灵敏度。然后与锁相频率综合器产生的第一本地参考信号1.4 GHz混频,由滤波器选出其差频信号 175.42 MHz,经第一中频放大器放大后,与第二本地参考信号 140 MHz 混频,由声表面波滤波器选择其差频信号 35.42 MHz。该声表面波滤波器中心频率是 35.42 MHz,3 dB 带宽 1.8 MHz,接收机的高频通道选择性主要由它保证。第二中频信号 35.42 MHz 由具有 AGC 的放大器放大后,与第三本地参考信号 31.1 MHz 混频,由低通滤波器选出第三中频信号4.31 MHz,经 AGC 放大器放大后,送到 A/D 转换电路。到 A/D 转换之前的接收机通道是典型的超外差接收机电路,GPS 卫星 L1 信号经三次外差变频以后变为约 4.31 MHz 模拟信号,采

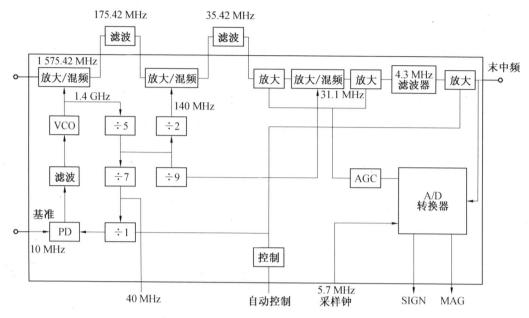

图 5.11　GPS 接收机高频信道电路方框图

用三次外差变频有利于抑制镜像频率信号干扰,提高接收通道增益和选择性。A/D 转换器由 5.71 MHz 时钟信号进行采样,将卫星模拟信号 4.31 MHz 转换为二位数据信号——模和符号,表示为 MAG&Sign,该数据信号的频率为 1.4 MHz,输出至相关器进一步进行处理。AGC 电路调节接收机高频信道的增益,使 A/D 转换量化的取值保持一定比例。由图 5.11 可见,超外差接收机的所有本机参考信号 1.4 GHz、140 MHz、31.1 MHz、(40/7)MHz =5.71 MHz,均是由同一锁相环路产生的,锁相环的基准信号频率是由温度补偿晶体振荡器产生的 10 MHz 基准信号,因此这些本机参考信号的频率稳定度与 10 MHz 基准信号的稳定度相当。

4. 接收机相关处理通道

如前所述,每颗 GPS 卫星发射的导航信号的形成过程是,将基带的电文信号(其码速率为 50 bit/s,码位宽 20 ms,用 $D(t)$ 表示)先与伪随机码(C/A 码速率为 1.023 MHz/s,周期为 1 ms,用 $C/A(t)$ 表示)模二相加($D(t) \oplus C/A(t)$),或两者波形相乘($D(t) \cdot C/A(t)$),然后再对载频(1 575.42 MHz)进行 BPSK 调制形成信号 L1,以实现直序扩频。

GPS 接收机天线同时接收其视界内的全部卫星信号,一般可同时接收 6~11 颗卫星信号。这就是说,接收机高频信道输出的 1.4 MHz 二位数字信号中包含着多颗卫星的信号。那么接收机各相关器是如何把需要的卫星信号分离出来而拒收不需要的卫星信号呢? 这正是 GPS 接收机要采用相关信号处理的原因。

例如,要在一堆人群中寻找一位不认识的人,最好的方法是拿着那个人的相片逐个去辨认,相貌与相片对上的,就是要找的人,这就是用相貌相关来找人。空间 24 颗 GPS 卫星每颗用的伪码(C/A)结构都各不相同,但与各颗卫星一一对应(码分)。GPS 接收机的各通道正是利用伪码具有良好的自相关特性,在同时接收到的所有卫星信号中找出相应的卫星信号而拒收不需要的卫星信号,这就是相关接收技术。

相关接收电路原理图如图 5.12 所示,电路的输入端信号为 $D(t) \cdot C/A(t)$,本地伪码发生器产生与所要接收卫星信号完全相同的伪码,但二者在时间上有一相对位移 τ,即本地伪码为 $C/A(t-\tau)$。乘法器中,信号与本地伪码相乘,输出为 $D(t) \cdot C/A(t) \cdot C/A(t-\tau)$。

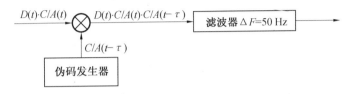

图 5.12　相关接收电路原理图

当本地伪码和卫星信号中伪码存在相对时间位移,即 τ 不等于 0,且位移大于一个伪码码位宽度时,$C/A(t) \cdot C/A(t-\tau) \ll 1$,所以 $D(t) \cdot C/A(t) \cdot C/A(t-\tau)$ 的值也非常小,几乎检测不到信号 $D(t)$ 存在。

只有当本地伪码与卫星信号伪码不存在相对时间位移,即 $\tau=0$ 时,$C/A(t) \cdot C/A(t)=1$,因此乘法器输出为卫星基带信号 $D(t)$,才能恢复出卫星信号 $D(t)$,称为解扩,这时称接收机本地伪码实现了与卫星信号伪码相关。

一般 GPS 接收机具有多个相关处理通道,每个相关通道的电路完全相同。当代的 GPS 接收机大多是数字接收机,高频通道做成一片 MMIC 芯片,相关通道做成一片 ASIC 芯片,这既缩小了体积,又降低了成本,同时增加了可靠性。GPS 接收机具有多少个相关通道,就能同时接收多少颗卫星信号。这里仍以某型 GPS 接收机为例,该机具有六个相关通道,相关通道简化原理框图如图 5.13 所示。图中,$I_a(n)$ 和 $Q_a(n)$ 分别表示对准 I 通道和对准 Q 通道;$I_s(n)$ 和 $Q_s(n)$ 分别表示抖动 I 通道和抖动 Q 通道。

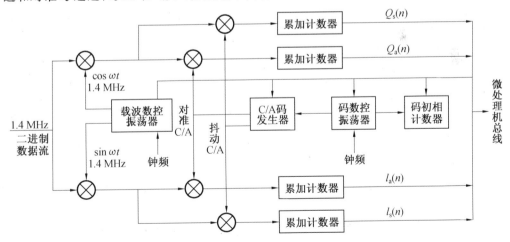

图 5.13　相关通道简化原理框图

每个相关通道主要由一个载波锁定环路和一个 C/A 码延迟锁定环路组成。载波锁定环路用来跟踪卫星信号载波频率和载波相位,使环路中载波数控振荡器产生的本地参考信号频率与卫星信号载波频率保持相等,相位差接近于零,称为载波同步。在载波同步的情况下,就可对 $BPSK$ 信号进行相关解调,得到电文基带信号,还可测量载波多普勒频率和多普勒频率变化率。伪码延迟锁定环路用来使本地 C/A 码相位与接收的 GPS 卫星信号中的 C/A 码相位保持同相,以实现对卫星信号的解扩和伪距离测量。相关通道的工作有三种状态:搜索信号状态、牵引状态和对信号锁定跟踪状态。下面首先介绍锁定跟踪工作状态下载波锁定环路和码延迟锁定环路的工作原理,然后介绍搜索和牵引状态。

(1)跟踪工作状态。

由图 5.13 可见,来自高频通道(经 A/D 转换)的卫星信号是二进制数据流,不考虑多普勒效应情况下,其精确速率是 $1.405\,397\,MHz$,它含有多颗卫星信号,其中某颗卫星信号可表达为

$$D(t) \cdot C/A(t) \cdot \sin(\omega_s + \theta_s) \tag{5.10}$$

式中,ω_s 是 $1.405\,397\,MHz$ 的角频率;θ_s 是卫星信号的相位。

假设相关通道已经跟踪锁定该卫星信号,那么载波数控振荡器产生的本地参考信号是

$$\cos(\omega_r t + \theta_r), \sin(\omega_r t + \theta_r) \tag{5.11}$$

式中,$\omega_r = \omega_s$;$\theta_r - \theta_s = \theta_e \approx 0$。它们分别与输入卫星信号相乘(鉴相器比相),其差频信号分别形成同相 I、正交 Q 信号,即

$$I = D(t) \cdot C/A(t) \cdot \cos\theta_e \approx D(t) \cdot C/A(t) \tag{5.12}$$

$$Q = D(t) \cdot C/A(t) \cdot \sin\theta_e \approx D(t) \cdot C/A(t) \cdot \theta_e \tag{5.13}$$

本地 C/A 码发生器产生的 C/A 码表达为 $C/A(t-\tau)$。在跟踪状态下,本地码与卫星信号同步,即 $\tau \approx 0$。当本地 C/A 码与 I、Q 卫星信号相乘时,则得到

$$I_a = D(t) \cdot C/A(t) \cdot C/A(t) = D(t) \tag{5.14}$$

$$Q_a = D(t) \cdot C/A(t) \cdot C/A(t) \cdot \theta_e = D(t) \cdot \theta_e \tag{5.15}$$

由累加计数器分别对 I、Q 数字信号进行累加计数,变成 I、Q 数据送给微处理计算机,可见

$$I_a \cdot Q_a = D(t) \cdot D(t) \cdot \theta_e = \theta_e \tag{5.16}$$

I 和 Q 的乘积反映着载波同步的相位剩余误差。微处理器正是将 I、Q 数据相乘,滤波处理后去控制载波数控振荡器,保持载波锁定。这就是载波锁定环路的闭环控制工作原理。

本地 C/A 码发生器在产生"对准"C/A 码的同时,还交替产生超前或滞后半个码片宽度 $\tau_0/2$ 的 C/A 码,记为 $C/A(t-\tau_0/2)$ 或 $C/A(t+\tau_0/2)$,其中 τ_0 是 C/A 码片宽度 $1\,\mu s$。它们与 I、Q 信号相乘得

$$I_f = D(t)R_c(-\tau_0/2)\cos\theta_e, \quad Q_f = D(t)R_c(-\tau_0/2)\sin\theta_e \tag{5.17}$$

$$I_b = D(t)R_c(\tau_0/2)\cos\theta_e, \quad Q_b = D(t)R_c(\tau_0/2)\sin\theta_e \tag{5.18}$$

式中,I_f、Q_f 分别表示超前 I 通道、超前 Q 通道;I_b、Q_b 分别表示滞后 I 通道、滞后 Q 通道。此处有

$$R_c(-\tau_0/2) = C/A(t) \cdot C/A(t-\tau_0/2) \tag{5.19}$$

$$R_c(\tau_0/2) = C/A(t) \cdot C/A(t+\tau_0/2) \tag{5.20}$$

式中，$R_c(\tau)$ 表示 C/A 码的自相关系数。根据 I_f、Q_f、I_b、Q_b 可以得到

$$[I_f]^2 + [Q_f]^2 = R_c^2(-\tau_0/2) \tag{5.21}$$

$$[I_b]^2 + [Q_b]^2 = R_c^2(\tau_0/2) \tag{5.22}$$

可见，$[I_f]^2 + [Q_f]^2$ 或 $[I_b]^2 + [Q_b]^2$ 项反映着 C/A 伪码的相关函数值。从相关特性曲线可看出，$\{[I_f]^2 + [Q_f]^2 - [I_b]^2 - [Q_b]^2\}$ 的差值大小可反映本地 C/A 码与卫星 C/A 码相位偏离的大小，差值的正负反映偏离的方向。

由累加计数器分别对 I_f、Q_f 数字信号和 I_b、Q_b 数字信号进行累加计数，形成 $I_s(n)$、$Q_s(n)$ 数据送微处理器，计算机正是按上述原理对这些数据进行滤波处理后，去控制码数控振荡器和 C/A 码产生器，使本地产生的 C/A 码与卫星信号的 C/A 码保持相位同步。这就是码延迟锁定环的锁定跟踪工作原理。

（2）数据解调。

在上述相关通道处在跟踪状态时，从载波锁定环路的同相支路 $I_a(n)$ 可以解调出卫星数据信号 $D(t)$。实际数据解调是由微处理器对 $I_a(n)$ 数据进行处理来进行数据解调的，微处理器以恢复的卫星钟 1 ms（一个 C/A 码周期）为周期从累加计数器中读取 $I_a(n)$ 数据。若连续 20 次（20 ms）读出的 $I_a(n)$ 数据之和为"正"，则判为数据"1"；若连续 20 次（20 ms）读出的 $I_a(n)$ 数据之和为"负"，则判为数据"0"。这样就实现了数据位同步和解调。微处理器从解调出的数据串中，找出"8"位子帧同步头 10001011 或 01110100 即找出字头，再按前述的导航信号结构分离出各种参数，完成数据解调。

（3）伪距的测量。

在多路相关器中，除了前面介绍的多个相关通道外，还有一个本机基准时钟单元，由基准时钟信号发生器和基准时钟组成。基准时钟信号发生器以接收机高频信道中频率综合器产生的 40 MHz 信号为主时钟信号，分频产生供相关通道和基准时钟用的时钟信号。基准时钟是接收机的本地时钟基准，它产生与 GPS 时间或 UTC 时间同步的秒信号和一个 100 ms 的时钟取样信号（TIC），用来取样全部相关通道的测量数据（码相位计数、码初相计数、20 ms 初相计数、载波相位计数、载波周期计数）。

一旦相关通道跟踪上卫星信号，就可解调恢复卫星时钟信号。由于在跟踪状态的码延迟锁定环中，本地产生的 C/A 码与接收来的卫星信号中 C/A 码几乎重合（同步），因此本地 C/A 码周期 1 ms 和码片宽度 1 μs 就是接收机恢复的卫星时钟信号。注意，这些恢复的卫星时钟信号是经过空间传播和接收机信道时延的时钟。另外，在相关通道跟踪状态，从载波锁定环的同相支路解调出卫星数据信号，卫星数码是 20 ms 一位，子帧同步字头是卫星钟 6 s 时刻，这些都是接收机恢复的卫星时钟信号，它们都可以作为伪距测量的尺子。接收机测量的伪距是在某一取样瞬间，求本地时钟的时间读数 t_1 与卫星钟的时间读数 t_2 之差，再乘以光速 c 即可得出。由于从卫星到接收机天线，无线电波传播时延在 60～80 ms 范围，因此接收机中实际是用本地基准时钟 100 ms 作为取样信号，对恢复的卫星钟 20 ms 计数、码初相计数（1 ms 计数）、码相位计数（μs 计数）、码时钟相位计数（1 μs 以下）进行取样，读数即为钟差，乘以光速即为测量的伪距。

(4)伪距变化率的测量。

在相关通道跟踪状态下,载波锁定环路中载波数控振荡器产生的信号频率与卫星信号载波同频(没有频差),只有很小的剩余相位误差。也就是说,这种状态下本机载波数控振荡器产生的信号可以代替卫星信号的载波。因此,只要以本机基准 TIC(100 ms)对载波数控振荡器的频率计数器和相位计数器连续进行取样,前后连续两次取样读数之差就是取样间隔 TIC 内的多普勒计数值,该多普勒频率计数乘以载波波长 λ_0($\lambda_0 = c/f_0$,c 是光速,$f_0 = 1\,575.42$ MHz)即是 T1C 间隔的伪距变化量。该伪距变化量除以取样间隔时间(100 ms)就是这时刻的伪距平均变化率。

(5)卫星信号的搜索和捕获。

如上所述,相关通道只有实现了对卫星信号的捕获、跟踪,才能解调出导航数据、测量伪距。在此之前,要对卫星信号进行搜索。那么接收机是如何搜索到卫星信号的呢?由于 GPS 卫星在空间轨道上约 12 h 绕地球一周,因此即使地面 GPS 接收机固定不动,它与 GPS 卫星之间也存在着相对径向运动,何况 GPS 接收机载体(用户)也多是运动的,如车载、船载、机载等,所以 GPS 接收机与 GPS 卫星之间总是存在相对径向运动的。有相对径向运动存在,就一定会发生多普勒效应,GPS 星发送的导航信号载波频率虽然是固定的 1 575.42 MHz,但 GPS 接收机天线接收到的卫星信号载波频率却变为 1 575.42 MHz$\pm f_d$,其中 f_d 是多普勒频率,对于中、低动态用户,f_d 最大值一般约为 ± 6 kHz。由于多普勒效应,GPS 接收机接收到的 GPS 卫星发送的导航信号 L1 的载波频率和 C/A 码相位不断变化,因此接收机必须首先搜索到卫星信号,然后才能捕获、跟踪它。

5.4 GPS 利用与反利用

GPS 的标准定位服务对全世界所有用户开放,但在战争中,美国不希望对手利用这种服务来定位、导航,这就是所谓的 GPS(非法或非授权)利用问题,并采取一些防范利用措施,如关闭对手所在区域内的导航卫星信号和采取信号加密、欺骗或扰乱措施等。

5.4.1 扰乱利用的措施

GPS 的定位精度:当采用 C/A 码(S 码)时,其标准定位服务(SPS)提供水平面的定位精度为 100 m(95%概率),测高精度为 156 m;当使用 P 码时,其精确定位服务(PPS)提供水平面的定位精度为 18 m,实际可达 2~15 m 定位精度,而测高精度为 28 m。其定时精度在接收机时钟同步概率为 65%时为 167 ns(SPS)和 100 ns(PPS),采取特殊措施,其定时精度可达 10 ns。美国国防部可引入选择可用性(SA)措施,即人为引入卫星时钟偏离值等方法,从而使未受难用户的伪距测量引入误差,而降低采用 C/A 码定位的精度,一般可降低 2~3 倍,以削弱敌军的利用。而受难用户可同时接收卫星发出的加密的编码校准参数,通过专用软件或硬件以消除 SA 引入的误差。一般在无 SA 时,SPS 实际定位精度可达 20~40 m;而有 SA 时,实际定位精度在 100 m 以内。为进一步提高定位精度、消除 SA 的影响,可采用差分 GPS(DGPS),获得 1~5 m 定位精度。

SA 是指通过抖动星钟(δ—过程)和扰动星历数据(ε—过程)达到降低 C/A 码标准服务精度的一种人为措施。卫星钟影响测距精度,星历数据影响卫星位置精度,这二者都是用户获得高精度的关键因素。

δ—过程就是人为地在星钟基频上引入一个变化的抖动偏差。由于基频抖动,因此采用码伪距和载波相位伪距的测量受到较大影响。但当两部接收机导出的伪距相减(差分)时,这种抖动的影响在很大程度上被消除了。这就是人们如火如荼地研究 DGPS(差分 GPS)、WDGPS(广域差分 GPS)、WAAS(广域增强系统)、LAAS(局域增强系统)的主要原因。

5.4.2 拒绝利用的措施

美国政府保证 C/A 码在国际范围内公开使用,不保密,提供民用,并不收取费用。这是因为 C/A 码短、易破译,对 C/A 码实行保密意义不大。如果对其加密,则需不定期更换伪码序列图案或信息格式,要求允许使用 C/A 码的用户须同步地更换其接受的译码器或软件,由于用户众多、覆盖全球,因此很难保证不出差错。

P 码主要用于美国部队及其友军部队,以提高其定位精度和导航能力。由于 P 码序列极长且保密,因此一般用户不能利用 P 码提供的定位服务。

然而,经过多年的摸索,不少民用用户逐渐掌握和开始使用 P 码,因此美国军方又出台了所谓 AS 措施,对 P 码加密,使敌方设计的 P 码接收机再不能直接定位。

5.5 GPS 欺骗与反欺骗

干扰者可以向 GPS 接收机发送欺骗 C/A 码和 P 码,使接收机给出错误的定位值,达到欺骗的目的。

GPS 的反电子欺骗(AS)通过将 P 码和密钥 W 码进行模 2 求和,形成 Y 码($Y = P \oplus W$)。于是,载波 L1 和 L2 上的 P 码便被未知的 Y 码代替。敌方不知道 W 码,很难从 Y 码中提取出 P 码。没有 P 码便不能实施欺骗,因为欺骗用的 P 码和实际信号用的 P 码不是同一伪码序列图案(或者说二者几乎不可能对应,对应是小概率或偶然事件,通常不考虑),所以接收机不能给出定位数据(即不能实现 PPS 定位)。

5.6 GPS 电子干扰与反干扰技术

导航卫星传到地面的信号非常微弱(L1 频率的地表功率约为 -160 dBW,L2 频率的地表频率功率约为 -166 dBW),非常容易被干扰,是整个 GPS 系统中最薄弱的环节。因此,在争夺导航定位信息的斗争中,干扰与反干扰是敌对双方对抗的焦点。

5.6.1 电子干扰

对导航卫星到地面接收机的信号进行干扰,可以扰乱接收机对 C/A 码、P 码和 Y 码等信息的接收和提取,因此不能进行定位。

GPS的载频L1、L2均为明显的固定频率,只要干扰系统的体制和技术得当,采用压制式和欺骗性两种干扰体制,就达到事半功倍的效果。

1. 压制式干扰

压制式干扰有瞄准式、拦阻式和相关式三种。其中,(频率)瞄准式干扰将干扰载频对准1 575.42 MHz或者1 227.6 MHz的GPS卫星载频,并用相同的调制方式和相同的伪码序列进行干扰;拦阻式干扰用一步干扰系统来扰乱该地域出现的全部GPS信号,是实施全面阻塞干扰的最佳技术,它有两种工作体制,即单频窄带干扰体制和均匀频谱宽带干扰体制,单频窄带干扰体制的干扰信号到达GPS接收机与伪码调制的宽带本振信号混频后产生宽带干扰信号输出,只有少部分干扰信号能通过窄带滤波器实施干扰,均匀频谱宽带干扰体制采用锯齿宽带和噪声窄带相结合的调频干扰技术,产生宽带均匀并在时域上呈等幅包络的梳状和连续状干扰频谱来全面阻塞干扰GPS接收机;相关式干扰利用干扰系统的伪码序列与GPS信号的伪码序列之间的相关原理,使干扰信号能量通过GPS接收机的窄带滤波器,以较小的干扰功率来实施有效干扰。

压制式干扰系统的制造是比较容易和廉价的。1994年9月,在约翰·霍普金斯大学应用物理实验室举行的航空航天工程师和其他专业人员的研讨会上首次公开展示了一种烟盒大小的自制干扰系统,它采用12 V电池作动力,产生100 mW的输出功率,通过一根细小的全向天线发射信号。该装置足以干扰半径16 km范围内任何采用C/A编码的GPS接收机。俄罗斯设计的廉价GPS干扰系统现在到处可以买到,甚至可通过因特网采购到这种装置。这种干扰系统重3～10 kg(不含电池),价格低于5万美元,能对美国现有GPS系统的4个频段实施有效干扰。

在伊拉克战争初期,伊军改变海湾战争中消极被动的战略战术,注重在积极防御中实施灵活反击,有效延缓了作战进程,特别是运用GPS干扰系统干扰美英联军的巡航导弹制导系统,会使其精确打击效果受到严重影响。在战争进行中,美英联军多次发生误炸、误伤事件,其中既有英军直升机相撞,又有美军"爱国者导弹"击落英军战机,也有美军战机轰炸自己和导弹发射阵地,以及巡航导弹误射到伊朗、土耳其和沙特阿拉伯王国等国境内的严重事件。这固然有指挥协同不力等方面的原因,但伊拉克GPS干扰系统的有效干扰也是一个不容忽视的因素。

2. 欺骗式干扰

就工作原理而言,压制式和欺骗性干扰系统是两种不同体制的干扰系统。其中,压制式干扰系统通过发射强功率干扰信号,迫使GPS接收机饱和或无法正常工作;而欺骗式干扰通过发射定位诱导信号,迫使GPS接收机给出不正确(或不精确)的导航和定位。就技术而言,欺骗性干扰比压制式干扰的技术难度大得多,目前尚存在如准确估算目标所接收到的GPS卫星测量数据及虚假导航信息等关键技术尚未突破。

根据欺骗性干扰系统的工作原理,干扰可分为"产生式"和"转发式"。"产生式"干扰必须先掌握全部GPS卫星的码型及当时发出的电文数据,如C/A码处于公开状态,P码处于半公开状态,对其干扰相对容易,而经 P 码加密后的 Y 码对其干扰难度很大,关键技术目前仍未突破;"转发式"干扰利用 GPS 信号到 GPS 接收机之间的传输延迟来实现欺骗。"转发式"干扰系统需要在-20~-60 dB 信噪比条件下提取 GPS 信号,然后将信号放大、转发到 GPS 接收机。为了提高到达 GPS 接收机的信号的信噪比,"转发式"干扰系统应确保信号不失真、不变形、不产生畸变。"转发式"干扰的难度比"产生式"干扰小,其关键技术是接收信号和发射信号的隔离技术。

5.6.2　电子抗干扰

GPS 最大威胁是对用户区段微弱的 GPS 信号的压制性干扰。因此,提高 GPS 的抗干扰能力得到了美国的高度重视。

1. GPS 卫星抗干扰措施

GPS 卫星的主要抗干扰措施包括以下几个方面。

(1)建立独特的军用 GPS 系统。

独特的 GPS 系统是将军用和民用信号频段分开,既可增强军用信号功率达到提高抗干扰之目的,又不影响民用信号的性能。在战争期间还可将战区内民用信号干扰掉而不影响美军导航战的正常使用,如将 P 码采取抗欺骗措施后改制成 Y 码,可大幅度降低接收机受假信号欺骗干扰的能力。

(2)采用新型 LC 信号频段。

新 LC 信号频段包括第 3 民用信号频段 LC=1 176.46 MHz、新军用信号频段 LM 及新调制并带有先进导航信号的军用 Y 码等,均具有相当强的抗干扰能力。

(3)采用现代抗干扰技术和措施。

美空军的空间和导弹系统中心的 GPS 联合团办公室规划了 30 种利于改进 GPS 系统性能的技术,包括采用小功率原子钟等新一代时间源、提高 LC 信号的发射功率、改进新 LM 码结构、应用机载伪卫星技术及数字波束调向天线等。

(4)采用星载 GPS 干扰系统。

未来 GPS 系统和导航战将采用星载干扰系统以进攻促防御,强化卫星独立导航、先进控制和反卫星武器能力。

2. GPS 接收机的抗干扰措施

如图 5.14 所示为抗干扰数字 GPS 接收机框图。图中 6 个标注号分别为 GPS 接收机采用的抗干扰技术:射频干扰检测技术、前端滤波技术、码环和载波环跟踪技术、窄带干扰技术、天线增强技术、抗多径干扰技术。具体工作原理如下。

(1)射频干扰检测技术。

采用 AGC 电路完成射频干扰检测,再通过干/噪仪检测其信号的存在。干扰信号一旦影响 GPS 信号的正常接收就会报警并将信号反馈到 GPS 接收机天线和前端滤波放大器。当 AGC 控制电压不能将中频信号自动控制到均方根值而与热噪声均方根值相等时,AGC 则受强热噪声信号控制。在此情况下,GPS 信号电平低于热噪声电平,强信号

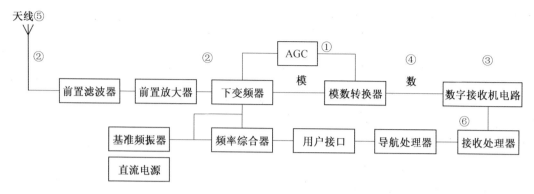

图 5.14　抗干扰数字 GPS 接收机框图

就是射频干扰信号。因此,通过 AGC 自控电压的高低来精确估算干/噪比值大小可直接估算干扰信号功率的大小,其优点是不需要用接收机去跟踪 GPS 信号就能确定射频干扰信号的存在。当射频干扰信号出现时,只要改变 GPS 接收机的搜索跟踪方法就能正常接收 GPS 卫星信号。

(2)前端滤波技术。

抗干扰滤波处理技术是很有潜力且正在高速发展的新技术。它用微电子及软件来实现,能使 GPS 接收机受两个 L 频段 GPS 频带的带外强功率干扰。多数 GPS 接收机目前采用陡截止频率特性的无源滤波器来抑制强带外功率,而图 5.14 则采用无源空腔前置滤波器,其优点是插入损耗低,截止带宽的抗干扰性好,是有效解决带外射频干扰的最佳选择,但体积较大、价格昂贵。它与放大器一起在天线中,除前置滤波器外,还要对窄带下变频器及本振混频器进行滤波。当下变频率接近中频并与窄带滤波带宽同步时,GPS 接收机前端带为 2 倍速率,对 C/A 码是 2.046 MHz,从而改善了接收机的带外干扰特性,降低了中频 A/D 变换处理所需的奈奎斯特采样速率。

(3)码环和载波环跟踪技术。

码环和载波环增强技术位于 GPS 接收机通道及处理器上,其抗干扰性能通过窄带码环压缩载波跟踪器的带宽和接收机预检测带宽来改善。因动态带宽变化使带宽范围变窄,可以通过增加环路滤波阶次来弥补,如采用内部辅助增强技术、外部导航辅助增强技术及载波跟踪闭环辅助技术等。其中,外部导航辅助增强技术有惯性导航系统(INS)、多普勒雷达和空气速度计,而最引人注目的是 GPS 和 INS 的最佳组合:一是借 INS 提供的平台速度信息去辅助 GPS 接收机的载波环和码环,做到环路带宽很窄,有效提高 GPS 接收机的信号/干扰比;二是在强干扰下只用 GPS 导航,当 GPS 接收机信噪比恢复到跟踪门限以上时,再用 INS 辅助 GPS 接收机快速捕获 GPS 信号。GPS 和 INS 的组合可使接收机的抗干扰性能提高 10~15 dB。因此,海湾战争后,INS/GPS 组合的导航方式在制导炸弹、炮弹和导弹等精确制导武器上获得了广泛应用,如美国 AGM－154A/B/C 型 TSOW(联合防区外攻击武器)、GBU－29/30 JDAM(联合直接攻击弹药)。

(4)窄带干扰处理技术。

窄带干扰处理技术也称暂时滤波技术,是 DFT 技术用于数字中频信号处理即频域幅度处理的例子。如无射频干扰,热噪声功率谱在频域内相当均匀;又如信号中有窄带干扰,频域出现明显异常,其异常谱线在 DFT 中被自适应滤除。

(5)天线增强技术。

采用自适应调零天线技术提高其接收灵敏度。自适应调零天线技术是提高 GPS 接收机抗干扰的重要手段,目前美国处于领先地位。这种天线由多元天线阵组成,每一天线阵经微波网络接到处理器,信号处理后又馈送到微波网络进行调节,使各阵元的增益和相位发生变化,对来自天线阵方向图的干扰源归零,以降低干扰系统性能。其中,零数由阵元数决定,一般 N 阵元天线能控制 $N-1$ 个零点,较理想的自适应天线能把 GPS 接收机的抗干扰能力提高 40～50 dB。

(6)多径干扰技术。

GPS 天线阵周围设置合适的微波吸收圈或扼流圈,以增大天线方向图的锐角,从而有效提高多径抗干扰的性能,迫使敌方使用大功率干扰系统,利于 GPS 检测、定位和摧毁。

为提高 GPS 的抗干扰能力,美国 GPS 联合计划办公室于 1998 年列出了近 30 种技术手段供单独使用或综合应用,包括抗干扰滤波技术、自适应调零天线技术、直接 P(Y) 捕获技术、GPS 惯性导航(IMS)组合技术等,目前已将 GPS 与 INS 紧耦合组合和自适应调零天线技术应用到巡航导弹和 JDAM 联合直接精确打击弹药上,取得了明显的抗干扰效果。1998 年,美国应用上述抗干扰措施的 JDAM 弹药,在白靶场 44 000 英尺(1 英尺= 0.304 8 m)高空进行投放试验,小功率干扰时命中目标误差为 3 m,大功率干扰时命中误差仅为 6 m。伊拉克战争中美军使用的战斧巡航导弹 BGM－109C 和联合直接攻击弹药 GBU－31 炸弹等都应用了上述抗干扰措施。

第6章

侦察与监视信息的综合处理

信息综合处理在近、现代侦察与监视中的发展经历三个阶段:第一阶段是人工情报信息分析与综合处理,早期的情报信息综合处理主要是采用人工分析方式,有经验的情报分析员对侦察传感器数据或信息进行分类、归档、对照与印证,整理形成有关目标属性判决、事态及其发展的情报文件,但工作效率较低,精确度不高;第二阶段是以情报自动化信息管理为核心的情报信息综合处理,随着计算机技术的发展与广泛应用,采用计算机进行情报的自动分类、情报的自动编排与编注、数据的及时存储与情报自动更新等系列数据自动化处理与信息管理,提供及时、准确的目标特征数据、报文及报表,以及战场太熟的图像与综合文件,大大地提高了情报综合处理的效率;第三阶段是以计算机、通信网络、智能信息处理技术为基础的智能化信息综合处理,采用强大的计算机处理、超强的网络通信,并利用先进的信息处理技术实现多元信息的关联、融合、推理、挖掘等智能化信息综合处理,提供多时空、多频段、全方位的目标可靠的估计与判断,形成全面、清晰的战场态势图与综合性讨论,从而明显提高情报综合处理质量。

6.1 信息综合处理的系统架构

信息综合处理的系统主要由以下部分组成:情报信息汇集处理、情报信息自动化处理、情报信息智能处理、综合情报产品生成。信息综合处理的系统架构如图 6.1 所示。

6.1.1 情报信息汇集处理

情报信息汇集处理主要是将多种侦察传感器与其他渠道得到的多源情报信息,如图像情报信息、信号情报信息、量测与特征情报信息等目标情报信息,信息编码、报文内容等内涵情报信息,网络协议、网络文本等网络情报信息,话音与视频信息等声像情报信息,成像侦察与测绘等图片情报情报信息,进行汇集接入和预处理,包括多路转换、格式转换、图像文本提取、按综合处理所需的数据格式进行规格化预处理等。

6.1.2 情报信息自动化处理

情报信息自动化处理主要提供侦察与监视系统的信息管理功能:根据侦察与监视的事务处理要求,进行作业管理,提供日常的情报报表与报告、情报的交叉引证;根据作战指

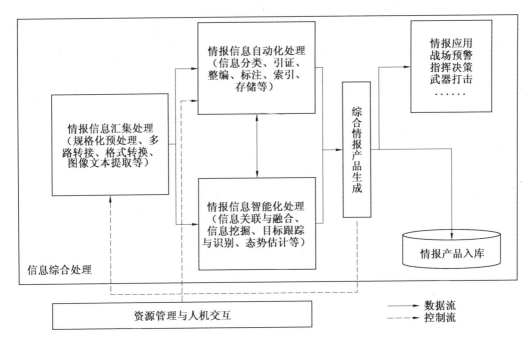

图 6.1　信息综合处理的系统架构

挥意图,进行情报信息的管理控制;根据特殊任务要求,对收集信息进行索引与组织管理,提供特定任务规划、态势感知与趋势预测等。

　　信息自动化处理的主要技术包括:信息分类,利用文本、图像、视频和信号特征信息分析法与数据的规范化处理,将这些信息转换为数字形式,以便进行数据的分类存档;信息整编,根据任务需求或信息的内容特征,建立目标位置信息、目标组成信息、资源特性信息、事件序列等报文、报表、战场空间视图等;信息索引,利用数据库技术,通过给每个数据项分配存储的参考项,生成数据项的内容摘要、关键词和数据描述的来源、时间、置信水平以及相关项的元数据,从而建立信息索引、信息分析的字典;信息标注,对数据进行注解,对战场空间视图中关注的目标或区域加以文字说明;辅助决策,在建立索引后,新的情报信息进入数据库后,利用统计分析方法,对照预定义内容特征模版来监视事件或趋势,提供特定的信息分析线索等。

6.1.3　情报信息智能化处理

　　情报信息智能化处理主要是通过传感器探测数据或多源侦察情报的关联去重复,减少目标信息的不一致性;通过多源信息融合处理,将多种传感器和多个侦察平台连成一个有机整体,形成集成度与可靠性高的侦察综合情报;通过对信息进行抽取、转换和分析处理,揭示隐藏的、未知的或验证已知的规律性,提取有价值的情报信息;为侦察与监视系统提供信息提炼与分析推理功能。

　　信息智能处理的主要技术包括:信息关联,对多传感器探测数据进行相关分析,对冗余信息进行归并;信息融合,采用信息融合方法,组合原始数据,优化有关数据源的参数估计,并综合推断从而提高目标量测精度、目标判决置信水平,战场探测范围等;信息挖掘,通过使用聚类统计分析、规则假设推理方法来搜寻大量数据与多元信息中的隐藏模式与非显现规律,挖掘出有价值的情报;模式识别,利用先进的特征分析方法、模糊模式识别方法、人工精神网络等进行目标属性判决、类型判别等;推理判决,利用智能建模、专家系统等进行态势估计、时间变化推理等。

6.1.4 综合情报产品生成

综合情报产品生成以一种动态、可视化的格式向武器系统提供数据指示,以报告、图标形式向指挥决策者提供辅助信息。根据过去、现在、将来的关注重点,将战术、战略情报产品分为三类:当前某一具体情报产品,它像新闻一样报告、描述当前目标、事件的状态、性质、迹象等;基本情报报告,提供专题的完整描述(如战斗序列或战场态势);情报评估,试图根据当前态势、限制条件和可能的影响,对未来情形进行合理的预测。信息综合处理生成的情报:一方面,将情报分发应用,提供态势感知、战场预警、指挥决策;另一方面,将情报产品入库累积,以便提供全面战场信息与进一步分析处理。

6.2 信息综合处理的工作流程

6.2.1 情报处理的一般流程

情报信息处理流程就是从收集的数据转换为军事目标或军事活动易于理解的知识,即军事情报。根据情报信息资源的不同抽象层次与分析处理程度,情报信息处理的一般流程如图6.2所示。

1. 观察过程

通过对侦察与监视传感器观测到的变量进行收集、量化来获取一些物理过程(例如战场上的兵力、侦察设备、武器设备等)的数据,并将观察结果格式化为观察时间、观察地点、收集装置(或传感器、源装置)、测量值(目标特性参数或探测概率)以及关于这些测量值可信度的统计描述等。

2. 组织过程

该过程是以数据转换为信息,通过对数据关联分析,形成如按照空间、时间、来源、内容或其他组成的元素,并储存于信息库以备恢复和分析之用,可以认为该过程是信息处理的初级层次,具有一定的自动化特点。

3. 理解过程

也就是产生知识的过程,通过发觉或发现信息中的各种关系或模式,对数据进行解释,建立目标或事件的数据模型,进一步用于预测未来行为,可以认为该过程是信息处理的高层次或带有一定的智能性。

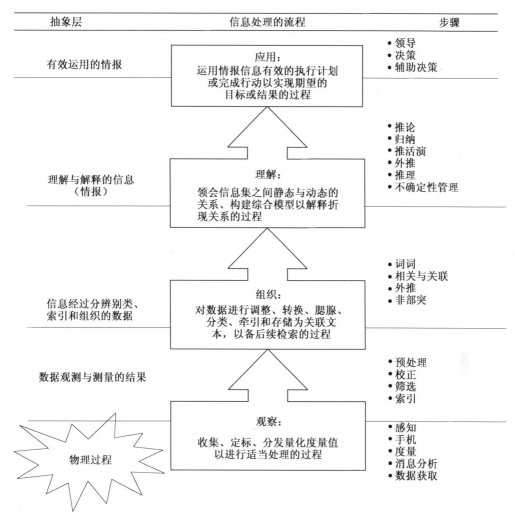

图 6.2　情报信息处理的一般流程

4. 应用过程

该过程是在分析与综合形成情报的基础上,优先运用情报执行计划或完成任务,期望对目标属性、行为或战场综合态势进行判断与预测,即对把握战场态势、指挥决策提供辅助信息,为武器打击提供及时准确的数据指示。

6.2.2　情报综合处理流程

在侦察与监视系统中,信息综合处理通过多种传感器信息获取手段与通信信息网络,收集到传感器探测数据尽可能多的类型,以及不同的精度、时效的数据,并从大量的探测物理量与数据中通过分析、关联、理解、判读等深度分析与综合推演提取情报信息,获得综合态势情报。其方法与措施如下。

1. 传感器的数据收集与综合利用

通过收集多源侦察与监视传感器获取的数据,拓展对敌方进行观察和确定目标的深度与广度,通过信息分析得到敌方的目标内涵情报信息。在多传感器对战场监视中,通过获取截获地方的通信信息、武器预警信息、敌方目标侦察的有关目标位置的精确信息、武器威胁能力指标,以及用于战场环境的地理、大气数据等,扩大了信息获取量。

此外,利用获取信息手段的多样化使战场侦察与监视具有超视及无间隙的情报监控体系,对敌方的军事设施、军队的部署、武器装备的配置以及部队的调动与行动企图进行侦察与分析,获取军事情报,为制定作战计划和作战行动提供依据。

2. 信息分类与索引的自动处理

从技术情报信息搜集方式和信息获取途径划分,侦察情报信息可分为目标信息、内涵信息、声像信息、网络信息、图片信息等。从情报信息使用与对作战支持划分,情报信息可分为:目标属性信息,用于侦察目标发现;目标状态信息,用于目标运动状态估计与跟踪;内涵信息,提供目标属性判决或个体身份识别;综合战场环境信息、目标属性信息、影像信息等,支持战场态势估计与威胁评估。因此,根据信息来源,结合信息对作战使用要求,利用计算机及其人机交互方式,建立情报信息的分类存储、自动检索处理机制,实现快速的数据、文字、图标等多格式的信息处理,提供及时的情报报表与报告、目标指示信息,以及初级的指挥辅助决策等。

3. 多元信息融合与集成的智能处理

多元信息的融合与集成处理主要有:数据的净化、筛选与关联分析;情报信息融合与情报理解;综合情报的推理、综合整编与分发应用。具体处理与其作用简述如下。

首先,在单传感器数据分析与情报提取处理基础上,针对具体的作战任务,对多源传感器数据进行净化与筛选处理,减少噪声影响,剔除野值数据,并对多传感器数据进行相关性分析,以提供对目标状态的一致描述信息,减小多传感器探测目标的相关出错概率,提高跟踪精度与跟踪的持续时间,为指挥员提供直读、直观、直闻的不同距离的、全方位的、有声有色的情报。

其次,对情报信息进行融合处理与解释。采用多元信息融合的关联处理,消除多源数据间的相互冲突与信息冗余,完成多传感器数据的一致性检验,提供对战场完整性描述的情报保障。通过建立目标情报信息模型、态势预测模型,利用多传感器目标数据融合处理,即分别采用数据级、特征级、决策级的数据融合处理实现多源情报信息的综合集成,从而获得高准确度、可靠的敌方电子辐射源与武器平台属性与类型识别,或提供稳定、高精度的多目标跟踪。利用侦察与监视积累数据分析手段,通过建立目标特征货状态模版,对采集信息自动进行垃圾过滤和去重处理,从多源海量信息中挖掘出有用的情报信息,进行自动信息群凝聚与识别,达到对战场出现目标进行确认、对敌方兵力部署进行检测、对敌方情报指挥系统进行身份辨识。通过时间和资源占用分析等,掌握监测目标及目标群的活动规律以及军事网台使用特点,并及时发现异情等。

最后,是情报信息的分析与综合过程。该过程是利用多种分析手段,对目标信息、内涵信息、声像信息、网络信息、图片信息等建立信息集之间的相互关系,进行情报信息累积,进一步支持战场态势估计与威胁评估,通过情报信息的推理与印证、综合与整编手段,采用图形、文字表格、声像等可视化方式生成对侦察与监视有价值的综合情报。

6.3　信息综合处理对作战的影响

6.3.1　信息综合处理对综合态势的影响

信息化战争是人类在信息时代大量使用信息、信息技术和信息化武器装备,在信息化作战环境下进行的全时空较量的一种战争形态。因此,在多侦察与监视技术获取战场信息感知、信息优势的基础上形成战场的综合态势,为指挥员提供直读、直观、直闻的不同距离的、全方位的、有声有色的情报,把握战场信息的主动权与选择最佳作战方案。

战场综合态势是融合和集成来自侦察卫星、侦察飞机、预警机、水面舰艇、潜艇和地面侦察部队、各级指挥中心和作战单元获得的各种作战目标情报信息,通过分析与综合处理形成战场敌我双方的战略部署、武器装备情况、行动意图等战场态势,采用图形化表达的可视化技术,将战场态势设计的地理数据、态势专题信息、气象与电磁信息、各层次人员或作战单元进行可视化表示,形成联合作战态势图。

2000 年,美军提出了"联合作战空间信息球"的概念,即"C^4ISR 全球信息栅格"的概念,并开展其试验系统研制。研制的试验系统结合通信网络、信息交换全维化与信息处理智能化,对搜集的信息包括图像情报、电子情报、测量与特征情报以及人工情报等能进行信息综合处理,使全球信息栅格(GIG)系统能根据作战人员、决策人员和保障人员的需求,适时地搜集、处理、存储、分发和管理各种信息。如图 6.3 所示为全球信息栅格(GIG)的高层运行图示。

C^4ISR 全球信息栅格使传统的信息网络发生了革命性改变,主要体现在:信息获取全球化,真正实现不受地域、天候、时间的限制随时获取信息;信息交换全维化,GIG 可以通过全维、立体、多频谱、多节点的栅格化信息交换来实现"局部提供全球共享"的思想;信息处理智能化,GIG 能最大限度地实现由"谋求信息优势"向"谋求决策优势"转化;信息设施兼容化,GIG 中既包含计算机网络、通信网络,也包含传感器和武器平台栅格,强调从传感器到射击武器的全程信息一体化兼容,从而提升整体战斗力水平;信息防护保密化,GIG 采用纵深防护、多层设置,在网络、链路、计算机环境和基础设施等每一环节、每一维都建立一套更加有效的安全保障。

6.3.2　信息综合处理对武器攻击的支持

美国军事专家分析了海湾战争后认为:海湾战争最致命的武器不是导弹和战斗机,也不是战舰和坦克,而是部署在该地区的庞大的情报系统,具有多样化、综合化的情报侦察与监视手段。

在信息化战争中,战场主动权已经在很大程度上转移到信息领域。这是因为信息技

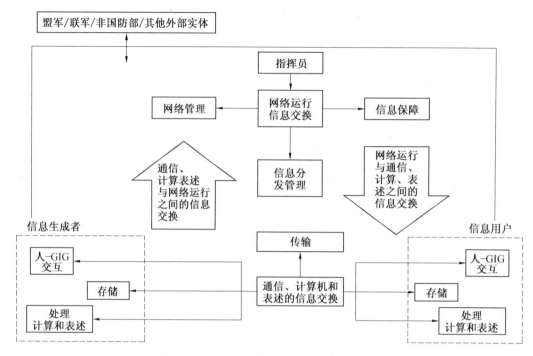

图 6.3　全球信息栅格(GIG)的高层运行图示

术与武器结合的加速发展,尤其侦察、监视与攻击系统一体化。侦察、监视与攻击系统一体化就是将部队的侦察监视系统与武器装备有机地结合起来,构成一个合理的整体,以便及时发现和摧毁目标。典型的侦察、监视与攻击系统一体化体系如图 6.4 所示。

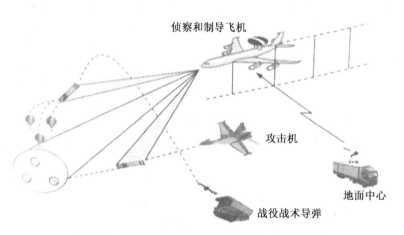

图 6.4　典型的侦察、监视与攻击系统一体化体系

　　在侦察、监视与攻击系统一体化的综合信息与武器交联的应用中,美国空军、海军、海军陆战队装备通用的新型隐身、超声速、对地攻击为主的轻型多用途战斗攻击机——联合攻击战斗机(JSF)如图 6.5 所示。

　　联合攻击战斗机是一种集侦察、监视与攻击系统于一体的新一代作战飞机。在战场上,它会与 F-22 联手,形成高低搭配。"联合攻击战斗机"将大量吸纳 F-22 的综合传

图 6.5　联合攻击战斗机

感器系统概念,并研制多功能综合射频系统(MIRFS)和光电/红外(EO/IR)系统。因此,从现代先进的战斗机发展趋势可以看出,机载电子侦察与武器交联将更加紧密结合,其综合一体化表现为机载雷达对抗设备的综合,即平台内的雷达告警、雷达侦察、雷达有源干扰和无源干扰等有机结合一起,形成雷达探测与侦察的综合系统。

第7章

网络对抗

网络对抗是指在计算机和计算机网络上发展起来的攻防手段,以及运用这些手段进行作战的方式和方法等。目前的网络战主要发生在互联网上,如病毒攻击和防护、重要数据的窃取与保护、电子金融犯罪与预防等,并严重影响着人类的工作、学习、生活、生产和军事斗争等。网络对抗通过在计算机网络上的操作,完成信息攻防对抗行动。

7.1 网络安全问题

网络搭起信息系统的桥梁,网络的安全性是整个信息系统安全的主要环节,只有网络系统安全可靠,才能保证信息系统安全可靠。网络系统也是非法入侵者主要攻击的目标。开放分布或互联网络存在的不安全因素主要体现在以下几点。

(1)协议的开放性。TCP/IP协议不提供安全保证,网络协议的开放性方便了网络互连,同时也为非法入侵者提供了方便。非法入侵者可以冒充合法用户进行破坏,篡改信息,窃取报文内容。

(2)因特网主机上有不安全业务,如远程访问。许多数据信息是明文传输,明文传输既提供了方便,也为入侵者提供了窃取条件。入侵者可以利用网络分析工具实时窃取到网络上的各种信息,甚至可以获得主机系统网络设备的超级用户口令,从而轻易地进入系统。

(3)因特网连接基于主机上社团的彼此信任,只要侵入一个社团,其他就可能受到攻击。

漏洞是计算机网络攻防能够产生和发展的客观原因。

7.1.1 漏洞的概念

漏洞是硬件、软件或使用策略上的缺陷,它们会使计算机遭受病毒和黑客攻击。漏洞又称为安全脆弱性。

7.1.2 漏洞的分类

漏洞可分为平台漏洞、计算机语言漏洞、协议漏洞、应用程序漏洞、配置漏洞(内嵌工具、用户正确使用)。

1. 平台漏洞举例与分析

(1)MSIE4.0 缓冲器溢出。

软件版本:Microsoft Internet Explorer(MSIE)4.0。

缓冲区溢出的影响:机器锁定并且可以在上面执行任意代码。

说明:MSIE4.0 将命令参数缓冲区长度设置得有限,且不对用户输入的命令参数的长度进行限制。超过缓冲区的命令参数"y"将被被访问的机器当作指令运行,缓冲区溢出的危害如图 7.1 所示,这会造成机器的不正常运行。如果黑客精心选择"y",就可以控制机器的运行,达到攻击的目的。

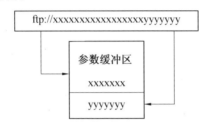

图 7.1　缓冲区溢出的危害

(2)序列号攻击。

软件版本:所有 NT 版本。

序列号攻击的影响:数据被截获、网络拒绝通信等。

说明:TCP 段(或数据包)格式见表 7.1。其中,序列号(32 位)指出该段携带的数据在发送端数据流中的位置;确认号指出希望接收的下一段的序列号。TCP 采用捎带技术,在发送数据的数据流中捎带对对方数据的确认,这样可以大大节省所传输的段数。

表 7.1　TCP 段格式

源端口	目的端口
序列号	
确认号	

NT 产生的 TCP 序列号容易猜测。黑客通过猜测 TCP 序列号并设置序列号和确认号,可插入和截获 TCP 段数据,对网络上可信主机进行攻击。该弱点影响许多网络服务器,包括远程进程调度、网络基本输入输出系统和服务器信息块联接等。通过伪造 TCP 序列号,构造一个伪装的 TCP 封包,可以对网络上可信主机进行攻击。

2. 计算机语言漏洞举例与分析

在 WWW 流行之初,其页面是静态的、面向显示的,页面内容一般为报告性文档,主要由促销或研究性材料组成。

后来的 WWW 越来越多样化,公共网关界面(CGI)用于实现基于网络的请求,运行在服务器上。

可用于设计 CGI 的语言有 Java、Perl 等。Java 语言是通用编程语言,于 1995 年 5 月由 Sun 微系统公司开发。

Java 作为一种技术到底是否成功，一直倍受争议。

有很多利用 Java 的漏洞成功入侵网站 WebSite 服务器或者攻击网页访问者的电脑的例子，在 Internet Explorer 5.5 中对 Java 小程序的处理存在一个漏洞，所以允许运行 WEB 页面中加入一些恶意代码来诱使访问者阅览，从而获得访问者的文件或所在的 Internet 中的目录结构访问权。例如，通过在 WEB 页面中引用标签加入一个恶意的 Java 程序就有可能读取本地系统的敏感文件并把它传送出去，

贝尔实验室发现，在用 Java 程序编写的微软 MSIE 系统和 Netscape 的 Communicator 中，有一个漏洞可导致用户在登陆一些网页时，其个人数据有可能在未经允许下被窃取到。Java 电脑语言的设计人员也深知安全问题是 Internet 的最大隐忧，因此在设计这个要在互联网上运行的语言时，也已经在 Java 的中设置了层层安全保护措施，以免程序设计者在用 Java 去开发互联网上的应用程序时，无意或故意地破坏客户端电脑环境的安全，当然也包括那些利用 Java 的 Applet 胡作非为的。这些层层的安全保护措施可以分成 4 层：第 1 层是确定 Java 电脑语言是简单安全的；第 2 层是确认所要载入执行的程序是正确的；第 3 层是确保 Applet 能合乎规范标准的执行；第 4 层是确切保护客户端网页程序执行的安全。虽然 Java 在设计时已经放入了重重严密的关卡，但是在实际应用当中是不可能把所有安全上的漏洞完全杜绝的。

例如，上述的第 2 层到第 4 层安全防护措施主要是依靠在客户端浏览器下面执行 Java Applet 的虚拟计算机（JVM）和 Java 的一些基本的类别程式库来保证的，那么如果访问者采用的是被人动过手脚的浏览器，则这些 Java 的层层客户端安全措施就很可能无法发挥效用了。有两则和 Java 有关的安全警告：其一是电脑黑客可以透过 Applet 并利用一些在 TCP/IP 及目录服务（NDS）上的弱点，绕过 Internet 的防火墙；另一则是通过 Java 的组态改变，黑客可以把某些程序像伏兵一样地预藏在客户端的电脑中，以便日后开门行盗。虽然这两个漏洞已被新版本的 NetScape 和新版本的 Java 开发工具箱（JDK）堵塞起来了，但是这多少说明了 Java 还不能完全避免被那些无孔不入的黑客利用。除此之外，由于一些传统上电脑安全的漏洞，因此 Java 也是无法加以防备的。例如，黑客可以用验证的思路方法去破解电脑使用者的密码，或是利用类似木马屠城的手法骗取电脑使用者的信用卡号码的类的机密资料等，这些常常令人防不胜防。

3. 协议漏洞举例与分析

典型例子：微软公司的点对点通道协议（PPTP）。

通信层漏洞。在 TCP/IP 上发现了 100 多种安全弱点或漏洞，如 IP 地址欺骗、TCP 序号袭击、ICMP 袭击、IP 碎片袭击和 UDP 欺骗等。

4. 应用程序漏洞举例与分析

各种应用软件、防火墙软件、WebServer 应用软件、路由器软件等都隐含了很多漏洞，使黑客容易进入。

Morris 蠕虫是著名的网络蠕虫之一，它也有漏洞，而且正是漏洞增加了它的攻击力。

最初，Morris 希望他的蠕虫以一种极慢的速度繁殖，以便不被人发现。但由于蠕虫中有缺陷，因此它在网上以比预计快得多的速度进行自我复制和感染机器。

5. 配置漏洞(内嵌工具、用户正确使用)举例与分析

一个导致安全问题的最主要原因是目标主机的错误配置。它可以在任何时刻、任何地点使一个站点出现安全问题，而不管这个站点采取了什么样的安全措施。例如，当美国高等法院的服务器被解密时，美国高等法院正运行着一个防火墙软件，但是由于防火墙的错误配置，因此防火墙根本就不起作用。

还有一种情况：用户不清楚机器的配置。例如，一台机器被连上网络，就可能出现安全问题。另外，文件共享工具、网络打印工具和默认口令同样会引发安全问题。补救的方法之一就是关闭工具或服务。

类似地，启用一些安全工具能增加系统安全性，但如果用户没有这方面的知识，就不能使用这些工具。

还有一种缺陷是指任何系统中与安全无关的程序(或第三方软件)导致的安全漏洞。

广泛使用的应用程序成为 Internet 不可或缺的部分时，即使它们存在安全缺陷，也不可能被立即取代。例如，Word 被证明是不安全的，但人们照样不会停止使用它。另外，WWW 浏览器也存在安全缺陷。

开发商从知道漏洞到把漏洞消除需要很长一段时间，并且反反复复地在进行。如Windows 的漏洞补丁，漏洞不断地被发现，补丁不断地更新。

7.1.3 漏洞的危害和产生原因

漏洞是计算机网络攻击得以成功实施的基础。目前，没有漏洞的计算机几乎是不存在的。因此，目前任何连接到 Internet 上的计算机都可能遭受黑客和病毒的攻击(保密资料千万不能联到网上，包括局域网)。

漏洞的危害性很大，但为什么还会普遍存在呢？其中原因可以归结为以下几个方面。

1. 计算机发展速度过快

(1)摩尔定律。

在科学计算等客观需求牵引下和经济利益驱动下，目前的计算机发展速度很快。摩尔定律是指计算机软硬件约 18 个月更新一代。在这种高速发展下，软硬件设计、开发和检验等工作难免有疏忽，留下不少漏洞。

(2)Internet 安全发展形势。

Internet 安全发展可以概括如下：在经济等利益的推动下，包含漏洞的网络新技术不断涌现；好奇或恶意的黑客发现新技术中的漏洞，并利用其进行网络攻击；在安全目的和经济利益的驱动下，针对漏洞和黑客攻击安全产品不断出现或升级。Internet 安全发展形势如图 7.2 所示。

2. 大型软件的复杂性

如果一个软件包含 100 个相互独立的条件是否满足判断语句，那么这个软件面临的

图 7.2　Internet 安全发展形势

可能的组合条件有 2^{100} 个,无法进行完整的可靠性测试。

对于大型软件,出错是一种规律而不是例外。

3. 缺乏安全意识和知识

网络攻防不是计算机发明和应用的初衷。开发商和用户的网络安全意识淡薄,导致出现很多软硬件技术和用户使用上的漏洞。

7.1.4　漏洞的发现

每个星期,世界上都会有几十个漏洞产生,它们能影响到很大范围内网络的安全,包括路由器、客户和服务器软件、操作系统和防火墙等安全。

网络管理员和用户应该知道这些漏洞什么时候产生,它们将会对系统产生什么影响,等等。及时地掌握这些信息并采取措施对保证网络的安全是至关重要的。

最好在漏洞出现仅几分钟或几小时后就加固网络的安全,因为一个漏洞被发现到被利用来破坏主机的时间往往就在几个小时之内。

漏洞需有人发现。如果发现人是计算机专家和安全服务商组织的成员,那么他们警告安全组织机构,安全组织机构就会设法补救该漏洞;如果是"黑客"发现了该漏洞,他们就会分发消息,攻击一些服务器。

著名的信息安全组织是计算机紧急事件反应小组(CERT)。CERT 在 1998 年 Morris 蠕虫事件后,成立于美国 Carnegie-Mellon 大学的软件工程学院。

CERT 的服务包括:针对新的安全漏洞发布建议;24 小时全天候为那些遭受破坏的用户提供重要技术意见;利用它的 Web 站点提供有用的安全信息;出版年报,让用户深入了解安全统计信息。

然而,在修复漏洞的方法开发出来以前,CERT 并不会发布关于"漏洞"的信息。为此,CERT 不是一个专门发布漏洞的机构,而是发布用于对漏洞和攻击破坏进行完整修复的信息机构。它提供的信息通常包括补丁的地址和一些生产厂商正式介绍的信息。从这些站点中,用户能够下载可以弥补系统漏洞的代码或工具。

7.1.5　网络安全脆弱点及原因

如图 7.3 所示为计算机网络的典型结构及安全脆弱点,这些安全脆弱点及其含义如下。

(1)不充分的路由器仿问控制。配置不当的路由器 ACL 会使透过 ICMP、IP 和 NetBIOS 发生信息泄露成为可能,从而导致对目标网点 DMZ 上服务器提供的服务进行未授权的访问。其中,ACL(Access Control List)为访问控制列表,是路由器和交换机的接口指令列表,用来控制端口进出的数据包;NetBIOS(Network Basic Input Output System)为网络基本输入输出系统协议;DMZ(Dimilitarized Zone)是隔离区,在内部网络和外部

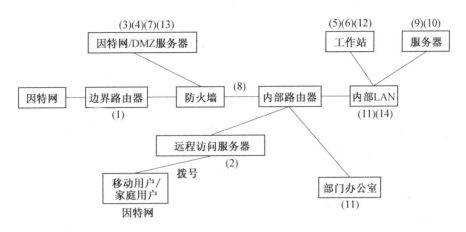

图 7.3 　计算机网络的典型结构及安全脆弱点

网络之间增加的一道安全防线，如 Web、Mail、FTP 服务器等。

(2)没有实施安全措施且无人监管的远程访问网点容易成为攻击者侵入网络的入口。

(3)不经意的信息泄露给攻击者提供操作系统和应用程序版本、用户、用户组、共享资源、DNS 信息(通过区域传输做到)及运行中的服务(如 SNMP)等信息。

(4)运行非必要的服务(如 FTP 等)的主机提供了进入内部网络的通道。

(5)工作站级别脆弱的、易于猜中的和重用的口令会给服务器带来入侵厄运。

(6)具有过度特权的用户账号或测试账号。

(7)配置不当的因特网服务器，特别是 Web 服务器上 CGI 脚本和匿名 FTP。

(8)配置不当的防火墙或路由器允许直接或在侵害某个 DMZ 上的服务器后访问内部系统。

(9)没有打过补丁的、过时的、脆弱的或遗留在缺省配置状态的软件。

(10)过度的文件和目录访问控制(Windows 共享资源、UNIX NFS 出口清单)。

(11)过度的信任关系能够给攻击者提供未授权访问资源信息的能力。

(12)不加认证的服务。

(13)在网络和主机级别不充足的登记、监视和检测能力。

(14)没有采纳公认的安全策略、规程、指导和最低基线标准(为安全软件制定的能够通过独立测试的最低标准)。

7.2　网络对抗工具

探测、攻击与防御是网络对抗的三大内容。网络攻防工具或武器包括探测工具、攻击工具和防御工具。这里的所谓工具实质上就是计算机软件或工具软件。运行、操作这些软件可以完成网络探测和攻防任务。

7.2.1　探测工具

网络探测或侦察的目的是收集用于网络攻防的情报信息。探测工具用于探测网络的漏洞或脆弱点,用作攻击目的或防御目的。

常用的探测工具包括以下 3 类。

1. 扫描软件

通过查询 TCP/IP 端口并记录目标的相应信息来探测、收集目标主机/服务器的有用信息,如当前进行什么服务、哪些用户拥有这些服务等,如 SATAN。

2. 口令攻击软件

口令攻击软件是对口令/密码进行解密/破译的程序。Crack 是一个攻击 UNIX 网络相对脆弱的口令工具。

3. 嗅探器

嗅探器是能够捕获和检查在网络上传输的信息的程序。从安全角度讲,嗅探器可以被"黑客"用来捕获口令、捕获保密信息等。例如,Network Associates 公司的 ATM 嗅探式网络分析器和 Shomiti 系统公司的 Century LAN 分析器就是两个嗅探器。

7.2.2 攻击工具

攻击工具或武器能够扰乱计算机系统的正常工作,导致系统拒绝服务,破坏系统的数据或在系统内造成安全隐患等,又被称为信息弹药,有时也被笼统地称为"病毒"。攻击武器包括以下几类。

1. 电子邮件炸弹

电子邮件炸弹往电子邮箱里发送大量邮件垃圾,以扰乱系统的正常工作或导致系统拒绝服务。

常见的电子邮件炸弹有 Up Yours、The Windows Email Bomber 和 UNIX Mail-bomer 等。

2. 蠕虫和细菌、病毒的区别

蠕虫和细菌的机理类似,不过蠕虫是在网络上传播的,而细菌是在单机上传播的,同样是扰乱系统的正常工作或导致系统拒绝服务。

蠕虫与病毒不同,是一类能通过在通信网络上完全复制自己来进行扩散的独立程序,它不感染或破坏其他程序。

3. 计算机病毒

病毒是一种攻击性程序,采用把自己的副本嵌入其他文件中的方式来感染计算机系统。当被感染文件加载进内存时,这些副本就会执行去感染其他文件,如此不断进行下去。病毒通常都具有破坏性作用。

目前,已经发现的病毒有几万种,并且还以每月 500 种以上的速度飞速发展。大多数针对 DOS 和 Windows 环境,而不能感染运行 Digital 公司的 VMS、UNIX 和大型机操作系统及 Macintosh 的计算机平台(实际上,目前有感染 linux 的病毒)。

病毒一般由 4 部分组成。

(1)安装部分。负责病毒的组装、联结和初始化工作。

(2)触发部分。由触发条件构成。

(3)感染部分。将病毒程序传染到别的可执行程序上。

(4)破坏部分。实现病毒编制者的破坏意图。

病毒的危害性包括隐蔽性、感染性(繁殖)、潜伏性和破坏性。病毒发作时可进行如下破坏活动。

(1)减少存储器的可用空间。

(2)使用无效的指令串与正常运行程序争夺 CPU 时间。

(3)破坏系统中的文件或数据。

(4)造成机器不能启动或死机。

(5)破坏显示、打印等 I/O 功能。

(6)破环系统硬件,如 CIH 病毒。它发作时不仅破坏硬盘的引导区和分区表,而且破坏计算机系统 flash BIOS 芯片中的系统程序,导致主板损坏。CIH 病毒是发现的首例直接破坏计算机系统硬件的病毒。

4. 特洛伊木马

特洛伊木马是一个有用的或表面上有用的程序或命令过程,包含了一段隐藏的、激活时进行某种不想要的或者有害的功能的代码。它的危害性是可以用来非直接地完成一些非授权用户不能直接完成的功能。特洛伊木马的另一动机是数据破坏,程序看起来是在完成有用的功能(如计算器程序),但它也可能悄悄地在删除用户文件,直至破坏数据文件。这是一种非常常见的病毒攻击。

古希腊传说,特洛伊王子帕里斯访问希腊,诱走了王后海伦,希腊人因此远征特洛伊。围攻 9 年后,到第 10 年,希腊将领奥德修斯献了一计,就是让一批勇士埋伏在一匹巨大的木马腹内,放在城外后,佯作退兵。特洛伊人以为敌兵已退,就把木马作为战利品搬入城中。到了夜间,埋伏在木马中的勇士跳出来,打开了城门,希腊将士一拥而入攻下了城池。后来,人们在写文章时,就常用"特洛伊木马"这一典故比喻在敌方城堡里埋下伏兵里应外合的活动。

完整的木马程序一般由两部分组成:一个是服务器端,一个是控制器端。"中了木马"就是指安装了木马的客户端程序,若你的电脑被安装了客户端程序,则拥有相应服务器端的人就可以通过网络控制你的电脑为所欲为,这时你电脑上的各种文件、程序,以及在你电脑上使用的账号、密码就无安全可言了。木马程序不能算是一种病毒,但可以和最新病毒、漏洞利用工具一起使用,几乎可以躲过各大杀毒软件。尽管现在越来越多的新版杀毒软件可以查杀一些防杀木马了,但不要认为使用有名的杀毒软件,电脑就绝对安全,木马永远是防不胜防的,除非不上网。

5. 逻辑炸弹

在病毒和蠕虫之前最古老的程序威胁之一是逻辑炸弹。逻辑炸弹是嵌入在某个合法程序里面的一段代码,被设置成当满足特定条件时就会发作,也可理解为"爆炸",它具有计算机病毒明显的潜伏性。一旦触发,逻辑炸弹的危害性可能改变或删除数据或文件,引起机器关机或完成某种特定的破坏工作。

6. 后门

后门是指存在于目标系统(或用户系统)上的、可提供非法访问目标系统机制的口令或程序等。例如,网络供应商提供的网络设备的默认口令就是最简单的后门,因为这些默认口令不被删除或修改,"黑客"就可以利用这些口令轻易侵入用户的系统。"黑客"可利用一些网络工具如 Netcat 设置后门,并通过它来入侵系统。

7.2.3 防御工具

防御工具用于对网络攻击进行预防和检测等,包括信息完整性检测工具、防火墙、日志及其审计工具等。

1. 信息完整性检测工具

信息完整性检测工具可以检测信息(文件或数据)是否被篡改或污染了。通过利用这些工具检测计算机系统中文件的完整性,可以发现系统中是否有特洛伊木马或病毒等。

大多数完整性检测方法建立在对象一致性原则上。对象是指文件或目录,一致性就是比较对象,看最近的对象与以前的是否一样,如果不一样,就要怀疑对象被篡改了。完整性检测工具使用方法如图 7.4 所示。

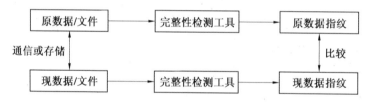

图 7.4　完整性检测工具使用方法

散列函数又称 hash 函数(也称杂凑函数或杂凑算法),就是把任意长的输入消息串变成固定长的输出串的一种函数。这个输出串称为该消息的杂凑值,一般用于产生消息摘要、密钥加密等。

Tripwire 是一个效率很高的文件完整性检测工具,它包含的散列函数有以下几种。

(1)CRC32。这种散列方法称为循环冗余校验。

(2)MD5。这是 MD 报文摘要算法家族里的一种,它非常强大。例如,在它的技术说明中,称"要产生具有相同报文摘要的两个报文要进行 2^{123} 次的运算"。

(3)SHA。是 NIST 保密散列算法。它非常强大,已被用于国防领域,被集成到保密数据网络系统的报文保密协议中。

2. 防火墙

防火墙是防止从网络外部访问内部网络的设备,通常是单独的计算机、路由器或防火墙盒(专有硬件设备),它们充当访问网络的唯一入口。防火墙应用结构如图 7.5 所示,并且判断是否接收某个外网连接请求。只有来自授权主机的连接请求才会被处理,而剩下的连接请求被丢弃。

图 7.5　防火墙应用结构

(1)防火墙的工作机制。

一是访问控制,根据源和目的地址,决定是否允许来自外部的访问;二是内容过滤,监视在访问过程中是否有可疑的"恶意"数据。

用户可以用防火墙创建规则来禁止有特定攻击特征的报文通过。

(2)防火墙的类型。

防火墙基本上有两类:网络级防火墙和应用网关防火墙。

①网络级防火墙。

一般是具有很强报文过滤能力的路由器。使用网络级防火墙,可以设置许多变量来允许或拒绝对站点的访问,这些变量包括源地址、协议、端口号、内容等。

基于路由器的防火墙,实现内部网络与外部网络之间的报文转换。

缺点:对欺骗性的攻击较脆弱。另外,过多强调过滤,路由器性能会迅速下降。

②应用网关防火墙。

应用网关,网关代理连接。

优点:能阻止 IP 报文无限制地进入网络。

缺点:开销较大。

(3)防火墙的安全性。

并不安全,可被攻破。主要原因:对防火墙的操作有缺陷,防火墙本身也有缺陷。

3. 日志工具

入侵发生时,系统管理员分析日志(记录)文件可判定是谁何时访问了机器。

4. 日志审计工具

日志审计工具能够分析日志文件,从中摘录数据,并做出报告。

7.3　网络对抗方法

本节首先介绍网络作战模型,然后介绍网络攻击与防御作战的步骤和方法。

7.3.1　网络作战模型

网络作战的目标存在于物理空间、"cyber"空间和人的头脑中(感知或认知)。与信息作战一样,网络作战的最高层目标是政策制定者、指挥官、战士,甚至所有人的感知。影响他们的感知进而影响他们的决策和行动是网络作战的最终目的。

根据网络作战的目标范畴,网络作战模型包括 3 个层次:感知层(主观层)、信息层和物理层。网络作战模型如图 7.6 所示。

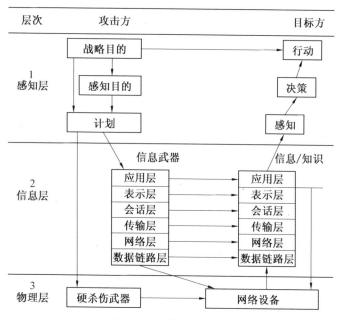

图 7.6　网络作战模型

模型的最高层是抽象的感知层或心理层,其意图是控制目标方的感知。在这层上,要确定期望的目标方行动和能引起这些行动的期望感知。例如,若期望的行动是停止侵略,则期望感知是"极度失控、混乱和丧失民心";若期望的行动是停止交战,则期望感知可能是"后勤无法支持战争"。期望感知可以通过各种各样的物理或信息手段来实现,但感知层的最终目标和行动目的是在纯感知层上影响对方的作战行为。

中间层是信息层。这一层通常被认为是"Cyber"空间,即由信息网络的结构、布局和功能等,以及网络信息的处理方法、过程、传播空间、表现形式和含义等组成的虚拟空间或概念。图 7.6 用开放系统互联(ISO)架构模型描述该层,该层中的应用通过向上传递信息和知识影响人的感知,它也控制物理域中目标,如计算机、通信设施和工业过程等,计算机网络作战中的病毒等攻击就发生在该层上。对该层的攻击会在感知层和物理层引起特殊的或连锁的反应。

最底层是物理层。该层包括计算机、物理网络、通信设施和信息系统的支持系统(如电源、供给设施和环境控制系统)等。另外,该层还应包括信息网络管理和操作人员的人身安全。

感知层攻击可直接在感知层进行(如通过会谈影响目标方的感知),也可通过信息层和物理层间接进行。图 7.6 说明攻击方的策略是自上而下实施多重攻击的,最终在感知层上产生作战效果。

7.3.2　网络攻击作战

攻击作战首先要有情报获取和应用能力,然后才能进行攻击。此外,还需要一种建立在作战模型最高层(感知层)上的攻击能力,即为达到预期的目的而对交战各方的感知进行管理的能力。

1. 感知管理

在网络作战模型中,这些学科的作用是要完成感知层的计划和管理,而不管信息是直接传递(通过人的会话或外交演说)的还是通过网络作战模型的较低层次传递的(值得注意的是,虽然本节把感知管理作为攻击行为来讨论,但民事和公共事务活动也可以看作是感知攻击的防御手段)。

民众事务和公共事务的任务是根据感知计划中的感知目标公开向公众表明事实真相(不是误传或宣传)。心理战也是通过向敌军传达真实的消息(但消息的“主题”和重点要依目的而定)来影响其情绪和决策推理的,但它更需要精心地组织消息和选择媒体,以确保信息被目标人口接收。心理战消息可通过宣传材料或实际行动来表达。

与以上 3 个学科(民众事务、公共事务、心理战)相反,军事欺骗是秘密实施的(由作战安全控制),其目的是通过传达不真实的信息,引诱敌方领导人采取己方期望的或可被己方利用的作战行动。这个目的可通过以下几个途径来实现。

(1)欺骗。通过伪造使敌人产生或加强不正确的或己方预想的感知或幻觉。

(2)否认。隐蔽己方的行动或实施突然袭击。

(3)破坏。使敌人的决策过程混乱和过载。

(4)转移注意力。使敌人的注意力移向欺骗行动或偏离真实行动。

(5)开辟利用。采取标准模式行为,使敌人观察后产生符合己方预想的、可被己方后期利用的期望。

这些在军事斗争中使用的感知管理方法都可用于网络战,并且网络战欺骗行为可影响更广范围的目标人口。

2. 情报获取和应用

源于防御的情报战也可支持攻击作战。情报获取应在网络作战模型的 3 个层次上同时进行。情报在攻击作战中的应用包括以下几个方面。

(1)目标识别。根据目标的行为,确定目标的敌、我、友属性。

(2)目标提名。选择攻击的候选目标,评估攻击目标的作用。

(3)武器部署。根据作战目的,选择和部署武器和战术。部署过程要解决的问题包括脆弱性、武器效能、输送准确度、损伤准则、杀伤概率和可靠性等。

(4)攻击计划。全面制定攻击计划,包括协调的战斗行为、路线(物理的、信息的或感知的)、间接损伤避免或费用等。

(5)战斗损伤评估(BDA)。评定攻击取得的效果,确定攻击的效能,必要时制定再攻击计划。

3. 攻击作战措施

攻击作战可在感知、信息和物理 3 个层次上单独进行，也可同时进行，而且往往同时进行才能取得较好的攻击效果。网络战攻击措施见表 7.2。

表 7.2　网络战攻击措施

攻击层次	措施	途径	措施举例
感知层	心理战	通过行动或传递选择的信息和暗示，影响人的情绪、动机和目标判断	网络广播、宣传、恐吓和唆使
	欺骗	通过欺骗活动、行动或谣言，歪曲或伪造信息	欺骗性网络站点、消息、电子邮件或活动
信息层	网络攻击	运用软件或信息结构效应，利用、破坏、拒绝或摧毁信息网络的信息和功能	软件截获"嗅探"（利用信息） 服务拒绝攻击 恶意逻辑（病毒和蠕虫） "黑客"访问和破坏信息
	通信干扰	运用软件或信息结构效应，利用、破坏、拒绝或摧毁信息网络的信息和功能	电磁截获信息 通信干扰和压制（服务拒绝） 非法无线接入
物理层	硬件攻击	使用动力学、放射学、电磁学、化学、生物学效应，利用、拒绝或摧毁物理信息系统、支援系统（如电力、空调和供给设施）或人员保障系统	物理（动力学）破坏或偷窃 放射性攻击（对半导体电路） 定向能攻击（对半导体或其他脆弱电路） 对人员或易损材料进行生化攻击

攻击作战可在感知、信息和物理 3 个层次上单独进行，也可同时进行，而且往往同时进行才能取得较好的攻击效果。表 7.2 概括了 3 个层次的攻击措施。

4. 网络攻击模式

对复杂网络的结构化攻击模式分为 6 个阶段。其中，与前一个阶段相比，每个阶段都表明了对目标系统的更深层渗透和更严重的恶意行为。

（1）刺探和网络映射。

攻击者可以通过因特网或可访问公共电信设施的调制解调器（远程注册）侵入目标系统。以下侵入途径通常预先需要有关目标系统的情报（如物理系统类型、大致结构和电话交换方式等）来支援。

①因特网路径映射。使用网络信息中心（NIC）公开的、可以对目标的域进行定位的信息和可以得到子网地址信息（如 IP 地址）的域名服务器（DNS），可以推断目标系统的结构，从而确定探测目标的方案。通过询问所有的可能地址能够对系统功能端口（UNIX 访问通道）进行扫描。根据对这些"砰砰声"的状态响应，攻击者可以找到可能的攻击路径。相似地，也可通过发送试探报文（如向可能的地址发送 E-mail）来确定可能的攻击路径（根据包含在"会弹"返回中的系统信息）。

②电信路径映射。根据预先得到的有关目标系统电话交换方式的信息,用"轰炸拨号"程序拨出所有可能的交换号码(按随机的顺序),并根据调制解调器的响应来定位可访问的调制解调器。然后对定位的调制解调器进行测试,确定它所采用的访问控制协议。

(2)渗透。

首先,通过网络端口或调制解调器尝试突破登录访问控制。在这一层次上,可以用自动工具(如在 20 世纪 90 年代中期广泛使用的典型 UNIX 工具 SATAN(网络分析安全管理员工具)和 Rootkit(根目录工具))探测网络,发现其脆弱性。登录方法包括简单的口令(密码)试探、根据已知信息进行复杂的口令直接访问等。然后设法以普通用户身份登录,或取得全权管理"根目录"权限或"超级用户"访问权限。

渗透活动还需要其他活动的支持:诱使用户或管理员采取特殊行动;设法访问孤立的"可信"主机系统和本地的用户账号;截获监视器、键盘或系统连接电缆的电磁辐射;对目标系统直接进行物理访问,等等。所有这些活动都可以提供有关口令或其他安全相关数据的线索或全部信息。

(3)用户访问。

一旦取得用户层访问权,就可在更大的范围内探测和映射系统的资源,包括用户名、服务类型和网络结构等。在这一层次上,可利用多层安全措施的脆弱性取得更高层次的访问权限(系统账户),或获得超越普通用户权限的信息(向高层访问权限的"阶梯跃进")。

(4)根目录访问。

这是最高层次的访问。通过它可以得到重要的系统控制权限,从而可立即进行恶意破坏、为未来攻击捕获安全相关数据(即便当前的脆弱性得到修补也没有用)及为后续秘密访问安装"后门"程序。在用户访问和根目录访问中,所有活动都要避免被系统管理员(实时或事后)检测。攻击者要尽可能地对认证和日志程序进行修改,抹去可能留下的攻击痕迹;要对安装的数据和应用程序进行加密或伪装,以免被发现。

(5)利用系统资源。

获得根目录层权限后,可以利用系统中的信息为将来攻击该系统或与其连网的其他系统做准备。通常的准备行动包括:安装"嗅探器",搜集经过该主机的报文或安全相关数据(如用户识别符(ID)和口令等);捕获有关系统结构的管理文件;捕获加密的口令文件;捕获感兴趣的应用信息;建立一个新的用户访问识别符(ID),为将来的攻击留下后门。捕获的数据可直接输送给攻击者,也可先存储起来,事后再转移。

(6)侵害系统资源。

最后,攻击者可能安装能够拒绝、扰乱或破坏系统内部信息或过程(用户层或根目录层权限)的恶意程序,如病毒和逻辑炸弹。

5. 网络攻击效果评估

网络(层)攻击效果可用性能尺度和效能尺度来定量评估,这些尺度的含义如下。

(1)性能尺度。量化攻击机制对目标信源、存储器和信道的侵害程度。

(2)效能尺度。特征化网络攻击对目标系统的任务功能的影响程度。

7.3.3 网络防御作战

网络战防御作战的要素包括威胁情报、保护措施、攻击响应和重建等。

1. 威胁情报/指示与警告(I&W)

实施防御作战需要了解外部威胁和内部脆弱性。为此,需要通过有效的情报战来对外部威胁和内部脆弱性进行评估。

外部威胁评估包括以下三个方面。

(1)识别潜在威胁。威胁包括具有一定动机和能力的非国家支持的和国家支持的个人或团体。威胁识别过程需建立威胁矩阵来集聚有关威胁(假设的、可能的和确认的)及其活动的情报。这一阶段必须对威胁的动机进行假设、特征化和验证,以便掌握威胁的攻击力。

(2)测定能力。利用所有类型的情报源确定(潜在)敌对组织的结构和能力。这一阶段需要通过分析技术研发活动和评论(公开的和保密的)及信息收集活动(可能有风险)来预见敌意组织的威胁力和成熟性——技术能力的发展情况或“武器化”进程、应用实验情况及作战准备程度,还需对威胁的未来能力的发展时间表进行预测。

(3)制定指示和警告准则。基于动机和技术能力,确定可指示或警告即将到来的网络作战行动(情报收集或攻击)的特征,进而制定能够对威胁进行指示和警告的模板。

内部脆弱性评估主要是指查找可能被敌人利用的作战安全或技术安全(网络安全)漏洞,评估方法包括分析、模拟和测试。其中,工程分析和模拟可在正常或特定条件下(如在硬件故障或特殊状况时)穷尽搜索可能被利用的途径。测试是指由独立的“红队”利用攻击工具穷尽扫描系统(如通信链路、计算机、数据库或显示器等)的访问路径,并用各种攻击措施(如利用、破坏、业务拒绝或摧毁等)对系统进行攻击。

风险评估需把外部威胁和内部脆弱性综合起来,还需要考虑攻击效果(成功攻击造成的破坏)。风险大小可表示为

$$风险=威胁×脆弱性/保护措施×攻击效果$$

这一简明关系式是量化实际网络的风险的基础,它可为特定网络的风险管理提供论据或因数。为了权衡网络访问的好坏和由此带来的风险,需要把网络遭受攻击的风险控制在一定水平上。

风险管理(并非风险避免)承认攻击能够成功(访问、渗透、破坏信息或网络服务),但要把攻击成功的可能性和攻击造成的后果控制在很小的统计期望值以下。风险需求可量化为以下内容。

(1)阻止。阻止80%的攻击性访问。

(2)检测。探测没被阻止的20%的攻击性访问(19%被容纳,1%不能容纳但可恢复)。

(3)剩余。剩余的1%的攻击既没有被阻止,又没有被检测、容纳和恢复,从而能导致不良后果。

风险管理过程需要全面分析目标系统面临的特定风险、风险发生的概率、风险可能引

起的损害和防御措施的效力。

2. 保护措施

以威胁和脆弱性评估为基础发展作战能力,以便采取有效的保护措施(对抗和被动防御)拒绝、阻止、限制或容纳对网络的攻击。综合使用多种保护措施有助于全面防护信息网络。保护措施可以分为以下 3 个层次。

(1)战略措施。借助法律手段阻止攻击,包括禁止攻击、惩罚攻击者或报复性威胁。

(2)作战安全措施。为信息网络的物理要素、职员和有关基础设施的数据(如保密的技术数据)提供安全。

(3)技术性信息安全措施。在软硬件级别上保护硬件、软件和无形信息(如密钥、信息、原始数据、信息和知识)。

3. 攻击响应和重建

对网络攻击的检测、响应和重建能力是防御作战不可缺少的内容。防御作战 3 个要素(保护、攻击响应、威胁情报/指示与警告)的实时能力可以产生 2 种反应。

(1)防御性响应。检测到攻击后报警,以便加强访问控制、停止易受攻击的过程或采取可降低破坏程度的措施。

(2)进攻型响应。检测到攻击并确定攻击源后,进行以威慑为目的进行性响应。检测过程还可支持目标指派和响应方案。

4. 战术警告和攻击评估

战术警告和攻击评估的一种作用是产生可指示基础设施实时状态的警报级别。战术响应的功能包括以下 4 个方面。

(1)监视。全面监视信息网络的运行状况,分析、检测和评估攻击,产生警报状态报告,向网络的成员提示威胁活动和预计事件。

(2)模式控制。向有关成员发布控制命令,使其更改保护级别以防御威胁活动过后监视业务的恢复。

(3)审计和辩护分析。审计攻击行动,确定攻击模式、行为和损失,以便日后的效能分析、进攻性打击、调查或起诉。

(4)报告。为指挥权威提供报告。

战术响应功能可用于设备层次(如单个电站)、系统层次(如地区高压输电网络)或更高层次的网络。

第8章

信息安全防御

　　信息几乎与每个人的每件事都是紧密相关的。在信息对抗日益严重的今天,信息面临的安全威胁处处存在,因此对信息进行"全维防护"是十分必要的,特别是对电子或网络信息。本章讨论信息安全防御的主要措施和方法。

8.1　信息安全体系与标准

　　对一个组织、系统或网络来说,信息安全需要包含多方面的一整套安全措施来保证。为此,本节以计算机网络为防护目标,介绍信息安全的有关体系与标准。

8.1.1　安全措施体系

　　网络信息安全与网络的硬件、软件、使用方法和使用人员的思想道德等许多方面的因素都有关。网络安全工作需要在多个方面的各个环节同时进行,才能见成效,这决定了网络安全的内容和措施是一个多层次、多因素的体系。

1. 网络安全策略

　　网络是否安全取决于网络安全措施的力度与攻击手段力量的对比。虽然网络安全涉及的范围很广、因素很多,如 Internet 安全涉及全球物理空间和计算机信息空间(Cyber Space)里的各种组织团体的思想意识和经济利益、网络软硬件防护薄弱环节、人为和自然电磁干扰等因素,很难保证网络的绝对安全,但网络所有者必须依据网络信息的价值、网络安全威胁局势的变化,以及本单位的财力、人力和物力,不断地、尽可能地或最大消费比地建立全面的安全风险判断体系、严密的防御体系、完善的对攻击进行侦察和监视的体系、快速的网络加固和紧急恢复反应体系,这就是所谓的基于信息安全对抗性的安全泛策略(Strategy)。简要地说,这种信息网络安全的策略思想就是要建立信息网络的安全策略保护体系、监察体系和反应体系。这种安全泛策略通常表述为 PPDR 模型,如图 8.1 所示。

　　(1)PPDR 模型。

　　PPDR 是这种模型 4 个要素的英文缩写,即策略(Policy)、保护(Protection)、监察(Detection)和反应(Response)。保护、监察和反应组成了一个完整的、动态的安全循环,在安全策略的指导下使网络的安全风险降到最低。

图 8.1　PPDR 模型

安全策略是对具体网络安全性的定义,如在一个网络中信息保密性、完整性、信息服务安全、系统可靠性的具体定义等。通常这些定义要形成文本,成为系统安全规范文件。当一个网络满足了安全策略要求后,就认为该网络是安全的;反之,则网络不安全。

安全保护是保护系统安全的防御性措施,如信息保密措施、完整性控制措施、数据可用性保护措施等。通过这些措施可以避免系统安全性的损失。

安全监察是对系统安全保护对象和保护措施的监管、对系统可能存在的安全漏洞或缺陷的查找与分析、对可能受到的攻击的探测与分析。通过这些措施,可以做到对系统安全状况知己知彼,同时可以威慑敌人。

安全反应指对安全检查到的安全事件的处理,通常包括应急处理和后续处理。应急处理是紧急维护系统安全设施,恢复系统安全状态,保护所威胁的信息等资源;后续处理是分析安全事件状况,强化或更新系统安全防御措施,追究安全责任等。

(2)安全策略实施体系。

安全策略实施体系(有时也称为安全控制系统)是既定安全策略的贯彻实施体系,安全策略实施体系如图 8.2 所示。

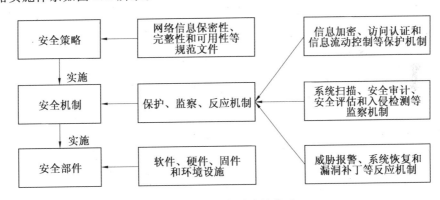

图 8.2　安全策略实施体系

2. 网络安全措施层次分类

网络安全措施可以分为 3 个层次:感知层、网络层和物理层。

(1)感知层措施。

感知层(或认识层)是抽象的主观层,包括感知(认识)、意识、意志、信心、决策和目的等要素。

感知层安全措施包括:树立和强化网络安全意识;调查和掌握网络安全威胁和安全状况;防范网络内部人员犯罪(收买或诱骗等);制止用户滥用或恶意使用网络和网络信息;对网络攻击者、信息泄密者和其他威胁网络安全的人员进行威慑和惩罚,等等。这些措施通过安全教育、宣传、行政管理和法律等途径来实施。

(2)网络层措施。

网络层措施指计算机网络和信息安全方面的技术措施。这些措施通过计算机软件、硬件、网络安全设施(如防火墙)和安全技术体系结构来实现。图8.2中的安全机制和安全部件都属于技术层安全措施。典型的网络层安全措施见表8.1。

表 8.1 典型的网络层安全措施

		信息的基本安全特性	
	保密性	完整性	可用性
安全措施	保护数据免受非授权泄密,包括连接、非连接、选择域和流量的机密性	预防或检测非授权修改、插入、删除或数据重放;通过给收发双方提供可独立验证的证据,防止对发送或接收的抵赖(不可否认性)	保证信息和通信服务随时可用,包括服务的可靠性和生存性
技术方法或算法 — 认证和访问控制		认证和授权 多级安全(MLS) 防火墙访问控制和审计	
技术方法或算法 — 密码加密术	数据加密术 密钥管理	数字签名	
技术方法或算法 — 完整性检查		数据完整性核查	
技术方法或算法 — 入侵检测、响应		入侵攻击检测 恶意逻辑(病毒等)检测	
技术方法或算法 — 网络生存性			网络冗余和群集架构具有多样性和可变性的抗毁网络
技术方法或算法 — 网络重建性			数据归档、备份网络和数据恢复攻击嫁接或转移
技术方法或算法 — 评估分析仿真	网络访问扫描程序、评估工具审计和跟踪工具 攻击诊断和脆弱性评估 系统仿真		

(3)物理层措施。

物理层安全措施的目的是防止对网络和网络信息的非法物理访问(或接触)和破坏等,例如:采取隔离措施防止外部人员进入机房和使用计算机;采取线路安全保护措施防止搭线窃听和对线路进行破坏;采取电磁屏蔽措施防止敌人对网络电磁信息的截获;采取防盗窃和丢失措施防止保密信息的载体(纸张文件、软盘和笔记本电脑等)被盗或丢失;对掌握网络机密或绝密信息的人员进行人身安全保护,等等。

8.1.2 安全技术体系

安全技术体系与它所服务的信息系统是密切相关的,但它们并不是简单的依附关系。安全体系是对原有系统的扩充,同时又相对独立,自成一体。因此,为一个信息系统构建安全体系应当与原有系统的层次结构保持兼容,通过在原系统中加入一些指导性的原则和约束条件,制定出在原系统基础上解决安全问题的整体方案。

构建安全体系的依据在于原系统中所实施的安全策略、系统所受到的威胁和所承担的风险,其任务是提供安全服务和安全机制的一般性描述(这些安全服务和安全机制都是原系统为保证安全所配置的),指明在原系统中哪些部分、哪些位置必须配备哪些安全服务和安全机制,并规定如何进行安全管理。

目前,国际上公认的安全体系结构是 ISO 7498—2"开放系统互连安全体系结构",对应的中国国家标准为 GB/T 9387.2—1995。

ISO 7498 给出了 OSI 开放系统互连参考模型,其目的是让异构型计算机系统的互连能到达应用进行之间的有效通信。在 ISO 7498—2 中则描述了开放系统互连安全的体系结构,确立了基于 OSI 参考模型七层协议的信息安全体系,在参考模型的框架内建立起一些指导原则与制约条件,从而提供了一个解决 OSI 中安全问题的一致性方法。

ISO 7498—2 扩充了 ISO 7498 的应用领域,包括开放系统之间的安全通信,对基本的安全服务与机制以及它们的恰当配置按基本参考模型做了逐层说明。此外,还说明了这些安全服务和机制对于参考模型而言在体系结构上的关系。为了实现最完备的安全功能,它将五大类安全服务以及提供这些服务的八类安全机制和相应的安全管理尽可能地置于 OSI 模型的七层协议之中,如图 8.3 所示的三维安全空间解释了这一体系结构。

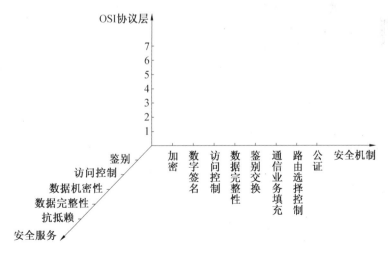

图 8.3 三维安全空间

1. ISO 7498—2 中描述的安全服务和安全机制

（1）安全服务。指为实现系统安全功能所需提供的各种服务手段。

①鉴别（认证）。包括对等实体鉴别和数据原发鉴别。

②访问控制。

③数据机密性。连接机密性、无连接机密性、选择字段机密性、通信业务流机密性。

④数据完整性。带恢复的连接完整性、不带恢复的连接完整性、选择字段的连接完整性、无连接完整性、选择字段无连接完整性。

⑤抗抵赖。数据原发证明的抗抵赖、有交付证明的抗抵赖。

（2）安全机制。指为提供系统安全服务所需具备的技术措施。

①加密机制。

②数字签名机制。

③访问控制机制。

④数据完整性机制。

⑤鉴别机制。

⑥通信业务填充机制。

⑦路由控制机制。

⑧公证机制。

2. 安全服务与安全机制的关系

一种安全服务既可以通过某种安全机制单独提供，也可以通过多种安全机制联合提供。一种安全机制可提供一种或多种安全服务，安全服务与安全机制的关系见表 8.2。

表 8.2　安全服务与安全机制的关系

安全服务＼安全机制		数据加密	数字签名	访问控制	数据完整性	鉴别	通信业务填充	路由控制	公证
对等实体鉴别		√	√			√			√
访问控制								√	
数据机密性	选择字段机密性	√							
	连接的机密性	√					√	√	
通信业务流机密性		√							
数据完整性	可恢复连接完整性	√			√				
	无恢复连接完整性	√			√				
	选择字段连接完整性	√			√				
	无连接完整性	√	√		√				
	选择字段无连接完整性	√	√		√				
数据原发鉴别		√	√		√				√
抗抵赖			√		√				√

3. 安全服务的层配置

在 OSI 的七层协议中,除第五层(会话层)外,每一层都有与之相应地安全服务与安全机制。安全服务是由相应层的相应机制提供的,一种安全服务不是在所有各层中都能实现。

(1)安全分层原则。

为了决定安全服务对应层的分配以及伴随而来的安全机制,在这些层上的配置依照下列原则。

①实现一种服务的不同方法越少越好。

②在多个层上提供安全服务来建立安全系统是可取的。

③为安全所需的附加功能不应该不必要地重复 OSI 的现有功能。

④避免破坏层的独立性。

⑤只要一个实体依赖于有位于较低层的实体提供的安全机制,那么任何中间层应该按不违反安全的方式构建。

⑥只要可能,应以不排除作为自容纳模块七作用的方法定义一个层的附加安全功能。

⑦本标准被认定应用于由包含所有七层的端系统组成的开发系统以及中继系统。

(2)安全服务的层配置。

①物理层。连接机密性服务、通信业务流机密性服务,上述服务采用数据加密和通信业务流填充机制来实现。

②链路层。链路层支持连接机密性和无连接机密性服务,其实现机制采用数据加密。

③网络层。由于网络层的功能主要是路由选择和报文转发,因此网络层可支持多种安全服务:对等实体鉴别、数据原发鉴别、访问控制服务、连接机密性、无连接机密性、通信业务流机密性、不带恢复的连接完整性和无连接完整性。

④传输层。在传输层上可以单独或联合提供的安全服务如下:对等实体鉴别、数据原发鉴别、访问控制服务、连接机密性、无连接机密性、带恢复的连接完整性、不带恢复的连接完整性和无连接完整性

⑤会话层。会话层不提供安全服务。

⑥表示层。将提供设施以支持经应用层向应用进程提供下列安全服务:连接机密性、无连接机密性、选择字段机密性、通信业务流机密性、对等实体鉴别、数据原发鉴别、带恢复的连接完整性、不带恢复的连接完整性、选择字段连接完整性、无连接完整性、选择字段无连接完整性、数据原发证明的抗抵赖和交付证明的抗抵赖。

⑦应用层。原则上讲,所有安全服务均可在应用层提供,但应用层是 OSI 参考模型的最高层,是用户与 OSI 的接口。由于应用实体不同,因此所要求的安全服务不同,采用的机制也不同。应用层的安全服务一般是专用的。从合理性和效率上讲,同时把所有安全服务都纳入一个具体系统的应用层是不妥的,要根据具体应用情况来处理。

安全服务层的配置关系见表8.3。

表 8.3　安全服务层的配置关系

安全服务		网络层次						
		物理层	链路层	网络层	传输层	会话层	表示层	应用层
对等实体鉴别				√	√		√	√
访问控制				√	√		√	√
数据机密性	选择字段机密性		√	√	√		√	√
	无连接的机密性						√	√
通信业务流机密性		√						√
数据完整性	有恢复功能连接完整性			√	√			√
	无恢复功能连接完整性						√	√
	选择字段连接完整性			√	√			√
	无连接完整性						√	√
	选择字段无连接完整性			√	√			√
数据原发鉴别							√	√
抗抵赖							√	√

4. 安全管理

安全管理是 ISO 7498—2 的重要组成部分,是确保系统安全不可缺少的一环,分为系统安全管理、安全服务和安全机制管理三大类。系统安全管理主要对安全事件、安全活动、安全审计和安全恢复进行管理。安全服务管理主要管理保护目标应指派的安全服务,选择控制一些安全机制来完成指派的安全服务,并激活这些安全机制与别的安全服务管理功能和安全机制管理功能的相互作用。安全机制管理包括密钥管理(产生、存储、检查和分配密钥)、加密、数字签名、数据完整性机制管理(与密钥管理互相作用取得密钥、选择算法与参数、完成相应协调功能)、访问控制管理(检查口令、修改和检查访问控制表)、路由控制管理(确定和修改安全路由表)和鉴别管理(要求适当的密钥与算法完成鉴别)。

8.1.3　网络安全标准

网络安全评价标准是一种技术性法规。在信息安全这一特殊领域,如果没有这一标准,与此相关的立法、执法就会有失偏颇,最终会给国家的信息安全带来严重后果。由于信息安全产品和系统的安全评价事关国家的安全利益,因此许多国家都在充分借鉴国际标准的前提下积极制订本国的计算机安全评价认证标准。

1. 国外网络安全标准

第一个有关信息技术安全评价的标准诞生于 20 世纪 80 年代的美国,它就是著名的"可信计算机系统评价准则"(TCSEC,又称桔皮书)。该准则对计算机操作系统的安全性规定了不同的等级。从 20 世纪 90 年代开始,一些国家和国际组织相继提出了新的安全评价准则。1991 年,欧共体发布了"信息技术安全评价准则"(ITSEC)。1993 年,加拿大发布了"加拿大可信计算机产品评价准则"(CTCPEC)。同年,美国在对 TCSEC 进行修改补充并吸收 ITSEC 优点的基础上,发布了"信息技术安全评价联邦准则"(FC)。1996 年 6 月,上述国家共同起草了一份通用准则(CC),然后 CC 推广为国际标准(ISO 15408)。CC 发布的目的是建立一个各国都能接受的通用的安全评价准则,国家与国家之间可以通过签订互认协议来决定相互接受的认可级别,这样能使基础性安全产品在通过 CC 准则评价并得到许可进入国际市场时,不需要再做评价。国际安全评价标准及其关系如图 8.4 所示。

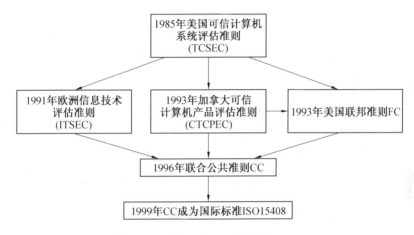

图 8.4　国际安全评价标准及其关系

此外,国际标准化组织和国际电工委员会也已经制订了上百项安全标准,其中包括专门针对银行业务制订的信息安全标准。国际电信联盟和欧洲计算机制造商协会也推出了许多安全标准。

(1)美国 TCSEC(桔皮书)。

TCSEC 标准是计算机系统安全评估的第一个正式标准,具有划时代意义。该准则于 1970 年由美国国防科学委员会提出,并于 1985 年 12 月由美国国防部公布。TCSEC 最初只是军用标准,后来延至民用领域。TCSEC 将计算机系统的安全划分为 4 个等级、8 个级别。

4 个等级如下。

D:最低保护。安全仅仅依赖于物理和程序控制,对信息系统的安全没有定义。

C:任意保护。控制和审计用户(主体)、用户动作(操作)和数据(客体)。通过识别主体,限制主体对客体的访问。

B:强制保护。给主体或客体赋予灵敏度标记(表示安全级别)。独立引用监控器对所有主体活动进行协调,它用灵敏度标记控制访问权限。

A:校验保护。最高级信任,包括符合正规安全模型的设计规范和校验。

TCSEC 定义了四方面的要求:安全策略、责任、保证和文档。应该注意,有些标准(如系统测试)是逐级增强的,而有些标准在几个等级中是相同的(如识别和认证要求对 B 级和 A 级是一样的）。

大多数商用计算机系统都达到了 C1 或 C2 级，而根据信任级别的要求，只有专门设计和测试的系统才能达到 B 级和 A 级。

（2）欧洲 ITSEC。

ITSEC 与 TCSEC 不同，它并不把保密措施直接与计算机功能相联系，而是只叙述技术安全的要求，把保密作为安全增强功能。另外，TCSEC 把保密作为安全的重点，而 IT-SEC 则把完整性、可用性与保密性作为同等重要的因素。

（3）加拿大 CTCPEC。

CTCPEC 专门针对政府需求而设计。

（4）美国联邦准则（FC）。

FC 是对 TCSEC 的升级，并引入了"保护轮廓"（PP）的概念。每个轮廓都包括功能、开发保证和评价三部分。

（5）联合公共准则（CC）。

CC 是国际标准化组织统一现有多种准则的结果，是目前最全面的评价准则。

2. 国内安全标准

随着我国信息化建设水平的不断提高，信息安全的重要性日益突出，信息系统安全问题已经上升到关系国家安全和国家主权的战略性高度。

1999 年，由公安部主持制定的中华人民共和国标准 GB 17895—1999《计算机信息系统安全保护等级划分准则》颁布，并于 2001 年 1 月 1 日证实实施。该准则将信息系统安全分为 5 个等级，分别是自主保护级、系统审计保护级、安全标记保护级、结构化保护级和访问验证保护级。主要的安全考核指标有身份认证、自主访问控制、数据完整性、审计、隐蔽信道分析、客体重用、强制访问控制、安全标记、可信路径和可信恢复等，这些指标涵盖了不同级别的安全要求。

8.2　密码学方法

加密、认证和数字签名等密码学方法是信息安全体系中的关键技术措施。为此，本节介绍基本的密码学方法。

密码学从诞生到二战以前，也只是与军事、机要、间谍等工作联系在一起的。从 20 世纪 40 年代以来，随着计算机通信技术的迅猛发展，特别是 Internet 的广泛应用，大量的敏感信息要通过公共通信设施或计算机网络进行交换。对信息的机密性和真实性的需求使密码学逐渐从半军事的角落解脱出来，走向公众日常生活。在如今的信息时代，密码技术已成为信息安全的核心技术。

8.2.1　概述

1. 基本概念

密码学(Cryptology)是研究秘密通信的原理和破译密码的方法的一门学科,它包含两个密切相关的分支:密码编码学(Cryptography)和密码分析学(Cryptanalysis)。前者主要研究对信息进行变换,以保护信息在信道的传递过程中不被敌人窃取、解读和利用的方法;后者主要研究如何分析和破译密码。二者相互对立、互相促进、共同发展。

在密码学中,需要变换的原消息被称为明文(Plaintext)。明文经过变换成为另一种隐蔽的形式,称为密文(Ciphertext)。完成变换的过程称为加密(Encryption),其逆过程(密文恢复出明文的过程)称为解密(Decryption)。对明文进行加密时所采用的一组规则称为加密算法(encryption algorithm),对密文进行解密时所采用的一组规则称为解密算法(decryption algorithm)。加密和解密操作通常在密钥(key,即需要带入算法一个或一组参数)的控制下进行,并有加密密钥(encryption key)和解密密钥(decryption key)之分。

2. 密码体制

一种完整的密码技术包括密钥管理和加密处理两个方面。密钥管理包括密钥的产生、分配、保管和销毁等部分,加密处理包括加密和解密等部分。密码体制(cipher system)是指这些部分的组织结构。

根据密钥的特点,密码体制可分为私钥(又称单钥、对称)密码体制和公钥(又称双钥、非对称)密码体制。

(1)私钥体制。

私钥体制的特点是加密密钥和解密密钥相同(二者的值相等)。

私钥密码体制的工作过程如图 8.5 所示。E_k 和 D_k 分别表示用密钥 k 进行加密和解密运算。

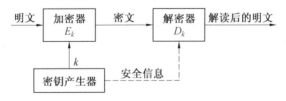

图 8.5　私钥密码体制的工作过程

单钥密码体制要求密码系统必须提供安全可靠的途径将密钥送至收端,且双方不得泄密密钥,这在实际应用中通常是很困难的。当一个实体要面向多个实体实现保密通信(或者相反)并且彼此互相并不认识时,是不可能安全交换密钥的,而公钥体制的出现解决了这一困难。

(2)公钥体制。

公钥体制的特点是加密密钥和解密密钥不相同。它们的值不相等,属性也不同,一个是可公开的公钥,另一个则是需要保密的私钥。

用户通过某种数学运算,产生一对密钥,即公钥和私钥。公钥可以像电话号码一样进行注册公布,而私钥则要用户自己秘密保管和使用。公钥体制的工作过程如图 8.6 所示。用户 A 在 Internet 上查到用户 B 的公钥 e,以公钥 e 对消息 m 进行加密得到密文 $c=E_e(m)$,并把该密文送给用户 B,用户 B 以自己的密钥 d 对 c 进行解密变换得到原来的消息,即 $m=D_d(c)=D_d[E_e(m)]$。

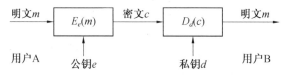

图 8.6 公钥体制的工作过程

公钥密码体制的特点是加密能力和解密能力是分开的,即加密与解密的密钥不同,或从一个难以推出另一个。它可以实现多个用户用公钥加密的消息只能由一个用户用私钥解读,或反过来,有一个用户用私钥加密的消息可被多个用户用公钥解读。前一种应用方式可用于在公共网络中实现保密通信,后一种应用方式可用于在认证系统中对消息进行数字签名(对发信者的身份进行认证)。

公钥体制大大简化了复杂的密钥分配管理问题,但公钥算法要比私钥算法慢得多(约1 000 倍)。因此,在实际通信中,公钥密码体制主要用于认证(如数字签名、身份识别等)和密钥管理等,而消息加密仍利用私钥密码体制。

3. 加密方式

对明文消息加密的方式有两种,即流密码(Stream Cipher,或称序列密码)和分组密码(Block Cipher)。这二者密码方式的原理将在后面介绍。

4. 密码通信系统

一个完整的密码通信系统模型如图 8.7 所示,它由以下几个部分组成:明文消息空间 M(即消息 $m(M)$);密文消息空间 C(即密文 $c(C)$);密钥空间 K_1 和 K_2(即加密密钥 $k_1 \in K_1$,解密密钥 $k_2 \in K_2$,私钥体制下 $K_1=K_2$);加密变换 E_{k1}(E_{k1} 表示在密钥 k_1 作用下的变换);解密变换 D_{k2}。

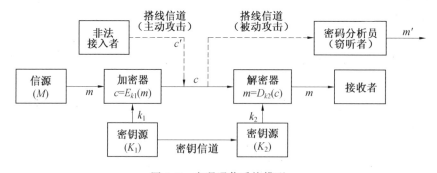

图 8.7 密码通信系统模型

对于给定的明文消息 m 和密钥 k_1,加密变换将明文 m 变换成密文 c,即 $c=E_{k1}(m)$。

接收者利用通过安全信道传送的密钥 k_1(在私钥体制下)或用本地密钥生成器产生的解密密钥 k_2(在公钥体制下),对收到的密文进行变换,恢复明文消息 m,即 $m = D_{k2}(c)$。对每一个密钥 $k_1 \in K_1$,要求有一个匹配的密钥 $k_2 \in K_2$,使得对一切 $m \in M$,有 $D_{k2}[E_{k1}(m)] = m$。令 $\varepsilon = \{E_{k1} : M \rightarrow C \mid k_1 \in K_1\}$,$D = \{D_{k2} : C \rightarrow M \mid k_2 \in K_2\}$,则称六元组 $(M, C, K_1, K_2, \varepsilon, D)$ 为一保密系统。

在保密通信系统中,除了意定的接收者外,还有窃听者,他们可能通过搭线窃听、电磁窃听等手段来截获密文并进行分析,从而推断出明文或解密算法。系统所受的这类攻击称为被动攻击(Passive Attack)。系统还可能遭受主动攻击(Active Attack),即入侵者通过分析窃听的消息,主动对系统采用删除、增添、重放、伪造等手段对系统进行扰乱和破坏。

防止主动攻击的一种有效方法是发送的消息具有被验证的能力,即接收者或第三者能够确认消息的真伪,实现这类功能的密码特性称为认证(Authentication)。认证和保密是两个独立的密码特性。保密的目的是使不知密钥的窃听者不能解读密文的内容,而认证的目的是使任何不知密钥的入侵者不能伪造出一个真实的密文。

窃听者和入侵者都可危害系统的安全。从攻防的角度讲,他们都是攻击者。

5. 古典密码

为了说明构造密码的基本方法,这里简单介绍几种古典密码算法。这些密码算法比较简单,可用手工或机械操作实现,而且都早已有了响应的破译方法。学习这些密码的原理对于理解、构造和分析现代实用密码都是很有用的。

加密方法有两种基本类型,即置换(或换位)和代换。

(1)置换密码。

置换密码是按某种规则把比特或字符秩序打乱重排的方法。例如,所谓"栅栏密码",就是把原文消息字母仿照栅栏的模式改写,然后在按移动,从而得到密文,栅栏密码举例见表8.4。密钥由栅栏的深度给出,比例中密钥 $k = 3$。

表 8.4　栅栏密码举例

明文	D	I	S	C	O	N	C	E	R	T	E	D	C	O	M	P	O	S	E	R
排序	D				O				R				C				O			
		I		C		N		E		T		D		O		P		S		R
			S				C				E				M				E	
密文	D	O	R	C	O	I	C	N	E	T	D	O	P	S	R	S	C	E	M	E

(2)代换密码。

在一个映射的作用下,明文空间中的一个或一组字符单元变换成密文空间中的一个或一组字符单元,这种密码称为代换密码。若对所有的明文字符都用一种固定的代换表进行加密,即相同的明文字符对应相同的密文字符,则称为单表代换;若用一种以上的代换表进行加密,即一个明文字符有多个密文字符与之对应,则称为多表代换。

下面介绍一种单表代换密码——移位代换密码。令英文字母集顺序地对应于 0 到

25 之间的自然数，即 $A \to 0, B \to 1, \cdots, Y \to 24, Z \to 25$。令 $q = 26, i$ 表示任意字母对应的自然数，k 为密钥数，$0 \leqslant k \leqslant 25$。

移位代换密码的加密变换为

$$E_k(i) = (i+k) = j \bmod q, \qquad 0 \leqslant i, j \leqslant q$$

式中，$(i+k) = j \bmod q$ 表示 j 是 $(i+k)$ 模 q 的最小非负剩余数，例如，13 被 5 除的最小非负剩余为 3。

显然，密钥空间 $K = \{k \mid 0 \leqslant k \leqslant q\}$，其解密变换为

$$D_k(j) = E_{q-k}(j) = (j+q-k) = j \bmod q$$

例如，凯撒（Caesar）密码是对英文 26 个字母进行移位的代换密码，其中 $q = 26$，选择 $k = 3$，则有下述代换表：

a b c d e f g h i j k l m n o p q r s t u v w x y z

D E F G H I J K L M N O P Q R S T U V W X Y Z A B C

若明文 $m = $ caesar，则密文为 $c = E_3(m) = $ FDHVDU。

解密运算为 $D_3 = E_{23}$，即用密钥 $k = 23$ 的加密表进行加密就可恢复出明文。

8.2.2 常用加密算法

上一节提到，根据密钥的特点，密码体制可分为私钥体制和公钥体制。私钥体制采用流密码或分组密码方式，公钥体制采用分组密码方式。本小节按照这一分类模式，介绍一些目前常用加密算法的原理和具体方法。

1. 私钥密码体制

（1）流密码体制。

流密码是一种一次将 1 bit 明文变化为 1 bit 密文的算法。二元加法流密码是一种最简单的流密码方法：设明文比特流 $p_1, p_2, \cdots, p_s$，密钥比特流为 $k_1, k_2, \cdots, k_s$，密文比特流为 $c_1, c_2, \cdots, c_s$。加密端的密钥由"密钥流生成器"生成，解密端的密钥流或者由与加密端相同的"密钥流生成器"生成，或者是由加密端的密钥流通过安全信道传输过来。加密操作是将密钥比特流与明文比特流进行逐位异或，产生密文比特流 $c_1, c_2, \cdots, c_s$，即

$$c_i = k_i \oplus p_i, \qquad 1 \leqslant i \leqslant s$$

解密操作是将密文比特流与密钥流进行逐位异或，即

$$p_i = c_i \oplus k_i, \qquad 1 \leqslant i \leqslant s$$

这种安全体制完全取决于密钥流生成器的内部结构。显然，流密码加密体制是单钥加密体制。

流密码算法的加密过程为简单的模 2 加，因此其特性主要体现在密钥流的产生方法上。

（2）分组密码。

分组密码是将明文消息编码后的数字序列 $x_1, x_2, \cdots, x_i, \cdots$，划分成长为 m 的明文组，各明文组分别在长为 i 的密钥组的控制下变换（包括位数的扩展与位数的截取，位的处理如移位、异或等）成长为 n 的密文组，分组密码方式如图 8.8 所示。

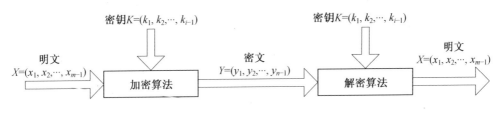

图 8.8　分组密码方式

2. 公钥体制

(1)基本原理。

公开密钥密码的基本思想是将传统密码的密钥一分为二,分为加密密钥和解密密钥,而且用计算的复杂性确保不能在有效的时间内由加密密钥推出解密密钥。这样,即使将加密密钥公开也不会暴露解密密钥,不会损害密码的安全。于是,可将加密密钥公开(即公钥),而只对解密密钥保密(即私钥)。

(2)RSA 算法。

RSA 公钥算法是第一个比较完善的公钥系统。假定用户 A 欲发送消息 m 给用户 B,其加/解密过程如下。

①首先用户 B 产生两大素数 p 和 q(p 、q 是保密的)。

②B 计算 $n=pq$ 和 $\varphi(n)=(p-1)(q-1)$($\varphi(n)$ 是保密的)。

③B 选择一个随机数 e($0<e<\varphi(n)$),使得 $(e,\varphi(n))=1$,即 e 和 $\varphi(n)$ 互素。

④B 通过计算得出 d,使得 $de \bmod \varphi(n) \equiv 1$($d$ 是 B 自己留下的,保密的,用作解密密钥)。

⑤B 将 n 及 e 作为公钥公开。

⑥用户 A 在互联网上查到 n 和 e。

⑦对 m 施行加密交换,即 $E_B(m)=m^e \bmod n = c$。

⑧用户 B 收到密文 c 后,施行解密变换:$D_B(c)=c^d \bmod n = (m^e \bmod n)^d \bmod n = m \bmod n$。

下面举一个简单的例子用于说明这个过程:令 26 个英文字母对应 0 到 25 的整数,即 $a \to 00, b \to 01, \cdots, y \to 24, z \to 25$。设 $m=\text{public}$,则 m 的十进制编码为 $m=15\ 20\ 01\ 11\ 08\ 02$。设 $n=3\times11=33, p=3, q=11, \varphi(n)=2\times10=20$。取 $e=3$,则 $d=7$。B 将 $n=33$ 和 $e=3$ 公开,保留 $d=7$。

A 查到 n 和 e 后,将消息 m 加密,有

$$E_B(p)=15^3=9 \bmod 33$$

$$E_B(u)=20^3=14 \bmod 33$$

$$E_B(b)=1^3=1 \bmod 33$$

$$E_B(l)=11^3=11 \bmod 33$$

$$E_B(i)=8^3=17 \bmod 33$$

$$E_B(c)=2^3=8 \bmod 33$$

则 $c=E_B(m)=09\ 14\ 01\ 11\ 17\ 08$,它对应的密文为 $c=\text{joblri}$。

当 B 接到密文 c 后施行解密变换,有

$$D_B(j) = 09^7 = 15 \bmod 33,即明文 p$$
$$D_B(o) = 14^7 = 20 \bmod 33,即明文 u$$
$$D_B(b) = 01^7 = 01 \bmod 33,即明文 b$$
$$D_B(l) = 11^7 = 11 \bmod 33,即明文 l$$
$$D_B(r) = 17^7 = 08 \bmod 33,即明文 i$$
$$D_B(i) = 08^7 = 02 \bmod 33,即明文 c$$

(3)加密与认证功能。

一方面,在公钥体制中,多个用户可以用公钥加密,与私钥持有者进行保密通信;另一方面,私钥持有者可以用私钥签名,让多个用户验证其身份。公钥体制的加密与认证功能如图 8.9 所示。

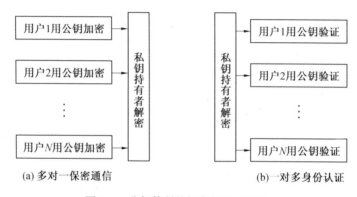

(a) 多对一保密通信　　　　　　　　　(b) 一对多身份认证

图 8.9　公钥体制的加密与认证功能

8.2.3　密码分析与安全

本小节介绍密码分析的基本知识及密码体制的安全准则。

1. 密码分析

在密码系统中,除了意定的接收者外,还有非授权者,他们通过各种办法窃听和干扰信息。非授权者可以借助窃听到得密文及其他一些信息,通过各种方法推断原来的明文甚至密钥,这一过程称为密码分析或密码攻击。研究分析解密规律的科学称作密码分析学。密码分析在外交、军事、公安、商业等方面都具有重要作用,也是研究历史、考古、古语言学和古乐理论的重要手段之一。

密码设计和密码分析是共生的,又是互逆的,二者密切相关但追求的目标相反。二者解决问题的途径有很多差别:密码设计是利用数学来构造密码;而密码分析除了依靠数学、工程背景、语言学等知识外,还要靠经验、统计、测试、眼力、直觉判断力等,有时还靠点运气。密码分析过程通常包括分析(统计截获报文材料)、假设、推断和证实等步骤。

破译或攻击(Break 或 Attack)密码的方法有穷举破译法和分析法两类。穷举法又称为强力法。这是对接收的密报依次用各种可解得密钥试译,直到得到有意义的明文;或在

不变密钥下,对所有可能的明文加密直到得到与截获密报一致为止,此法又称为完全试凑法(Complete Trial-and-error Method)。只要有足够多的计算时间和存储容量,原则上穷举法总是可以成功的。但实际上,任何一种能保障安全要求的实用密码都会设计得使这一方法在实际上是不可行的或不能成功的。

分析破译法有确定性和统计性两类。

确定性分析法是利用一个或几个已知量(如已知密文或明文—密文对)用数学关系式表示出所求未知量(如密钥等)。已知量和未知量的关系视加密和解密算法而定,寻求这种关系是确定性分析法的关键步骤。例如,以 n 级线性移位寄存器序列作为密钥流的流密码,就可在已知 $2n$ bit 密文下,通过求解线性方程组破译。

统计分析法是利用明文的已知统计规律进行破译的方法。密码破译者对截收的密文进行统计分析,总结出其间的统计规律,并与明文的统计规律进行对照比较,从中提取出明文和密文之间的对应或变换信息。

破译者通常是在下述 4 种条件下工作的,或者说密码可能经受不同水平的攻击。

(1)唯密文攻击(Ciphertext Only Attacks)。分析者除了所截获的密文,没有其他可利用的信息。

(2)已知明文攻击(Know Plaintext Attacks)。分析者除了有截获的密文外,还有一些已知的明文—密文对。

(3)选择明文攻击(Chosen Plaintext Attacks)。攻击者能获得当前密钥下的一些特定的明文所对应的密文。

(4)选择密文攻击(Chosen Ciphertext Attacks)。攻击者能获得当前密钥下的一些特定的密文所对应的明文。

唯密文攻击是最普遍的攻击,如常见的(密钥)字典攻击,但只要密钥空间足够大,字典攻击的成功性就比较小。对不同长度的密钥,密钥搜索所需平均时间见表 8.5。

表 8.5　密钥搜索所需平均时间

密钥长度/bit	密钥数目	解密速度为 1 次/μs 时穷尽搜索所需时间	解密速度为 106 次/μs 时穷尽搜索所需时间
32	$2^{32}=4.3\times10^9$	$2^{31}\mu s=35.8$ min	2.15 μs
56	$2^{56}=7.2\times10^{16}$	$2^{55}\mu s=1\,142$ a	10.01 h
128	$2^{128}=3.4\times10^{38}$	$2^{127}\mu s=5.4\times10^{24}$ a	5.4×10^{18} a
26 个字母排列	26！$=4\times10^{26}$	$2\times10^{26}\mu s=6.4\times10^{12}$ a	6.4×10^6 a

2.密码体制的安全准则

密码系统的设计原则是:对合法的通信双方来说加密和解密变换是容易的,对密码分析员来说由密文推导出明文是困难的。

如果一个密码无论密码分析者截获了多少密文或用什么方法进行攻击都不能被攻破,则称之为绝对不可破译的;如果一个密码不能被密码分析者根据可利用的资源所破译,则称之为在计算机上不可破译的或实际不可破译的。

绝对不可破译的密码在理论上是存在的(一次一密码)。但是,如果能够利用足够的资源,那么任何实际的密码都是可破译的,因此对我们更有实际意义的是计算机上不可破译的密码。

一般对密码系统的安全性分析,是在柯克霍夫斯(Korchoaffs)假设的前提下进行的。所谓柯克霍夫斯假设是假设密码攻击者知道系统所用的密码算法,整个密码系统的安全性全部寄托在密钥的保密之上,即"一切秘密寓于密钥之中"。

也就是说,我们不应该把密码系统的安全性建立在敌手不知道所使用的密码算法这个前提之下。换句话说,密钥(而不是密码系统的其他组成)是整个密码体制的核心所在,密钥一旦泄露,整个密码系统就失效了,因此密钥的管理尤为重要。

前面已经说过绝对不可破译的密码体制从理论上讲是存在的,即"一次一密"密码,但是它也仅在唯密文攻击下是安全的,它无法抵抗更强的如已知明文攻击等其他攻击。因此,对密码系统安全性的基本要求如下。

(1)密码体制即便不是在理论上不可破的,也应该是在实际上不可破的。

(2)整个密码系统的安全性系于密钥上,即使密码算法被公布,在密钥不泄露的情况下,密码系统的安全性也可以得到保证。

(3)密钥空间必须足够大(即密钥长度要足够长)。这是因为,如果密钥空间小的话,攻击者可以采用已知明文甚至唯密文攻击,穷举整个密钥空间从而攻破密码系统。

(4)加解密算法必须是计算上可行的,并且能够被方便地实现和使用。

另外,对密码系统还存在一些其他要求。例如,能够抵抗已出现的一些攻击方法,加密后得到的密文长度与明文长度的比值最好是1。

对于任何一个密码系统,如果达不到理论上不可破译,就必须达到实际不可破译。实际不可破译的密码系统的保密强度必须与这个密码系统的应用目的、保密时效要求和当前的破译水平相适应。有时,对保密性可能只能要求持续一小段时间。例如,发起进攻的战斗命令只需在战斗打响前严格保密,或者要求攻击者无法使用低于明文本身价值的代价破译。

8.2.4 安全认证技术

保密和认证同是密码系统的两个重要方面,但它们是两个不同属性的问题。认证技术是防止敌人对信息系统进行主动攻击的一种重要技术。从应用的目的看,认证技术可以分为身份认证技术和消息认证技术。下面首先从应用出发,介绍一下认证系统的分层模型,然后介绍身份认证技术和消息认证技术。

1.认证系统的分层模型

认证系统层次如图8.10所示,实际的认证系统可以分为3个层次:安全管理协议、认证体制和密码体制。安全管理协议的主要任务是在安全体制的支持下,建立、强化和实施整个网络系统的安全策略;认证体制是在安全管理协议的控制和密码体制的支持下,完成各种认证功能；密码体制是认证技术的基础，它为认证体制提供数学方法支持。

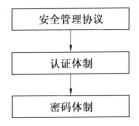

图 8.10　认证系统层次

典型的安全管理协议有公用管理信息协议 CMIP、简单网络管理协议 SNMP 和分布式安全管理协议 DSM。典型的认证体制有 Kerberos 体制、X.509 体制和 Light Kryptonight 体制。

一个安全的认证体制应该至少满足以下要求。

(1)消息的接收者能够检验和证实消息的(来源)合法性、真实性和完整性。

(2)消息的发送者对所发的消息不能抵赖，有时也要求消息的接收者不能否认收到的消息。

(3)除了合法的消息发送者外，其他人不能伪造已发送的消息。

认证体制的基本模型又称纯认证系统模型如图 8.11 所示。在这个模型中，发送者通过一个公开的无扰信道将消息送给接收者。接收者不仅得到消息本身，而且还要验证消息是否来自合法的发送者及消息是否经过篡改。攻击者不仅要截收和分析信道中传送的密报，而且可能伪造密文发送给接收者进行欺诈等主动攻击。

认证体制中通常存在一个可信中心或可信第三方(如认证机构 CA)，用于仲裁、颁发证书或管理某些机密信息。

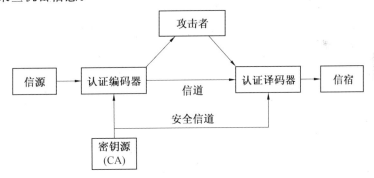

图 8.11　纯认证系统模型

2.身份认证技术

身份认证的目的是验证信息收发双方是否持有合法的身份认证符(口令、密钥和实物证件)。

(1)身份认证方式。

身份认证常用的方式主要有两种，即通行字(口令)方式和持证方式。

（2）身份认证协议。

目前的认证协议大多数为询问—应答式协议，它们的基本工作过程是：认证者提出问题，由被认证者回答，然后认证者验证其身份的真实性。询问—应答式协议可分为两类：一类是基于私钥密码体制的，在这类协议中，认证者知道被认证者的秘密（口令）；另一类是基于公钥密码体制的，在这类协议中，认证者不知道被认证者的秘密，因此又被称为零知识身份认证协议。

3. 消息认证技术

消息认证是指通过对消息或消息相关信息进行加密或签名变换进行的认证，其目的主要有三个：一是消息完整性认证，即验证消息在传送或存储过程中是否被篡改或出错；二是身份认证，即验证消息的收发者是否持有正确的身份认证符，如口令、密钥等；三是消息的序号和操作时间（时间性）等的认证，其目的是防止消息重放或延迟等攻击。

（1）消息内容认证（完整性认证）。

消息内容认证模型如图 8.12 所示，消息内容认证常用的方法是消息发送者（用 MD5 等杂凑函数）计算消息的鉴别码，并把消息和鉴别码一起加密后发送给接收者（有时只需加密鉴别码即可）。接收者对解密后的消息进行鉴别运算，将得到的新鉴别码与收到的鉴别码进行比较。若二者相等，则接收；否则，认为消息在传输过程中出错或遭到篡改，拒绝接收。

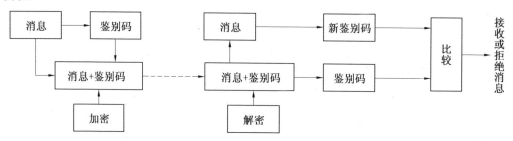

图 8.12　消息内容认证模型

（2）源和宿的认证（间接身份认证）。

在消息认证中，消息源和宿的常用认证方法有两种：一种是通信双方事先约定发送消息的数据加密密钥，接收者只需证实发送来的消息是否能用该密钥还原成明文就能鉴别发送者，如果双方使用同一个加密密钥，那么只需在消息中嵌入发送者识别符即可；另一种是通信双方事先约定各自发送消息所使用的通行字，发送消息只含有此通行字并进行加密，接收者只需判别消息中解密的通行字是否等于约定的通行字就能鉴定发行者。为了安全起见，通行字应该是可变的。

（3）消息序号和操作时间的认证。

消息序号和操作时间的认证主要是阻止消息的重放攻击。常用的方法有消息的流水作业、链接认证符随机数认证法和时间戳等。

随着网络技术的发展，对网络传输过程中信息的保密性提出了更高的要求，这些要求主要包括以下几点。

①对敏感的文件进行加密,即使别人截取文件也无法得到其内容。

②保证数据的完整性,防止截获人在文件中加入其他信息。

③对数据和信息的来源进行验证,以确保发信人的身份。

现在业界普遍通过加密技术方式来满足以上要求,实现消息的安全认证。消息认证就是验证所收到的消息确实是来自真正的发送方且未被修改的消息,也可以验证消息的顺序和及时性。

消息认证实际上是对消息本身产生一个冗余的信息——MAC(消息认证码),消息认证码是利用密钥对要认证的消息产生新的数据块并对数据块加密生成的,它对于要保护的信息来说是唯一的,因此可以有效地保护消息的完整性,以及实现发送方消息的不可抵赖和不能伪造。

消息认证技术可以防止数据的伪造和被篡改,证实消息来源的有效性,已被广泛应用于信息网络。随着密码技术与计算机计算能力的提高,消息认证码的实现方法也在不断地改进和更新,多种实现方式会为更安全的消息认证码提供保障。

8.3　物　理　安　全

信息的捕获(窃密)和破坏攻击可以发生在物理层,因此信息安全离不开物理层的防护。

8.3.1　安全措施

物理层安全包括以下两方面的措施。

(1)物理和人员安全措施。

包括防止对物理设备、通信路径和设施(含保障系统)进行物理渗透的保护,以及防止内部攻击的人员保护和清查。这些安全措施是最基本的,这里不再赘述。

(2)电磁加固措施。

防止有意信道(例如网络电缆)或无意信道(例如无意辐射)上的信号被敌意地截获,保护内部信息及活动的内容,同时也抵御定向能攻击。

电磁加固具有以下双重功能:一是减少电磁波无意辐射的路径,从而降低信息被捕获的危险;二是切断定向能武器向电子设备耦合破坏能量的路径,降低信息被破坏的危险。

从设计角度来看,这两项功能紧密相关,既防止电磁波无意辐射的加固措施,也能防止破坏能量的耦合,反过来也一样。

8.3.2　捕获威胁及防御

攻击者可以利用有意和无意路径的脆弱性,通过物理或电磁截获手段来捕获信息。因此,防御者必须进行物理和电磁预防。

物理层安全必须保护内部信号线路(有意路径),防止能够深入访问内部信号的物理搭线窃听(搭界电气和光纤线路,或感应式电拾取)。物理检测、线路阻抗监测、时域反射分析及射频频谱分析(监测被窃听信号向外的射频传输)都是监测有接头植入的基本手段。在内部路径(如局域网)上应用端对端加密措施可减少信号路径上的通信量被截获的概率。

电磁安全也要防止对无意信号路径上的不安全信号进行外部截获,这些信号是沿信号线或电源线传导的,或者是由设备或连结线路辐射出来的。为使安全信息系统避免危及安全的散发,美国国家安全局领导实施的 TEMPEST 计划为信息系统制定了发射标准以及设计、控制和测试步骤。国家通信安全信息备忘率(NACSIM)、国家通信安全指南(NACSI)和国家通信安全、散发安全文档(NACSEM)等文件说明了 TEMPEST 的要求。NACSIM/ NACSEM 文件从工程性能方面对以下条款进行了定义及量化。

(1)红/黑分隔。设备的内部/明文("红")和外部/密文("黑")区域的类别以及能够跨越红/黑界面并威胁加密术的耦合信号(泄露)的类型。红/黑隔离能防止可得到同一消息的明文与密文的密码攻击。

(2)散发频谱。窄带和宽带信号的频谱标准。制定该标准的目的是抑制传导和辐射散发。

(3)测试方法。辐射和传导的测试步骤及设备(天线、传导传感器、接收机和调谐器、频谱分析仪、线路阻抗稳定性网络、相关器和显示器)。

(4)控制技术。控制信号散发强度的设计技术,以及技术和隔离程度的实施指南。

全面的安全计划需要用散发级的规范定义安全级别、设计准则和要求,以及验证所有特殊部件在设计上的一致性的测试方法。此外,可用设备级的监测来认证给定场地配置中的部件集成性。在整个风险管理计划中,必须考虑所有的综合散发防护方案的费用和散发抑制效果。

已有大量报道说,CRT 显示器的无意射频发射(通常称为"van Eck"发射)是一种可在 1 km 范围内检测到的、极具危害性的"红"辐射。外部截获者能够把单个 CRT 从许多单元中区分出来,并可通过重建得到其完整的视频显示。键盘电缆和 RS-232 串口信号电缆也有无意散发的风险。由于这些脆弱性和公司级信息战活动的威胁,因此一些商业建筑师正用与 TEMPEST 原则类似的原则制定保护商业办公大楼的方法。

组合运用屏蔽、过滤及密封方法可得到理想的散发抑制指标(在几万到几十太赫兹的频率范围内,从 50 dB 到 100 dB)。这些指标与禁止在规定的安全周边或"区域"内进行敌意监测的物理防护措施相结合,可大大降低散发截获的风险,因此大大提高了安全性。

8.3.3 破坏威胁及防御

用来分析、测量及建立针对电磁兼容(EMC)和电磁干扰(EMI)的信号发射标准的工程规范,也适用于电磁攻击的防御问题。研究商业及军用 EMI 的主要目的是解决较少干扰(来自自然的无线电噪声源、互干扰源及如发电机或马达等人造噪声源)的设计问题。而研究 EMC 的主要目的是解决配置在一起的电气和电子装备(如射频发射机和接收机)的兼容运行问题。美国军用 EMC 设计标准和测试标准提供抵御闪电高能脉冲和核爆炸高空电磁脉冲(HEMP)的方法,这些方法也可用来防御定向能武器的威胁。EMI/EMC 和 TEMPEST 的控制方法相似且互补。

电磁脉冲(EMP)攻击的效能来自电场能量。电场能量可直接辐射到目标系统上,也可通过电源、信号、天线或传导性供给设备传导到目标系统上。

参 考 文 献

[1] 郑连清,汪胜荣,周生炳. 信息对抗原理与方法[M].北京:清华大学出版社,北京交通大学出版社,2005.

[2] 栗苹,赵国庆.信息对抗技术[M].北京:清华大学出版社,2008.

[3] 赵国庆.雷达对抗原理[M].西安:西安电子科技大学出版社,1999.

[4] 钟义信.信息科学原理[M].北京:北京邮电出版社,2002.

[5] 贺平.雷达对抗原理[M].西安:西安电子科技大学出版社,2005

[6] 张明友,汪学刚.雷达系统[M].北京:国防工业出版社,2005.

[7] 丁鹭飞,耿富录.雷达原理[M].西安:西安电子科技大学出版社,1997.

[8] GRAHARM A.通信、雷达与电子战[M].汪连栋,译.北京:国防工业出版社,2013.

[9] 熊群力.综合电子战[M].北京:国防工业出版社,2008.

[10] 吴利民.认知无线电与通信电子战概论[M].北京:电子工业出版社,2015.

[11] ADAMY D L.电子战原理与应用[M].王燕,等,译.北京:电子工业出版社,2011.

[12] 张明友.雷达—电子战—通信一体化概论[M].北京:国防工业出版社,2010.

[13] 冯小平,李鹏,杨绍全.通信对抗原理[M].西安:西安电子科技大学出版社,2009.

[14] 邓冰,张韫,李炳荣.通信对抗原理及应用[M].北京:电子工业出版社,2017.

[15] POISEL R A.现代通信干扰原理与技术[M].陈鼎鼎,译.北京:电子工业出版社,2005.

[16] 李云霞.光电对抗原理与应用[M].西安:西安电子科技大学出版社,2009.

[17] 王永仲.现代军用光学技术[M].北京:科学出版社,2003.

[18] 李世祥.光电对抗技术[M].长沙:国防科技大学出版社,2000.

[19] 刘京郊.光电对抗技术与系统[M].北京:中国科学技术出版社,2004.

[20] 白廷柱,金伟其.光电成像原理与技术[M].北京:北京理工大学出版社,2006.

[21] 雷厉.侦察与监视[M].北京:国防工业出版社,2008.

[22] 王永刚,刘玉文.军事卫星及应用概论[M].北京:国防工业出版社,2003.

[23] 周立伟,刘玉岩.目标探测与识别[M].北京:北京理工大学出版社,2002.

[24] 李跃.导航与定位[M].北京:国防工业出版社,2008.

[25] 于波,陈云相,郭秀中.惯性技术[M].北京:北京航空航天大学出版社,1994.

[26] SHERMAN S M.单脉冲测向原理与技术[M].周颖,译.北京:国防工业出版社,2013.

[27] 刘聪峰.无源定位与跟踪[M].西安:西安电子科技大学出版社,2011.

[28] 杨小牛.软件无线电原理及应用[M].北京:电子工业出版社,2001.

[29] 刘峰,李志勇,陶然,等.网络对抗[M].北京:国防工业出版社,2003.

[30] 蔡皖东. 网络与信息安全[M]. 西安：西北工业大学出版社，2004.

[31] SCHLEHER D C. Electronic Warfare in Information Age[M]. Boston：Artech house，1999.

[32] 胡建伟，汤建龙，杨绍全. 网络对抗原理[M]. 西安：西安电子科技大学出版社，2005.

[33] 何忠龙，卢昱，顾丽娜. 计算机网络技术[M]. 北京：科学出版社，2005.

[34] 郑连清. 网络安全概论[M]. 北京：清华大学出版社，北京交通大学出版社，2004.

[35] 程凡超. 军事通信对抗中抗干扰技术和国内外发展研究现状[C]. 2007 通信理论与技术新发展——第十二届全国青年通信学术会议论文集，2007，8：326-331.

[36] 罗晖. 通信系统中抗干扰技术的研究.[J]. 科技广场，2005，5：51-52.

[37] 姚富强. 军事通信抗干扰工程发展策略研究及建议[J]. 中国工程科学，2005，7(5)：2-9.

[38] 姚富强. 通信抗干扰工程与实践[M]. 北京：电子工业出版社，2008.

[39] 张朝霞. 超宽带通信系统中跳时序列的研究[D]. 太原：太原理工大学，2009.

[40] Maria-Gabriella. 超宽带无线电基础[M]. 葛利嘉，等，译. 北京：电子工业出版社，2006.

[41] 葛利嘉，曾凡鑫，刘郁林，等. 超宽带无线通信[M]. 北京：国防工业出版社，2006.

[42] 周薛雪. 超宽带(UWB)通信技术的特点及应用[J]. 西部广播电视，2005，12：2-15.

[43] 李立华，王勇，张平. 移动通信中的先进信号处理技术[M]. 北京：北京邮电大学出版社，2005.

[44] WIN M Z，SCHOLTZ R A. Comparisons of analog and digital impulse radio for wireless multiple-access communications [C]. ICC'97 Montreal，Towards the Knowledge Millennium. 1997 IEEE International Conference，1997，1：91-95.

[45] WIN M Z，SCHOLTZ R A. Impulse radio：how it works，[J]. IEEE Communications Letters，1998，2(2)：36-38.

[46] IACOBUCCI M S，DI BENEDETTO M G. Multiple access design for impulse radio communication systems[C]. IEEE Conf on Comm，2000：100-104.

[47] 王翔. 猝发通信技术在超短波通信系统中的应用[J]. 电子制作，2013，(11)：116.

[48] 张会生，张捷，李立欣. 通信原理[M]. 北京：高等教育出版社，2011.

[49] 李宇航. 数字通信技术原理及其应用[J]. 通信世界，2017，(10)：106.

[50] 贾依娜. 质量保证系统调幅度测量方法研究[J]. 数字技术与应用，2016(10)：67-69.

[51] 殷蔚华，徐书华，黄本雄. 通信信号瞬时参数的提取方法研究[J]. 计算机工程与科学，2007，29(3)：119-121.

[52] MAHAFZA B R，ELSHERBENI A Z. 雷达系统设计 MATLAB 仿真[M]. 朱国富，译. 北京：电子工业出版社，2016.

[53] MAHAFZA B R. 雷达系统分析与设计(MATLAB 版)[M]. 3 版. 周万幸，等，译. 北京：电子工业出版社，2016.